原点からの化学

# 化学の理論
## Theories of Chemistry

［改訂版］

**石川正明**＝著
ISHIKAWA Masaaki

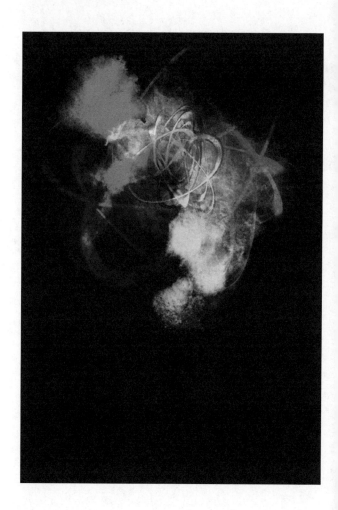

# 『原点からの化学』まえがき

　学校で学ぶいろいろな科目について"わかる"というのはどのような状態をさすのでしょうか．ある人が"わかった"と言い，別の人が"わからない"と言ったとしても，本当は後者の人のほうがよくわかっていることがあります．ですから，やはり，何らかのテストをして，わかりぐあいをはかることになります．結局，"わかる＝問題が解ける"と一般にはなっています．そこで，"わかっている"人を選別したい入試では，わかっているかどうかを知るために，さまざまな問題がつくられます．そして，化学の場合，物質を対象とする学問ですから，問題の中にいろいろな物質が登場します．そこで，要領よく化学の点数を上げるためには，よく入試に出る物質や反応などについて覚えればよいという考え方が発生し，「入試に出る頻度順情報の覚え方」を基本に授業が展開されることもしばしばあります．

　しかし，教育の目的が「真実を見る目，感動する豊かな心，そして生き抜く力を育てていくこと」にあるという教育の原点から考えて，また，化学のみずみずしい本当にすばらしい世界を伝えているかどうかという点から考えて，さらに，化学がわかるということは点数がよいということとは必ずしも一致しない（大学の化学の先生で自分の大学入試問題で満点をとれる人はまれであると断言できます‼）という点から考えても，このような授業が，本来の化学教育からはずれていることは間違いありません．

　私は，予備校という，極端に言えば「点数を上げる方法をさっさと言え‼」という鋭い視線の集まる場で，「どうすれば化学の明らかにした物質の感動的な姿を伝えることと，点数を上げることとが矛盾なくつながって展開できるか」について悩み，工夫をこらしながら，教壇に立ってきました．そして，その過程で，**新理系の化学**（駿台文庫）という参考書を出しました．ただ，その本に対し，「よくわかった」という反響とともに，「ついていけない」という反響がつねに返ってきました．そのとき，では，どこから話せばわかってくれるようになるのかと，次々とより基礎的な事項にさかのぼっていくと，中学の理科での化学までにたどりつくこともしばしばありました．もちろん，もっと高いレベルのある点からわからなくなっている人もいました．そんなことから，化学のさまざまな分野について，できるだけ原点から説明していく，もう少しきめの細かい参考書も必要なのではないかと思うようになりました．そこで，**『原点からの化学』**シリーズを刊行する決意をしたわけです．どこまで内容を豊かにできるか，シリーズがいつ完結するのかなどは筆者にもいまのところ予想がつきません．ただ，化学を学ぶ生徒にとって，また教えておられる先生方にとって，少しでも意味のあるものにするため力を尽くしたいと決意しています．

1991 年 春 石川 正明

# 「化学の理論」の序

　化学の理論とは，通常，原子，結合，結晶などを扱う構造の理論，気体法則などを扱う状態の理論，凝固点降下などを扱う溶液の理論，熱，速度，平衡などを扱う反応の理論に分かれています．それぞれ，学ぶべきことが多く，また，必ず計算問題がともなうので，苦手な人も多いです．ただ，これら1つ1つをマスターし，問題も解けるようになり得意になった人でも，化学の理論は心からわかった気になれないようです．それは，通常の説明ではこれらの分野をつらぬくことが何であるかが明らかにされていないことが多いからです．

　そもそも，物質はミクロなツブである原子が集まったもので，反応は原子の組みかえです．このミクロなツブは，常温で1秒間に数百メートルもの速さで，バラバラの方向に飛び去る勢いを持っています．だから，本来，こんなミクロなツブの集団はバラバラに散らばっていくはずです．一方，ツブの間には引力が働き，ツブの集団は集まろうとします．結局，この2つの相反する勢いのからみで，ツブの集団のゆくえ，すなわち化学現象が決まるのです．実は，化学の理論の根底にあるのは，たったこれだけの事実です．本書は，この事実を出発点にした高校向きの化学の理論の参考書です．章だてが，高校教科書の順序でないため，はじめは少しめらうことがあるかもしれませんが，第0章エネルギーと乱雑さの所をまずは何回も読むことからはじめてください．すべてはここから始まるのが，本当の化学の理論だからです．

　さて，本書の説明の根底にある「エネルギーと乱雑さ」の背景には，大学で詳しく学ぶ熱力学があります．その熱力学では，エンタルピー，エントロピー，ギブズエネルギーなどの用語が使われています．今回の高校教科書での改訂では，これら熱力学用語が導入されるようになりました．これは，本書のような化学の理論の説明方法が，正式に高校で可能になったとも言えます．そこで，新課程に合わせ，エンタルピー，エントロピー，ギブズエネルギーを全面的に取り上げ，これらを高校生レベルにもわかるように，本書を改訂しました．この改訂で，新課程対応が十分にでき，さらに，発展的な学習も可能になったと思います．本書を活用して，化学の理論の深い理解が進むことを願っています．

　改訂版の作成にあたり，駿台文庫の松永正則さん，中越邁さん，西田尚史さんには大変お世話になりました．本当にありがとうございました．

2023 年 春　石川正明

# 目　次

## 問題の目次

viii

# 第 0 章　エネルギーと乱雑さ

**1** ツブの持つエネルギー

**2** 原子，分子の運動エネルギー

**3** 原子，分子間の位置エネルギー

**4** エネルギーと乱雑さ

　化学では，水，食塩，砂糖…などさまざまな物質の性質を学びます．そして，これらの性質を調べるときに扱う量は，たいてい手のひらにのるほどのちっぽけなものです．たとえば，ビーカーに 18 g の水を入れたとき，それはほんの少しの量です．しかし，その 18 g の中には約

　600000000000000000000000000個

というととてつもない数の水分子 $H_2O$ が含まれています．私たちの扱う物質の性質とは，こんなぼう大なツブの集団についてのことなのです．だから，化学を学ぶというのは，このようなぼう大な微粒子の集団としての性質を理解したり，予想したりする能力を身につけることだと考えることもできます．そこで化学の理論の学習は，原子，分子など微粒子の行う運動の原則を知り，そして，それら微粒子がぼう大に集まったときに，その集団が変化していく方向を知ることから始めるのが理にかなったことと言えるでしょう．

# 1 ツブの持つエネルギー

そもそも，ツブはどんなエネルギーを持っているのでしょうか？

「エネルギーがわいてきたゾ」「あいつのエネルギーにはかなわないよ」…などと言うことがありますが，これらの文例に見られるように**エネルギーとは，何かを起こすことができる潜在力，勢い**と考えることができます．では，ツブはそもそも，そのような潜在力，つまりエネルギーとしてどんなものを持っているのでしょうか.

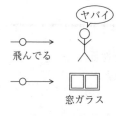

飛んでる

窓ガラス

今，ある物体が空間の中にあるとします．その物体は動いていることもあれば静止していることもあるでしょう．動いているときは，要注意ですね．もし，私たちのほうに向かって進んでいれば，私たちにぶつかって，ケガをさせるかもしれません．また，そうでなくても，ガラスにぶつかって，ガラスを割るかもしれません．そうです，動いているツブは，何かを起こす潜在力つまりエネルギーを持っています．これを**運動エネルギー**と呼びます.

では，静止している物体は，運動エネルギーを持っていないのでしょうか．確かに物体全体を見れば運動エネルギーを持っていません．しかし，そもそも物体は，原子，分子といったものすごく小さなツブがアボガドロ数くらい集まってできています．そのツブまで静止していることは考えられないですね.

アボガドロ数は $6.02 \times 10^{23}$.

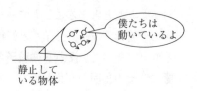

僕たちは
動いているよ

静止して
いる物体

　このような，小さなツブまで静止していると見なされる状態は，**絶対０度**と呼びます．絶対０度とは，このミクロレベルのツブの運動さえ凍結された，完全な"死"の世界と考えることができます．そんな世界はあくまで仮想の世界であり，実際は，原子，分子のようなミクロなツブのレベルでは，必ずツブは運動しており，運動エネルギーを持っています．

　ところで，物体を持ち上げて手を離すと，物体は下方へ落ちていき，下にあった物にぶつかって，それを壊したり，衝突音を出したりします．この効果は，物体の地上からの高さが高いほど大きくなります．すなわち，地上では，物体の位置が高いほど，物体は何かをしでかす大きな潜在力を持っています．

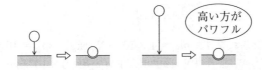

高い方が
パワフル

　このような位置に蓄えられたエネルギーを**位置エネルギー**と言います．ところでこのエネルギーは，もともとは，物体と地球間に働く引力（万有引力）に逆らって物体を引き離していったときに，物体になした仕事が蓄積したものです．一方，原子や分子の世界では，これら粒子は電気的にプラスの原子核とマイナスの電子からなる粒子ですから，主に電気的な引力や斥力が粒子間に働いています．そこで，粒子間が近づいたり遠ざかったりすると，電気的な引力や斥力のあるところでの移動なので，やはりこれら原子や分子間にも位置エネルギーがあり，それが変化します．

　以上のような考察から，一般に，物質を構成する小さなツブにも，何かをなしうる潜在力すなわち

> 運動エネルギーと位置エネルギー

の２つがあることがわかるでしょう．

引き離す

引き合っている２つのツブを引き離すにはエネルギーを加える必要があります．加えたエネルギーは位置エネルギーとして蓄えられます．

# 2 原子，分子の運動エネルギー

H, $H_2$, O, $O_2$ などの小さなツブは，常温付近で，1秒間あたり平均何 m 移動するのでしょうか.

*t ℃のとき* ▶
$T = 273 + t$ 〔K〕

絶対温度が $T$ 〔K〕のとき，質量が $m$ 〔g〕の小さなツブの持っている平均の運動エネルギー $\left( \dfrac{1}{2} m\overline{v^2} \right)$ は

*物理の教科書* ▶ $\dfrac{3}{2} kT$ であることがわかっています.

$$\frac{1}{2} m\overline{v^2} = \frac{3}{2} kT \quad \left( \begin{array}{l} k \text{はボルツマン定数} \\ 1.38 \times 10^{-23} \text{ J/K} \end{array} \right)$$

これより，平均速度 $\overline{v}$ は

$$\overline{v} = \sqrt{\overline{v^2}} = \sqrt{\frac{3\,kT}{m}} \left( \frac{\text{m}}{\text{秒}} \right)$$

*原子量は H＝1, O＝16 な* ▶
*の で H は 1 g/mol, O ＝*
*16 g/mol.*

と表されます. $m_H = 1 \times 10^{-3}/N_A$ 〔kg〕 $m_O = 16 \times 10^{-3}/N_A$ 〔kg〕（$N_A$ はアボガドロ定数 $6.0 \times 10^{23}$/mol），$k = 1.38 \times 10^{-23}$ J/K を代入し，$\overline{v}$ 〔m/秒〕を求めると以下のような表が得られます.

**表　H, $H_2$, O, $O_2$ 分子の平均速度（m/秒）**

*t ℃のとき* ▶
$T = 273 + t$ 〔K〕

| $T$ 〔K〕＼粒子 | 0 | 300 | 1200 | 2700 |
|---|---|---|---|---|
| H 原子 | 0 | 2,700 | 5,400 | 8,100 |
| $H_2$ 分子 | 0 | 1,900 | 3,800 | 5,700 |
| O 原子 | 0 | 680 | 1,400 | 2,000 |
| $O_2$ 分子 | 0 | 480 | 960 | 1,400 |

驚くべきことに，これら粒子は，常温以上では，音速（340 m/秒）より速く飛んでいます. もちろん，方向はランダム（バラバラ）です. だから，仮に直径1 cm の領域の中にこれらが何粒かあったとしても，1秒後には数百 m もの領域にまで広がっており，結局 **アッという間に散り散りになってしまう** ことが予想さ

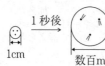

1秒後

1cm　　数百m

れます．ただし，もし粒子間が磁石のように強く引き
合っていたり，あるいは，衝突し合うほどに込み合っ
ていると，散り散りになるとは限らないでしょう．こ
こらあたりを，もう少しつめて考えてみましょう．

> 　密閉容器の中に，多数の小さなツブが入ってお
> り，これらが互いに引き合うこともなく，ただ衝
> 突を繰り返しながらランダムな方向に運動してい
> るとき，各粒子の運動エネルギーはどのようにな
> っているのでしょうか．

　皆さんは，ビリヤード（玉つき）で，静止していた玉
が衝突を受けて動きだし，逆に衝突した玉が止まって
しまうのを見たことがありますね．

　この例に見られるように，粒子の持っている運動エ
ネルギーは，衝突するごとにやりとりされ時々刻々と変
化します．したがって，多数の粒子の中のある1つの
粒子について，それが各瞬間に運動エネルギーをいく
ら持っているかを決めることはできません．（⇨図a）
ただ，ぼう大な粒子数の集団で統計をとったとき，粒
子1個あたりの運動エネルギーを$x$軸に，粒子がそ
の運動エネルギーを持つ確率を$y$軸にとった曲線（分
布曲線）は，どの瞬間をとってみても温度に固有なも
のになります．すなわち，1つの粒子がある運動エネ
ルギーを持つ確率なら理論計算により知ることができ
ます．（⇨図b）
　なお，温度が高いほど，大きな運動エネルギーを持
つ粒子の割合が増加しますから，温度が高いほどこの
曲線は右のほうに広がっていきます．

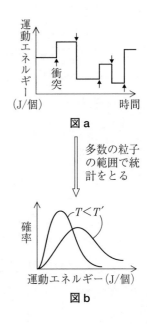

図a

多数の粒子
の範囲で統
計をとる

図b

# 3 原子，分子間の位置エネルギー

> H₂, O₂ のように，原子が互いにくっついているとき，原子間の位置エネルギーはどのようになっているのでしょうか．

今，2つの粒子があり，その中心間の距離が $r$ であったとします．もし，この粒子間に引力が働いていたら，2つの粒子を引き離そうとするとエネルギーが必要ですね．もちろん，離せば離すほどその加えるエネルギーの総量は大きくなり，それは，粒子間の位置エネルギーとなって蓄積します．すなわち，

**引力**のとき　　$r$ ㊛ ⟺ 位置エネルギー ㊛

の関係があります．

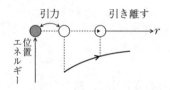

一方，粒子間に斥力（反発力）が働いていたらどうでしょう．こんどは，近づけるのにエネルギーがいりますね．もちろん，近づければ近づけるほどその加えたエネルギーの総量は大きくなり，それは粒子間の位置エネルギーとなって蓄積します．すなわち

**斥力**のとき　　$r$ ㊙ ⟺ 位置エネルギー ㊛

となります．

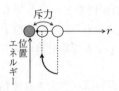

さて，H₂ 分子（⑭⑭）では，水素原子の中心間距離（結合距離）は $0.74 \times 10^{-8}$ cm で，この距離を隔てて H

原子は互いにくっつき合っています．なぜ，2つの原子はこの距離でくっつき合っているのでしょうか．それは，H原子間に働く力の様子で解釈すると，この距離より離れようとすると引力が働き，逆に近づこうとすると斥力が働き，ちょうどこの距離のとき引力と斥力がつり合って，粒子間に働く力が合計ゼロとなっているからと考えられます．一方，エネルギーの様子から解釈すると，この距離から遠ざかるにも近づくにもエネルギーが必要である，つまりこの距離の地点で位置エネルギーが極小になっているので，この距離付近で離れられなくなっていると考えることができます．

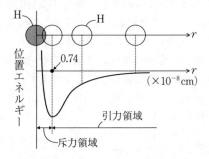

もちろん，位置エネルギーの底にあっても，各原子は，それぞれ思い思いの方向に運動しているので，離れていく方向の運動エネルギーが，完全に離れるのに十分であるときは2つの原子は離れ離れになりますが，通常の温度では，そのような大きな運動エネルギーを持っているチャンスはまずないので，結合したまま（$H_2$のまま）になっているのです．

# 4 エネルギーと乱雑さ

> 結局，箱の中に入れられた小さなツブたちは，くっつくのでしょうか，それとも離れたままなのでしょうか．

　最も簡単な例として，温度 300 K の真空の容器(半径 10 cm とします)に 2 つの H 原子(半径 $0.5 \times 10^{-8}$ cm とします)を入れたとします．各 H 原子は平均速度 2,700 m/秒を持っていますから，1 秒間に何度も壁に当たってはね返りながら，飛びまわっています．では，このとき，2 つの粒子が衝突する(出会う)確率はいくらぐらいになるのでしょうか．ある瞬間に H 原子がどの場所にあるかは，同様に確からしいですね．そして，H 原子の半径の 2 倍の半径の領域にあるとき，2 つの原子は衝突したと見なせます．

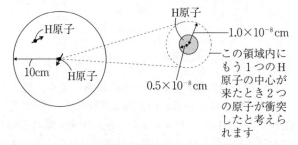

　そこで，衝突する確率は，結局，全空間 $\frac{4}{3}\pi \times 10^3 \mathrm{cm}^3$ の中で，1 つの原子がある特定の領域 $\frac{4}{3}\pi (10^{-8})^3 \mathrm{cm}^3$ にある割合と見積もることができます．すなわち，

$$\frac{4/3\,\pi (10^{-8})^3 \mathrm{cm}^3}{4/3\,\pi \cdot 10^3 \mathrm{cm}^3} = 10^{-27}$$

たった，これだけです．H 原子が，ランダムに運動したとき，H 原子が出会う(衝突する)確率は $10^{-27}$ と極めて小さく，H 原子が出会うことは事実上ない，という

ことになります．つまり，以上の考察からは，H 原子
は H₂ をつくることはないのではないかと思われます．

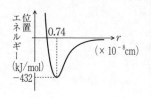

　ただ，完全にゼロではありません．出会うことはあ
るのです．そのとき何が起こるのでしょうか．H 原子
間の距離 $r$ と位置エネルギーの関係は右図のように
なっていましたね．そこで，接近とともに，どんどん
位置エネルギーの低い状態になっていきます．その
際，その位置エネルギーは，運動エネルギーに転
化しますから，接近のスピードはどんどん上がってい
きます．$0.74×10^{-8}$ cm になったとき，その速度は最
高となり，平均約 3 万 m/秒 にもなります．そして，
H 原子間はさらに接近します．ただし，今度は，斥力
の働くところでの接近ですから位置エネルギーは上
がっていき，運動エネルギーは減少していきます．そ
して，遂に運動エネルギーがゼロになった距離で一度
止まり，今度は，H 原子が互いに離れだしていきま
す．そして，$r=0.74×10^{-8}$ cm のところで再び約 3
万 m/秒 の速度となり，それからは速度を少しずつ減
らしながらもどんどん離れていって，結局 H 原子は
別れてしまいます．そうなんです．いくら位置エネ
ルギーの極小があるといっても，結局，H₂ 分子は生
じないのです！　事実，宇宙空間で H 原子がたまた
ま衝突したとしても，結局，2 つは離れてしまい，H₂
分子はできません．

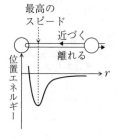

　では，なぜ現実には H₂ 分子が生じるのでしょうか．
考えてみると，2 つの原子が接近して運動エネルギー
が増加しているとき，彼らは壁にも衝突します．そし
て，運動エネルギーは粒子の衝突の際にやりとりさ
れます．たぶん，衝突された壁を構成する粒子の持っ
ている運動エネルギーは "並" である可能性が大です
から，Ⓗ⚌Ⓗ の持っている "特大" の運動エネルギ
ーの一部が壁の粒子に渡されるでしょう．何しろ運動
エネルギーは，すべての粒子が衝突を通じて同様に確
からしく得たり失ったりでき，特定の粒子が独占し続

10

けることはできないからです．その結果，Ⓗ⋯⋯Ⓗ は，接近によって位置エネルギーから転化して得た運動エネルギーを壁との衝突によって次々と失っていくのですから，結局彼らが持っている運動エネルギーも"並"にもどり，もはや互いに離れることができなくなって，$r=0.74\times10^{-8}$ cm 付近を振動しながら，くっつき合うことになります．（いわば，衆目（壁の粒子）の注視のもとで，2 人が接近して"あつあつ"を見せびらかしたら，みんなのジェラシーを買って，冷水を浴びせられてしまうみたいなもんでしょうか．）

　このことは，H 原子からの $H_2$ 分子の形成だけでなく，一般の原子間の組み換えの成否の判定にも言えることです．すなわち，原子の組み換えが起こり，原子間の位置関係の変化に伴って位置エネルギーが低くなって，その分が運動エネルギーに転化されたとき，その運動エネルギーは，粒子間の衝突を通じて散らばっていくため，すなわち，熱として流出していくため，もとの状態にもどりにくくなります．すなわち，

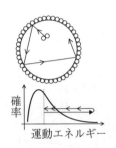

確率

運動エネルギー

## 位置エネルギーの減少する変化
## ⟺ 発熱変化は起こりやすい

と言うことができます．$2H \longrightarrow H_2$ は，その一例であったと言うことができます．

　ただし，一度くっついたら二度と離れないということではありません．壁の粒子の中にも，大きな運動エネルギーを持っているものがあります．$H_2$ 分子がその大きな運動エネルギーを持った粒子に衝突したときは，逆に特大の運動エネルギーをもらい，離れ去ることもありえるのです．そして一度離れると，再会のチャンスは $10^{-27}$（⟸p.8）であったのですから，かなり長い間 H 原子のままさまようこともありえます．すなわち，粒子は，やはり，思い思いの方向に運動しているのですから，

> 粒子がバラバラになっていく変化
> ⟺ 乱雑さ増の変化は起こりやすい

ことも真実です. 温度を上げれば, なおさらです.

　以上から, 微粒子の集団の自発的に進む方向は

① 位置エネルギーの減少する方向
② 粒子の散らばり方が増加する方向

$$2\,H \underset{\text{よりバラへ}}{\overset{\text{発熱へ}}{\rightleftarrows}} H_2$$

◀p44. エントロピー, ギブズエネルギー

と結論することができます. この2つの視点から, 各種反応, 状態変化を見つめていくと, 驚くべきほど多くのことがわかるようになります.

---

### 《乱雑さ増の変化》

1　以下の(1)〜(8)の変化で, 粒子の散らばり度合いが増加するものを, 番号で記せ.

(1)　$2\,Cl \longrightarrow Cl_2$

(2)　$2\,NO_2 \longrightarrow N_2O_4$

(3)　$N_2 + 3\,H_2 \longrightarrow 2\,NH_3$

(4)　$H_2O(液) \longrightarrow H_2O(気)$

(5)　$2\,H_2O_2(液) \longrightarrow 2\,H_2O(液) + O_2(気)$

(6)　$CaCO_3(固) \longrightarrow CaO(固) + CO_2(気)$

(7)　$O_2(気) + aq \longrightarrow O_2(aq)$

(8)　ショ糖(固) + aq $\longrightarrow$ ショ糖(aq)

---

**解説**　　分子数が増加する反応, 固体から気体が発生する反応, 液体から気体になる変化(蒸発), 固体の水への溶解などは粒子の散らばり度合いが増える変化です. このように, 散らばり度合いが増える変化は一見してわかることが多いです.

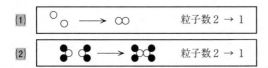

[1]　○ ○ ⟶ ∞ 　　粒子数 2 → 1

[2]　●● ●● ⟶ ●●●● 　　粒子数 2 → 1

(3)

粒子数 4 → 2

(1)～(3)はいずれも粒子数が減少する変化なので，**散らばり度合いが減少する**反応です．現実には，これら反応はよく見かける変化であり，起こります．それは，粒子数は減少するが，これらは**発熱反応**であり，その点で起こる理由があるからです．

(4)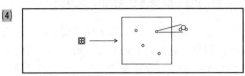

この場合ツブ($H_2O$)自体は変化しませんがツブとツブの間の距離が広がって**散らばり度合いが増加する**と考えられます．

(5)，(6) 液体物質，固体物質から気体物質が発生していますから，**散らばり度合いが増加**しています．

(7)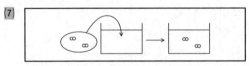

散らばり度合いの点では大きな気体粒子が液体の中の狭い空間の中に入ったのですから，**散らばり度合いは減少**します．それでも，$O_2$ は水に少しは溶けます．これは，**発熱反応**だからです．

(8)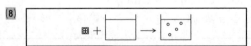

結晶中で身動きできなかったショ糖分子が，ある程度水中で動けるようになったのですから，**散らばり度合いは増加**しています．

以上より，散らばり度合いが増加するのは

(4)，(5)，(6)，(8)

です．

# 第 1 章　熱 化 学

1　ミクロ変化と熱の出入り
2　内部エネルギー，エンタルピー
3　反応エンタルピーを付した反応式
4　位置エネルギーの高低の判断力
5　「～エンタルピー」と「～エネルギー」の定義と関係
6　ヘスの法則とそれを使った計算
7　エントロピー，ギブズエネルギー

　ガソリン，メタンなどの炭化水素を燃やすと多量の熱が発生します．この熱を利用して，自動車を走らせたり，お肉を焼いたりしているのですから，私たちの毎日の生活は，これらの熱に支えられていると言えます．

　ところで，原子の組み換えが起こって粒子間の位置エネルギーが低くなると，その差が粒子の運動エネルギーに転化し，反応容器内の温度が上がります．そして，熱は高温より低温に流れるので，熱が反応容器外に流出します．その熱はどんどん外に逃げていくために十分に回収できません．すなわち発熱反応は起こりやすく，この点で位置エネルギーの低い物質は存在しやすく安定であると言えます．このように，反応の起こりやすさ，物質の安定性といった化学にとって重要なことがらも熱の出入りと関係しているため，化学を学ぶとき，熱も含めて反応を考えることが多くなります．ここでは，こうした化学反応と熱との関わり，反応で出入りする熱の扱い方，計算の仕方などについて学ぶことにしましょう．

# 1 ミクロ変化と熱の出入り

たとえば，原子Ⓐ，Ⓑ，Ⓒの間で

$$ⒶⒷ + Ⓒ \longrightarrow Ⓐ + ⒷⒸ$$

という組み換えが起こったとき，原子自体はなくなっていません．では，エネルギーはどうなったのでしょうか．

Ⓑ原子さんの横で"暮"らしていたⒶ原子さんが去り，かわりにⒷ原子さんの横にⒸ原子さんが"暮"らすようになったのですから，Ⓑ原子さんの心境は変化するでしょう．もちろん"心の平安度"が増すことも逆に減ることもあるでしょう．なにしろ，"相性"というものがありますから．

さて，"心の平安度"とたとえて言いましたが，粒子間での安定性は位置エネルギーで評価され，もちろんエネルギーが低いほど安定です．ここで，原子間の位置エネルギーがどうなっていたか思い出して下さい．原子間の距離 $r$ で表すと，左図のようになっていましたね．（p. 7）

すなわち，接近とともに，位置エネルギーは減少し，極小点を過ぎると増加します．そして，Ⓐ原子とⒷ原子が結合しているときは，この極小点の距離を中心にして振動しています．したがって，ⒶⒷの位置エネルギーは，ⒶⒷ分子1ツブあたり，ⒶとⒷが完全に離れているときに比べて図中の $q_{A-B}$ kJ だけ低いといえます．

同じことが，分子ⒷⒸの場合にも言えます．すなわち，ⒷとⒸが完全に離れているときに比べてⒷⒸ分子1ツブあたり $q_{B-C}$ kJ 低く，もちろん，$q_{B-C} \neq q_{A-B}$ です．そこで，Ⓐ，Ⓑ，Ⓒ原子がすべて完全に離れている状態（Ⓐ＋Ⓑ＋Ⓒ）を基準にして，ⒶⒷ＋Ⓒ，Ⓐ＋ⒷⒸの位置エネルギーの関係を図示すると，次のように表されます．

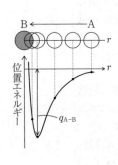

ⒷとⒶの引き合う力とⒷとⒸの引き合う力はちがいますから $q_{A-B}$ と $q_{B-C}$ の値もちがいます．

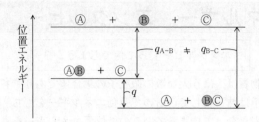

　この図より，原子の組み換えが起こったとき，原子そのものはなくなりませんが，位置エネルギーが変化するのがわかりますね．では，そのエネルギー差 $q = q_{B-C} - q_{A-B}$ はどうなるのでしょうか．もちろん，ツブの世界では，粒子の持っているエネルギーは，運動エネルギーと位置エネルギーだけですから，$q>0$ のときは，この位置エネルギーの差はまず④と⑤⑥の運動エネルギーに変化します．そして，さらに粒子間の衝突を通じて多数の粒子に分けられていき，その結果，粒子の持っている運動エネルギーの平均値が増加し，容器内の温度は，容器外より高くなります．そして，温度差があれば，高温から低温に熱が流れますから，容器外に熱が流出します．すなわち，熱が発生したことになります．そこで，この変化を**発熱反応**と呼ぶのです．

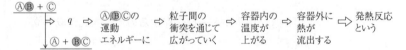

　一方，$q<0$ のときは，逆に，粒子の運動エネルギーが，位置エネルギーの上昇に使われますから，容器内の温度が下がります．そうすると容器内の温度が容器外の温度より低くなったので熱が容器外から容器内に流入します．すなわち，熱を吸収したことになるので，**吸熱反応**と呼ぶことになるのです．

# 2 内部エネルギー，エンタルピー

「エンタルピー」って何でしょうか？

　物質は，ぼう大な数の微粒子の集合体であり，各微粒子は熱運動しているので運動エネルギーをもち，また引き合って集まっているので位置エネルギーをもっています．ここで，ある容器の中にある全物質を構成する微粒子のもっている位置エネルギーと運動エネルギーの総量を**内部エネルギー**$(U)$といいます．

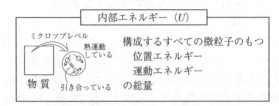

　ここで，**体積一定**の条件で，容器内で反応が起こり，反応後温度を反応前に戻したとき，$Q_{out}$ の反応熱が出たとします．

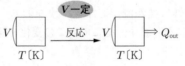

　このとき，エネルギーは保存するので，次式が成り立ちます．

$$U_前 = U_後 + Q_{out}$$
$$0 = U_後 - U_前 + Q_{out}$$

反応後と反応前の内部エネルギーの変化量を $\Delta U = U_後 - U_前$ とすると，反応熱 $Q_{out}$ は，

$$\boxed{Q_{out} = -\Delta U}$$

と表されます．すなわち，内部エネルギーの減少した分$(-\Delta U)$が反応熱 $Q_{out}$ として出たことになります．
　一方，**圧力一定**の条件で，容器内で反応が起こり，反応後温度を反応前に戻したとき，反応物が膨張する場合は，反応物が圧力に逆らって仕事をしてエネルギ

ーを使うので，減少した内部エネルギー($-\Delta U$)のうちの一部がその仕事($W_{out}$)に使われて，出てくる熱 $Q_{out}$ はその分だけ少なくなります．

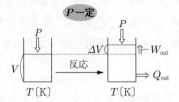

このとき，エネルギーの保存より，次式が成り立ちます．
$$U_{前} = U_{後} + W_{out} + Q_{out}$$
さて，$W_{out}$ は，$P$ 一定で体積が $\Delta V$ 変化したので，右の計算より $P \times \Delta V$ と表されます．そこで，
$$0 = \Delta U + P \times \Delta V + Q_{out}$$
となります．ここで，内部エネルギー $U$ に $P \times V$ を加えた新しいエネルギー量として，エンタルピーという量($H$)；

$$H = U + P \times V$$

を考えてみると，$P$ 一定の反応でのエンタルピー変化量 $\Delta H$ は，
$$\Delta H = \Delta U + P \times \Delta V$$
と表せるので，$0 = \Delta U + P \times \Delta V + Q_{out}$ は
$$0 = \Delta H + Q_{out}$$
となりますね．そうすると，

$$Q_{out} = -\Delta H$$

と表すことができます．すなわち，圧力一定で反応が起こったときに観測される反応熱 $Q_{out}$ は，エンタルピーの減少した分($-\Delta H$)とすることができるのです．

エンタルピー $H(= U + P \times V)$ はもちろんエネルギーの単位をもちエネルギーの一種なのですが，化学反応の実験は圧力一定の条件下で行うことが多く，そのとき観測される反応熱の値を説明するときに，いちいち仕事に使われた量を気にしなくて済むように考えられた便利なエネルギーということになります．

仕事＝力×動いた距離
$$\left( \begin{array}{c} J = N \times m \\ = \dfrac{N}{m^2} \times m^3 \end{array} \right) 単位$$
⇓
仕事＝圧力×増えた体積
$$W_{out} = P \times \Delta V$$

## 3 反応エンタルピーを付した反応式

> 1 mol の水素を燃焼させたとき，1 mol の水(液体)が生じ，286 kJ の発熱があった．これをエンタルピー変化量 $\Delta H$ を付した反応式で表すとどの様になるでしょうか．

　通常，水素が燃焼する反応は，分数係数を避けて

$$2H_2 + O_2 \longrightarrow 2H_2O$$

と表されます．ただ，反応熱は反応した物質の量に比例し，この場合エンタルピーの変化量 $\Delta H$ の値を添えた反応式を書くのですから，物質の量を示す必要があります．$\Delta H$ を付した反応式では，**化学式の係数を各物質の物質量とする**という約束があります．この場合 $H_2$ や $H_2O$ の物質量は 1 mol なので，反応式は

$$H_2 + \frac{1}{2}O_2 \longrightarrow H_2O$$

と表さなくてはなりません．また，物質のエンタルピーは物質が固体，液体，気体のいずれであるかで違いますから，この場合

$$H_2(気) + \frac{1}{2}O_2(気) \longrightarrow H_2O(液)$$

のように，化学式のあとに（気），（液）などを添えなくてはなりません．（ただし，$H_2$，$O_2$ が常温・常圧で気体であることは誰も疑いませんね．このようなときは省略されることがあります．）

　さて，この反応のときのエンタルピー変化量 $\Delta H$ を反応式のあとに添えるのですが，

$$Q_{out} = -\Delta H$$

であるので，

$$286kJ = -\Delta H \quad \rightarrow \quad \Delta H = -286kJ$$

となり，これを添えた式は

$$H_2(気) + \frac{1}{2}O_2(気) \longrightarrow H_2O(液) \quad \Delta H = -286kJ$$

となります．添えるのは**反応で出入りする熱量でなく，その原因となるエンタルピーの変化量 $\Delta H$ である**ので，$\Delta H = -Q_{out}$ となり，**反応熱と符号が逆になる！**ことに十分注意しましょう．

┌─────────────────────────────────────────┐
《ΔH の値を付した反応式の書き方》

2　以下の文(1)～(4)の内容を ΔH の値を付した反応式で表しなさい.

(1) 1 mol の黒鉛(C(黒鉛))を完全燃焼させると 1 mol の二酸化炭素 (CO$_2$(気))が生じ, 394 kJ の発熱があった.

(2) 1 mol の尿素(CO(NH$_2$)$_2$(固))を大量の水(aq)に溶かすとき, 15 kJ の吸熱があった.

(3) 1 mol のナトリウム原子(Na(気))を, ナトリウムイオン(Na$^+$(気)) と電子(e$^-$(気))にするのに 496 kJ のエネルギーが必要であった.

(4) 1 mol のメタン(CH$_4$(気))を 1.7 mol の酸素(O$_2$(気))で燃やすと CH$_4$, O$_2$ は完全になくなり, 0.6 mol の一酸化炭素(CO(気)), 0.4 mol の二酸化炭素(CO$_2$(気)), 2 mol の H$_2$O(液)のみが生じ, 224 kJ の発熱があった.
└─────────────────────────────────────────┘

**解説**　1　反応式は

$$C(黒鉛) + O_2(気) \longrightarrow CO_2(気)$$

また $Q_{out}$ = 394 kJ なので

$$\Delta H = -Q_{out} = -394 \text{ kJ}$$

| C(黒鉛) + O$_2$(気) ⟶ CO$_2$(気)　$\Delta H = -394$ kJ |

394kJ の熱が出たのはエンタルピーが 394 下がったからですね.

2　反応式は

$$CO(NH_2)_2(固) + aq \longrightarrow CO(NH_2)_2(aq)$$

次に, 吸熱反応なので $Q_{out} = -15$ kJ であり

$$\Delta H = -Q_{out} = -(-15 \text{ kJ}) = +15 \text{ kJ}$$

| CO(NH$_2$)$_2$(固) + aq ⟶ CO(NH$_2$)$_2$(aq)　$\Delta H = +15$ kJ |

尿素の構造式

$$O=C \diagup^{NH_2}_{\diagdown NH_2}$$

これは, 炭酸とアンモニアが脱水縮合したものとみなされる構造です.

$$O=C \diagup^{OH \quad H-NH_2}_{\diagdown OH \quad H-NH_2}$$

炭酸　　アンモニア

3　Na(気) ⟶ Na$^+$(気) + e$^-$(気)の変化に 496 kJ 必要ということですから, Na(気)に 496 kJ 加えたとき右辺が実現します. これは吸熱反応です. すなわち, $Q_{out} = -496$ kJ なので $\Delta H = -Q_{out} = +496$ kJ です.

| Na(気) ⟶ Na$^+$(気) + e$^-$(気)　$\Delta H = +496$ kJ |

4　この表式では, 化学式の前の係数は物質量を表し, また $Q_{out}$ = 224kJ なので, $\Delta H = -Q_{out} = -224$kJ. よって,

| CH$_4$(気) + 1.7O$_2$(気) ⟶<br><br>0.6CO(気) + 0.4CO$_2$(気) + 2H$_2$O(液)　$\Delta H = -224$ kJ |

## 4 位置エネルギーの高低の判断力

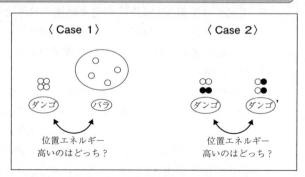

〈 Case 1 〉　　　　　〈 Case 2 〉

位置エネルギー　　　　　位置エネルギー
高いのはどっち？　　　　高いのはどっち？

プロパン $C_3H_8$ の完全燃焼：
$C_3H_8$(気) + 5$O_2$(気)
　→3$CO_2$(気) + 4$H_2O$(気)
では，大量の熱が発生します．反応の前後を 25 ℃，1 atm にすると，位置エネルギーの差は，2046.6 kJ/mol です．一方，このとき，気体が 3 + 4 − (1 + 5) = 1 mol 増加するので，体積が膨張し，その分が外界に対して仕事に使われます．その値は
　$P \times \Delta V = 1 \times R \times T$
であるので，具体的には
　1 × 8.31 × 298 =
　　2.48 × $10^3$ J ≒ 2.5 kJ
です．よって，実際に反応熱として観測されるのは
　2046.6 − 2.5 = 2044.1 kJ
であるので，
　$\Delta H = -2044.1$ kJ
となります．このように仕事に使われるエネルギーは常温・常圧では全体の中でごくわずかであることが多いです．

化学反応では原子の組み換えが起こり，原子間の結合関係が変化すると，原子間の位置エネルギーが変化し，たとえば位置エネルギーが高から低に変化すると，この位置エネルギーの差が運動エネルギーに変化します．このとき，圧力が一定で反応が起こるのなら，そのエネルギーの一部が仕事に使われることもありますが，残りは熱として放出されます．すなわちエンタルピーもまた高から低に変化します．このように，エンタルピーが反応で上がるのか下がるのかは，結局，反応で原子間の位置エネルギーが上がるか下がるかで判断できることになります．

### < Case 1 >

そもそも，微粒子は熱運動しているので，ツブの集団は バラ けていくはずです．にもかかわらず，ツブの集団が ダンゴ 状態にあるのは，ツブ間に引力が働いているからです．したがって，引力で集まっている ダンゴ 状態のツブを バラ すには，これらを引力に逆らって引き離すエネルギーが必要です．そしてこのときに加えられたエネルギーは，位置エネルギーとして蓄えられることになります．すなわち，位置エネルギーは，必ず ダンゴ より バラ の方が高くなり，エンタルピーもそのようになります．

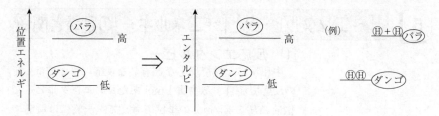

## ＜ Case 2 ＞

　この場合，左側の○○と●●，右側の○●と○●のいずれ
も ダンゴ 状態です．各粒子をバラにする，すなわち

$$○○ \longrightarrow ○+○, \quad ●● \longrightarrow ●+●, \quad ○● \longrightarrow ○+●$$

とするのに必要なエネルギーの値は大から小までいろ
いろありますから，左側(○○と●●)と右側(○●と○●)の
位置エネルギーの高低は一般には判断できません．

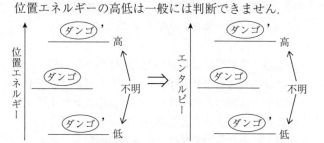

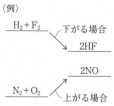

　注意すべきは，私たちが通常行う反応は，ほとんど
この＜ Case 2 ＞タイプであることです．たとえば，
水素と酸素を反応させて水を生成させるとき使う水素
ガスは H でなく $H_2$ であり酸素ガスは O でなく $O_2$ で
あり，反応は

$$2H + O \longrightarrow H_2O$$

でなく

$$H_2 + \frac{1}{2}O_2 \longrightarrow H_2O$$

です．私たちが通常の反応で扱う物質はすべて，結合
している物質すなわち ダンゴ 状態のものであるの
で，反応は， ダンゴ 状態から別の ダンゴ 状態
( ダンゴ ')への変化です．したがって，このとき，
位置エネルギーやエンタルピーが上がるのか，下がる
のかは一般的に判定することはできません．

◀常温・常圧で バラ なのは
18 族元素のみです．

## 5 「〜エンタルピー」と「〜エネルギー」の定義と関係

### 1 反応エンタルピー

中和反応，燃焼反応など有名な反応については，その反応で注目する物質 1 mol あたりのエンタルピー変化量 $\Delta H$ を kJ/mol の単位で考えて，一般には反応エンタルピーと呼び，具体的には中和エンタルピー，燃焼エンタルピー等といいます．

$\Delta H$(kJ/mol)

☆酸(aq)＋塩基(aq) ⟶ 塩(aq)＋$H_2O$ 　中和エンタルピー

☆物質＋$nO_2$ ⟶ 完全燃焼物 　　　　　燃焼エンタルピー

☆単体$_1$＋単体$_2$＋⋯ ⟶ 化合物 　　生成エンタルピー

☆物質＋aq ⟶ 物質(aq) 　　　　　　溶解エンタルピー

（上記の▦の物質 1 mol あたりで示します）

なお，溶解現象は物質の変化を伴わないので，一般には反応に含めませんが，ミクロなレベルで原子や分子の集合状態の変化を伴うので，反応エンタルピーの中に含めて考えることもあります．

さて，これらの変化は，ツブの集団の

ダンゴ ⟶ ダンゴ′

の変化であるので，一般的にはエンタルピーが上がるか下がるかは不明です．

| エンタルピー($H$) | | | |
|---|---|---|---|
| 酸(aq)＋塩基(aq) $\Delta H$ 塩(aq)＋$H_2O$ | 物質＋$nO_2$ $\Delta H$ 完全燃焼物 | 化合物 $\Delta H$ 単体$_1$＋⋯ $\Delta H$ 化合物 | 物質(aq) $\Delta H$ 物質＋aq $\Delta H$ 物質(aq) |
| $\Delta H$ は 中和エンタルピー （必ず負） | $\Delta H$ は 燃焼エンタルピー （必ず負） | $\Delta H$ は 生成エンタルピー （正負あり） | $\Delta H$ は 溶解エンタルピー （正負あり） |

## ② 状態変化のエンタルピー

物質の状態によるエンタルピーの高低が,

固体 < 液体 < 気体

の順であることは自明ですね. そこで状態変化につい
ての状態変化エンタルピーは次の様に表されます.

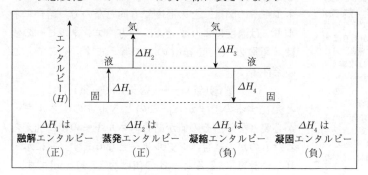

$\Delta H_1$ は **融解**エンタルピー (正)　$\Delta H_2$ は **蒸発**エンタルピー (正)　$\Delta H_3$ は **凝縮**エンタルピー (負)　$\Delta H_4$ は **凝固**エンタルピー (負)

　この図でもわかるように, 融解と蒸発でのエンタル
ピーの変化は正で, 逆に凝縮と凝固でのエンタルピー
の変化は負ですが, その変化量の絶対値は同じです.

$$\Delta H_1 = -\Delta H_4 > 0 \qquad \Delta H_2 = -\Delta H_3 > 0$$
融解　　凝固　　　　　蒸発　　凝縮

## ③ 「～エネルギー」と「～エンタルピー」の関係

**≪結合エネルギー≫** 原子と原子が結合しているときの
位置エネルギーは原子核間の距離を $r$ として, 次の様
な図で表されることを確認してきました(p.7)

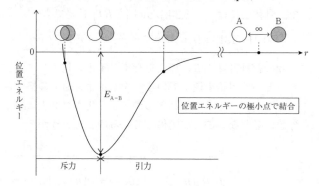

位置エネルギーの極小点で結合

＊エネルギーの分配則（→物理教科書）によると，運動エネルギーは，一自由度あたり$\frac{1}{2}RT$(kJ/mol)与えられます．Ⓐ Ⓑ分子1 molには，並進運動($x, y, z$軸方向)で3つ，回転運動($y$軸，$z$軸)で2つ，振動運動で1つの計6つの自由度がありますが，このうち常温では，振動の自由度は事実上0であることがわかっているので結局合計5つの自由度があります．一方，Ⓐ ⒷがⒶとⒷに分かれると，並進運動で$3 \times 2 = 6$つの自由度があるので，1つだけ自由度が増加します．これを支えるには$\frac{1}{2}RT$のエネルギーが必要となります．一方，気体が1 molから2molに増加することで，気体が膨張し，その分の仕事をするので，
$P \times \Delta V = 1 \times R \times T$
より，$RT$分のエネルギーが必要です．よって，
Ⓐ Ⓑ ⟶ Ⓐ＋Ⓑ
の変化を支えるには
$\frac{1}{2}RT + RT = \frac{3}{2}RT$
のエネルギーが必要となります．具体的には
$3/2 \times 8.31 \times 298$
$= 3715$ J $\fallingdotseq 3.7$ kJ
必要となります．

なお，結合エネルギーor結合エンタルピーは，結合をするのでなく結合を切る方向で必要なエネルギーなので，正しくは結合解離エネルギー同様に格子エネルギーも格子解離エネルギーと言うべきものです．

　A原子とB原子は位置エネルギーの極小の点で結合しているのですから，この点と無限に離された点との位置エネルギーの差($E_{A-B}$)のエネルギーを加えると2つの原子を離すことができます．このエネルギーを結合エネルギーといいます．ところで，この位置エネルギーの図は，どの温度でも同じなので，結合エネルギーは温度によりません．一方，エンタルピーの値は，通常25 ℃，1 atmの下で考えます．そこで，この条件下で

$$Ⓐ Ⓑ (気) \longrightarrow Ⓐ(気)＋Ⓑ(気)$$

と変化するのですから，このとき＋$\alpha$のエネルギーが必要となり，その値が結合エネルギーの値に加えられたものが，結合エンタルピーとなります．左に示す詳しい計算＊によると＋$\alpha$の値は約3.7 kJ/molです．

（例）H－H　432 kJ/mol $\xrightarrow{\text{＋ 3.7 kJ/mol}}$ 436 kJ/mol
　　　　　　結合エネルギー　　　　　　　　　結合エンタルピー

　ただ，結合エネルギーの値が100〜900 kJ/molであるのに比べると＋$\alpha$の値はほぼ無視できるぐらいです．今の高校の教科書では，結合エンタルピーの値を結合エネルギーと言って使っています．

≪イオン化エネルギー≫この値も，温度によって変化しません．一方，これをイオン化エンタルピーに変えるには，結合エネルギーと同様に＋$\alpha$の補正が必要で，具体的には，＋6.2 kJ/mol $\left(\frac{5}{2}RT\right)$必要です．

（例）H　1312 kJ/mol $\xrightarrow{\text{＋ 6.2 kJ/mol}}$ 1318 kJ/mol
　　　　イオン化エネルギー　　　　　　　　　イオン化エンタルピー

　今の教科書は，この補正をせず，イオン化エンタルピーという用語を使っていません．イオン結晶の格子エンタルピーを求めるときしかイオン化エンタルピーの値は必要ないことが関係しているのでしょうか？

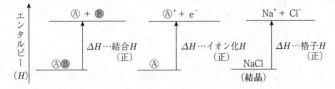

# 6 ヘスの法則とそれを使った計算

## 1 ヘスの法則

1840 年ヘスさんは，多くの反応の反応熱を実験で求めて，

> 反応**熱**の総計は，反応前後の状態のみで決まり反応経路によらない

という総熱量の保存の法則を提唱しました．これは，たとえば，A ⟶ B と変化する反応が，C を通る別経路 A ⟶ C ⟶ B でもあり，そして，A ⟶ B の反応熱が $Q$ で，A ⟶ C の反応熱が $Q_1$，C ⟶ B の反応熱が $Q_2$ であったとき，$Q = Q_1 + Q_2$ が成り立つということです．

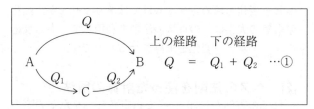

$$\text{上の経路　下の経路}$$
$$Q = Q_1 + Q_2 \quad \cdots ①$$

さて，①式に $(-1)$ をかけると，

$$(-Q) = (-Q_1) + (-Q_2) \quad \cdots ①'$$

となります．反応が圧力一定，温度一定で行われたとき，エンタルピー変化 $\Delta H$ は $-Q$ であるので，エンタルピーの変化 $\Delta H$ を使って，①'式は

$$\Delta H = \Delta H_1 + \Delta H_2$$

と表されます．そこで，ヘスの法則は，エンタルピーを使って以下の様に表現することもできます．

> 反応**エンタルピー**の総計は，反応前後の状態のみで決まり反応の経路によらない

このヘスの法則を使うと，熱量の測定が困難な反応の反応熱 or エンタルピー変化を求めることができることがあります．たとえば，黒鉛を燃やしてそれをすべて CO にする実験は難しく，反応熱の測定も困難で

◀反応物質，生成物質はそれぞれ固有のエネルギーをもっています．そして，エネルギーは保存するので，結局，反応で出入りするエネルギーの総量は常に同じであるから，この法則が成り立つと考えることができます．

すが，黒鉛や CO を完全に燃焼させて $CO_2$ にする実験は可能で，その反応熱も求めることができます．

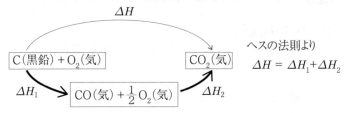

ヘスの法則より
$$\Delta H = \Delta H_1 + \Delta H_2$$

この3つの反応の中で，$\Delta H$ と $\Delta H_2$ は実験より求められますが，$\Delta H_1$ は測定困難です．でもヘスの法則より，

$$\Delta H = \Delta H_1 + \Delta H_2$$

の関係式が成り立つので，この式を使って $\Delta H_1$ を求めることができます．

実際の入試問題では，必ずしも測定が困難なエンタルピー変化を求めさせるわけではありませんが，熱化学計算の大半はこのヘスの法則を利用して，ある反応のエンタルピー変化を求めさせるものです．

## ② ヘスの法則を使った計算の解法

反応の方向が矢印 ⟶ で指定され，またその際のエンタルピーの変化量 $\Delta H = \Delta H_{後} - \Delta H_{前}$ の値が，＋－の符号つきで考えられています．したがって，ヘスの法則を使った計算は，まず2つの経路（経路 I と II とする）を確定し，各経路での $\Delta H_i$ の総和を考えて，

$$\overset{\mathrm{I}}{\Sigma} \Delta H_i = \overset{\mathrm{II}}{\Sigma} \Delta H_j$$

$\overset{\mathrm{I}}{\Sigma} \Delta H_i$ は経路 I での $\Delta H_i$ の和をとることを意味します．

の式を立て，この式中の不明な $\Delta H_k$ をこの式を使って求めるだけということになります．

2つの経路の設定にあたっては，与えられた反応エンタルピーの値を使えるようにすることを考えればたいていすぐに決めることができるでしょう．たとえば，

左辺 ⟶ 右辺　*$\widehat{\Delta H}$)

の $\Delta H$ を求めるにあたって，反応式にある物質の燃焼エンタルピーの値が与えられていれば，燃焼エンタ

ルピーは物質を完全燃焼させるときのエンタルピー変化なので，次の様な図が描けます．

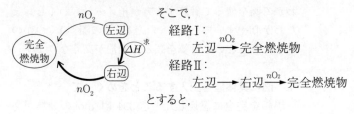

そこで，

経路Ⅰ：
$$左辺 \xrightarrow{nO_2} 完全燃焼物$$

経路Ⅱ：
$$左辺 \longrightarrow 右辺 \xrightarrow{nO_2} 完全燃焼物$$

とすると，

$$\overset{左}{\Sigma} \Delta H_i = {}^{求}\!\boxed{\Delta H} + \overset{右}{\Sigma} \Delta H_j$$

の関係式が得られますから

$$\,{}^{求}\!\boxed{\Delta H} = \overset{左}{\Sigma} \Delta H_i - \overset{右}{\Sigma} \Delta H_j$$

で求めることができます．すなわち，エンタルピーの高低を示す図がなくても，知りたい $\Delta H$ の値は上記のような計算で求めることができます．

〔例〕

燃焼エンタルピーの値が

C（黒鉛） $-$ 394 kJ/mol，CO（気） $-$ 283 kJ/mol

のとき，CO の生成エンタルピー $\Delta H$〔kJ/mol〕を求めるとします．生成エンタルピーは，単体から化合物が生成するときのエンタルピー変化です．

$$C（黒鉛） + \frac{1}{2} O_2（気） \longrightarrow CO（気） \quad {}^{求}\!\boxed{\Delta H}$$

一方，与えられているのは C（黒鉛）と CO の燃焼エンタルピーなので，これらを燃焼させることを考えて，以下の図が描けます．

この図より，

$$\Delta H_左 = \Delta H + \Delta H_右$$
$$-394 = \Delta H + (-283)$$
$$\Delta H = \boxed{-111} \text{ kJ/mol}$$

のようにして $\Delta H$ の値を求めることができます．

とはいえ，エンタルピーは物質のもつエネルギーの
高低を示すものなので，物質のエンタルピーの高低が
わかる図を使って計算する方がイメージもわくし，ま
たわかりやすいでしょう．ただし，その際，いくつかの
点を注意しないと計算を誤る可能性が高くなります．

## 1. 図に具体値を記入することをめぐって

黒鉛を完全に燃焼したとき 394 kJ/mol の発熱があ
ります．これを以下の様に表したとします．

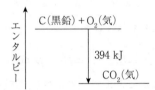

この図を素直に読めば↓の方向に反応したとき，熱
が 394 kJ 出たと理解できます．しかし，教科書では，

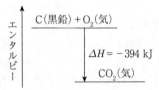

と表示されています．この表記では，矢印が下の方
(↓)に向いていて，そして，その隣にあるエネルギー
の値にはマイナス(−)の符号がついています．一般に
は上方をプラス(＋)，下方をマイナス(−)で考えます
から，実際のエネルギー変化は

$$(-) \times (-) = (+) \times (+)$$
$$\text{方向}\quad\text{値}\qquad\text{方向}\quad\text{値}$$

つまり，上方向に 394 kJ のエネルギー変化があるか
のように感じられるのです．「この表記で書かれてい
るのは，反応熱でなくエンタルピーの変化量 $\Delta H$ で
あり，このケースでは，エンタルピーは下がるので，
$\Delta H$ にマイナス(−)がついていても何の問題もない」
と言われれば，確かにその通りです．でも，＋になっ
たり−になったりする $\Delta H$ の値がいくつも出てくる

ものを計算するとき，この矢印の方向（↓，↑）と，$\Delta H$ の正と負の符号の関係で混乱が起こってくる可能性は大きいでしょう．そこで，

> **反応の矢印↓ or ↑の横に具体値を書き込まない**

ことが計算ミスを防ぐ上で重要になります．

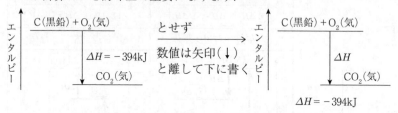

## 2. エンタルピーの高低の表記について

すでに p.21 で確認してきたように，ツブの集団が

$$\boxed{ダンゴ} \longrightarrow \boxed{ダンゴ}'$$

の変化では，左辺と右辺のエンタルピーのどちらが高いかは一般に不明です．また生成エンタルピーで考える単体と化合物のエンタルピーもどちらが高いかは一般に不明です．そこで，エンタルピーの高低を示した図を使って，ヘスの法則の計算を行おうとするとき，高低が不明な場合どう表すかという問題が生じます．

ここで，生成エンタルピーの値があるとき，エンタルピー図では，左辺，右辺，単体の3つのラインを引くことになります．この3つのエンタルピーの高低関係は 3！＝6 通りありますね．この6通りについて，ヘスの法則から導かれる関係式がどうなるか調べてみましょう．

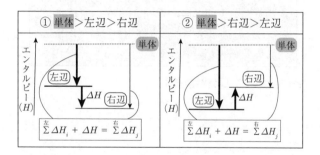

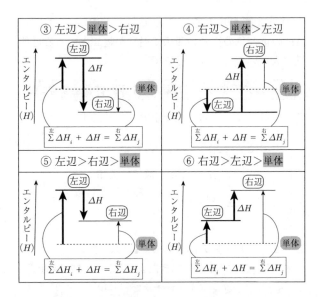

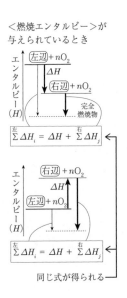

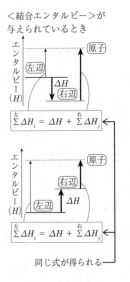

①～⑥のいずれの図を描いても，反応の方向（ ⟶ ）を正しく定めて，2つの経路をたどっていけば，ヘスの法則から同じ関係式；

$$\overset{左}{\Sigma}\Delta H_i + \Delta H = \overset{右}{\Sigma}\Delta H_j$$

が得られることがわかりました．与えられるエンタルピーが燃焼エンタルピー，結合エネルギー（エンタルピー）いずれであっても，左図で示すように同じことがいえます．

　これらより，エンタルピーの高低を表す図で，その高低が不明なとき，仮の高低図を描いたとしても，

「～エンタルピー」の定義をしっかり確認して，その反応の方向（ ⟶ ）を正しく記入すれば，2つの経路のエンタルピー変化の総計に関する正しい関係式が得られる

と結論することができます．

---

《**熱化学計算－生成エンタルピー**》

3 　以下の(1)～(3)の反応エンタルピーを右表の生成エンタルピー(kJ/mol)の値を使って求めよ.

(1)　$CH_2=CH_2+H_2 \longrightarrow CH_3CH_3$

(2)　$CH_2=CH_2 + 3O_2 \longrightarrow 2CO_2 + 2H_2O(液)$

(3)　$CH_3CH_2OH(液) \longrightarrow CH_2=CH_2+H_2O(液)$

| 生成エンタルピー (kJ/mol) | |
|---|---|
| $CH_3CH_3$ | － 85 |
| $CH_2=CH_2$ | ＋ 52 |
| $CH_3CH_2OH(液)$ | － 277 |
| $CO_2$ | － 394 |
| $H_2O(液)$ | － 286 |

(状態が記入されていないものはすべて気体である)

---

**解 説**　生成エンタルピーの値が与えられているので, 仮のエンタルピーの高低図として次のものを使うことにします.

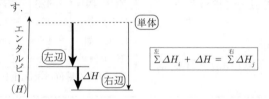

$$\overset{左}{\Sigma} \Delta H_i + \Delta H = \overset{右}{\Sigma} \Delta H_j$$

[1]

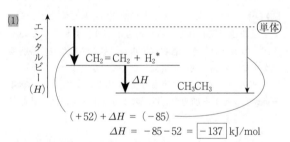

$(+52) + \Delta H = (-85)$

$\Delta H = -85-52 = \boxed{-137}$ kJ/mol

◀* $H_2$ のような通常の単体の生成エンタルピーは
$H_2(気) \longrightarrow H_2(気)$
のように左辺＝右辺であるので
$\Delta H = 0$ kJ/mol
です.

[2]

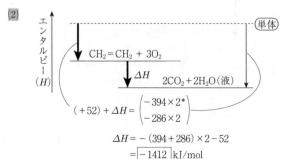

$(+52) + \Delta H = \begin{pmatrix} -394 \times 2* \\ -286 \times 2 \end{pmatrix}$

$\Delta H = -(394+286) \times 2 - 52$

$= \boxed{-1412}$ kJ/mol

◀*反応式の係数は各物質の物質量(mol)なので, kJ/mol の値に mol をかけた値にする必要があります.

*32*

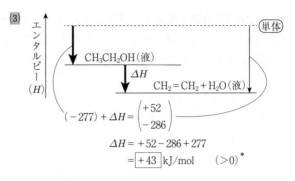

③

CH₃CH₂OH（液）

$\Delta H$

CH₂＝CH₂＋H₂O（液）

(単体)

$(-277) + \Delta H = \begin{pmatrix} +52 \\ -286 \end{pmatrix}$

$\Delta H = +52 - 286 + 277$

$= \boxed{+43}$ kJ/mol （>0）*

*求まった値は正であったので，実際は，右辺側の方がエンタルピーは高いことになります．でもこのような仮のエンタルピーの高低図を使っても正しい $\Delta H$ が求まるのです！

--- **《熱化学計算－生成エンタルピー，溶解エンタルピー》** ---

④ 以下の中和反応の中和エンタルピーの値を，右表の生成エンタルピー，溶解エンタルピーの値を使って求めよ．

KOH(aq) + HNO₃(aq)

⟶ KNO₃(aq) + H₂O（液）

生成と溶解のエンタルピー

| | 生成H | 溶解H |
|---|---|---|
| KOH（固） | － 425 | － 58 |
| HNO₃（液） | － 174 | － 33 |
| KNO₃（固） | －493 | ＋ 35 |
| H₂O（液） | －286 | 0 |

（表の値の単位は kJ/mol）

解説 化学反応は，水などの溶液中で起こすことが多いです．問題で問われている反応も水溶液中で起こっています．このようなとき，各物質を水に溶解させたときの溶解エンタルピーの値を使って計算しなくてはなりません．本問では生成エンタルピーの値も与えられていますから，単体＋aq のラインを加えた，以下のような図を描けば，計算が容易にできるでしょう．

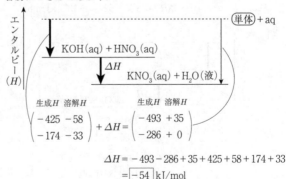

(単体)＋aq

KOH(aq) + HNO₃(aq)

$\Delta H$

KNO₃(aq) + H₂O（液）

$\begin{pmatrix} 生成H & 溶解H \\ -425 & -58 \\ -174 & -33 \end{pmatrix} + \Delta H = \begin{pmatrix} 生成H & 溶解H \\ -493 & +35 \\ -286 & +0 \end{pmatrix}$

$\Delta H = -493 - 286 + 35 + 425 + 58 + 174 + 33$

$= \boxed{-54}$ kJ/mol

---

### 《熱化学計算－燃焼エンタルピー》

5　アセチレン HC≡CH の生成エンタルピー
の値を右表の燃焼エンタルピーの値を使って
求めよ.

| 燃焼エンタルピー (kJ/mol) | |
|---|---|
| HC≡CH | −1309 |
| C(固) | −394 |
| H₂(気) | −286 |

---

**解 説**　求めるのは, 生成エンタルピーの値ですから,
HC≡CH がその構成単体から生じる以下の反応の反応エン
タルピーです.

$$2C(固) + H_2(気) \longrightarrow HC≡CH(気)$$

さて, ここで与えられているのは, 燃焼エンタルピーの値で
すから, 左辺と右辺の物質を完全燃焼させることをイメージ
します. 燃焼反応はすべて発熱反応ですから, 完全燃焼物の
エンタルピーの位置は最も低い位置です. 一方, 単体と化合
物のエンタルピーの高低は一般に不明ですから, 右辺側を低
い位置に書く, 仮のエンタルピーの図を使って計算してみま
しょう.

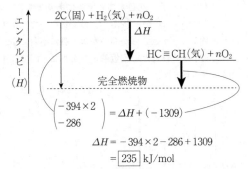

$$\Delta H = -394 \times 2 - 286 + 1309$$
$$= \boxed{235} \ \text{kJ/mol}$$

求まった $\Delta H$ の値は正なので, 実際は右辺側の方が高か
った(すなわち吸熱反応であった)ことがわかります.

---
### ┌─ 《熱化学計算－結合エネルギー or 結合エンタルピー》─┐

6 右表の結合エネルギー（or 結合エンタルピー）

（kJ/mol）の値を使って，以下の(1)～(3)の反応エ

ンタルピー（kJ/mol）を求めよ.

| | 単位は kJ/mol |
|---|---|
| H－H | ＋436 |
| Cl－Cl | ＋243 |
| H－Cl | ＋432 |
| C－C | ＋345 |
| C＝C | ＋609 |
| C－H | ＋413 |
| C－O | ＋357 |
| O－H | ＋462 |
| C＝O | ＋744 |

(1) $H_2$（気）＋$Cl_2$（気）$\longrightarrow$ 2HCl（気）

(2) $CH_2$=$CH_2$（気）＋$H_2$（気）$\longrightarrow$ $CH_3CH_3$（気）

(3) $CH_2$=CH(OH)（気）$\longrightarrow$ $CH_3CHO$（気）

---

この場合，各分子のまわ▶
りには何もない，つまり分
子は気体状態と想定されて
います.

p.24 でも確認したよう
に，教科書に載せられてい
る結合エネルギーの値は，
正しくは結合エンタルピー
の値です.

**解説** 分子中の結合を切断するのに必要なエネルギーの
ことを結合エネルギーと定義されています.（一方，結合エ
ンタルピーは結合を切断するときのエンタルピー変化と定義
されています.）

この変化は，ダンゴ から バラ への変化ですから，エン
タルピーは必ず増大するので，結合が切断された状態のエン
タルピーはもとの分子より必ず高い位置にあります. 一方，
(1)～(3)の反応は ダンゴ から ダンゴ' の変化なので，左辺と
右辺のエンタルピーがどちらが高いかは一般に不明です. そ
こで，右辺側を低く書くという仮のエンタルピー図で表すと
以下の図が得られます.

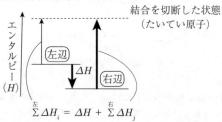

$$\sum^{左} \Delta H_i = \Delta H + \sum^{右} \Delta H_j$$

この関係式を使って，反応エンタルピー $\Delta H$ が求まります.

①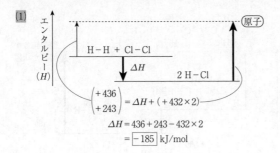

$$\Delta H = 436 + 243 - 432 \times 2$$
$$= \boxed{-185} \text{ kJ/mol}$$

②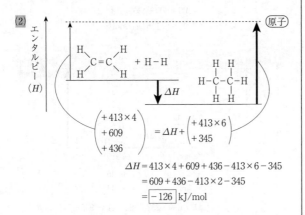

$$\Delta H = 413 \times 4 + 609 + 436 - 413 \times 6 - 345$$
$$= 609 + 436 - 413 \times 2 - 345$$
$$= \boxed{-126} \text{ kJ/mol}$$

さて，以下の計算でみるように，結合エネルギー(or 結合エンタルピー)の値が与えられたときに，反応のエンタルピーの値をヘスの法則を使って計算する場合に使う式は，

$$\overset{左}{\Sigma} \Delta H_i = \Delta H + \overset{右}{\Sigma} \Delta H_j$$

$$\Delta H = \overset{左}{\Sigma} \Delta H_i - \overset{右}{\Sigma} \Delta H_j$$

であるので，左辺と右辺で同じ結合があれば，引き算されるとき，結局，結合数の差を出すことになります．そこで結合を切った状態を考えるとき，すべての結合を切って原子状態にしなくても，左辺と右辺で異なっている結合のみを切った状態を設定しても正しい計算ができます．本問では次のような図を使っても正しい値が求まります．

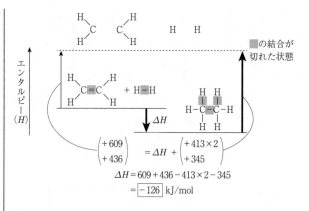

$$\Delta H = 609 + 436 - 413 \times 2 - 345$$
$$= \boxed{-126} \text{ kJ/mol}$$

[3]

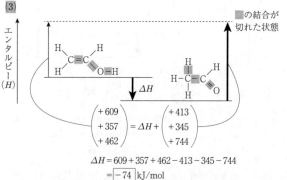

$$\Delta H = 609 + 357 + 462 - 413 - 345 - 744$$
$$= \boxed{-74} \text{ kJ/mol}$$

この計算から $CH_2 = CH(OH)$ より $CH_3CHO$ のほうがエネルギー的に安定であることがわかりますが，実際，$CH \equiv CH$ に $H_2O$ を付加したとき，単純には $CH_2 = CH(OH)$ が生じると予想されるのに，$CH_3CHO$ が生じます．このように $CH_2 = CH(OH)$ はエネルギー的に $CH_3CHO$ より不安定であるために単離することはできないので，$CH_2 = CH(OH)$ の生成エンタルピーを実験より求めることができません．このような場合，上記のような，結合エネルギー（エンタルピー）を使った計算が大いに有効になるのです．

ただし，本当は結合エネルギーの値は環境によって異なり，同じ $C-H$ 結合の値といっても $CH_2 = CH_2$ 分子と $CH_3CH_3$ 分子では少し違っています．表中にある値は平均的な値です．ですから，これらの結合エネルギーの値を使って算出された $\Delta H$ の値は正確な値でなく，おおよそ見積もられる値であることにも留意して使っていきましょう．

```
┌─·─···─《熱化学計算─ハイレベル1》─·─···─·─┐
│ ⑦　次の①〜④は，エンタルピー変化を付した反応式である．
│   ①　C(黒鉛) + O₂(気) ⟶ CO₂(気)　ΔH = − 394 kJ
│   ②　H₂(気) + ½O₂(気) ⟶ H₂O(液)　ΔH = − 286 kJ
│   ③　C₂H₆(気) + 7/2 O₂(気) ⟶ 2CO₂(気) + 3H₂O(液)　ΔH = − 1560 kJ
│   ④　C₂H₄(気) + H₂(気) ⟶ C₂H₆(気)　ΔH = − 136 kJ
│ これらを用いて，以下の(1)〜(3)の値〔kJ/mol〕を求めよ．
│ (1)　C₂H₆ の生成エンタルピー〔kJ/mol〕
│ (2)　C₂H₄ の生成エンタルピー〔kJ/mol〕
│ (3)　C₂H₄ の燃焼エンタルピー〔kJ/mol〕
└─────────────────────────────┘
```

**解説**　③〜⑥の問題では，与えられたエンタルピーの名称が，生成エンタルピー，燃焼エンタルピー，結合エネルギー(エンタルピー)のように書かれていました．しかし，本問ではそれはありません．エンタルピーの図を使って計算するには，まず①〜④の各反応のエンタルピー変化 $\Delta H$ が何エンタルピーであるかを確認することが必要です．①，②，③は，C(黒鉛)，H₂(気)，C₂H₆(気)の完全燃焼反応ですから，与えられた $\Delta H$ の値は燃焼エンタルピーです．

燃焼エンタルピー

| | |
|---|---|
| C（黒鉛） | − 394 kJ/mol |
| H₂（気） | − 286 kJ/mol |
| C₂H₆（気） | − 1560 kJ/mol |

ところで，①，②の反応は，CO₂(気)，H₂O(液)がそれぞれ成分元素の単体から生じる反応でもあるので，これらの生成エンタルピーの値が与えられていると考えることもできます．

生成エンタルピー

| | |
|---|---|
| CO₂（気） | − 394 kJ/mol |
| H₂O（気） | − 286 kJ/mol |

④の反応は，C₂H₄ への H₂ の付加反応の反応エンタルピー(水素化エンタルピー)です．

[1] 求めるのは，以下の反応のエンタルピー変化です.

$$2\,C(黒鉛) + 3\,H_2(気) \longrightarrow C_2H_6(気) \quad {}^{求}\!\!\textcircled{$\Delta H$}$$

この式にある物質の燃焼エンタルピーの値はすべてありますから，これらを完全燃焼させるイメージのエンタルピー図を書くと次の様になります.

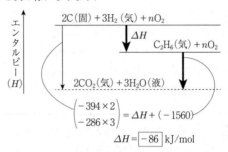

$$\left(\begin{array}{l} -394 \times 2 \\ -286 \times 3 \end{array}\right) = \Delta H + (-1560)$$

$$\Delta H = \boxed{-86}\ \text{kJ/mol}$$

[2] 求めるのは，以下の反応のエンタルピー変化です.

$$2\,C(黒鉛) + 2\,H_2(気) \longrightarrow CH_2 = CH_2(気) \quad {}^{求}\!\!\textcircled{$\Delta H$}$$

(1)と違い，この場合，$CH_2 = CH_2$ の燃焼エンタルピーの値がなく，むしろそれは(3)で求めるように要求されています.ここで，$CH_2 = CH_2$ を含む反応式④に注目すると，この式より $CH_2 = CH_2 + H_2$ と $C_2H_6$ とのエンタルピーの関係がわかります.そして，(1)の計算により $C_2H_6$ の生成エンタルピーの値がわかっています.これらより以下のエンタルピー図が描けます.

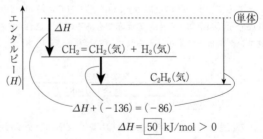

$$\Delta H + (-136) = (-86)$$

$$\Delta H = \boxed{50}\ \text{kJ/mol} > 0$$

計算より $\Delta H > 0$ であり，実際の右辺（$CH_2 = CH_2$（気））のエンタルピーは，単体（$2C$（黒鉛）$+ 2H_2$（気））のエンタルピーより高いことがわかります.

[3]　求めるのは，以下の反応のエンタルピー変化です.

$$C_2H_4(気) + 3O_2(気) \longrightarrow 2CO_2(気) + 2H_2O(液) \ ^{求}ΔH$$

反応式にある物質の生成エンタルピーが，いままでの計算で
すべてわかるようになったので，次の様なエンタルピー図よ
り上式の *ΔH* が求まります.

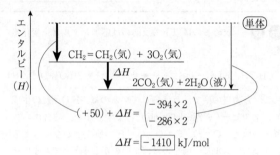

$$ΔH = \boxed{-1410} \ \text{kJ/mol}$$

　別解として，④式の左辺と右辺の物質を完全燃焼させるイ
メージの以下の様なエンタルピー図を使っても求まります.

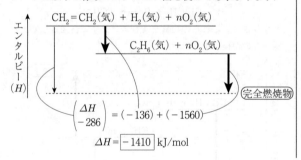

$$ΔH = \boxed{-1410} \ \text{kJ/mol}$$

---

**《熱化学計算－ハイレベル2》**

8 $CH_3CH_3$ の燃焼エンタルピーの値を右表の燃焼エンタルピーの値と結合エンタルピーの値を使って求めよ.

（北海道大(改)）

| | 燃焼エンタルピー | 結合エンタルピー | |
|---|---|---|---|
| $CH_4$ | － 891 | H － H | ＋ 436 |
| $H_2$ | － 286 | C － H | ＋ 413 |
| （単位は kJ/mol) | | C － C | ＋ 345 |

**解説** 求めるのは以下の反応の反応エンタルピー変化です.

$$CH_3CH_3(気) + \frac{7}{2}O_2(気) \longrightarrow 2CO_2(気) + 3H_2O(液) \;^*\boxed{\Delta H}$$

これら物質の中で, 与えられているのは, $H_2O$(液)の生成エンタルピー($-286$ kJ/mol)だけです. また, 結合エネルギーの値も, O＝O, C＝O, O－Hの値などがなく, どのようなエンタルピー図を書けばよいのかとまどってしまいそうです. ここで, $CH_4$ と $H_2$ の燃焼エンタルピーが与えられているので, これと, $CH_3CH_3$ の関係を考えると

$$CH_3CH_3 + H_2 \longrightarrow 2\,CH_4$$

となります. これらの物質を含むエンタルピー図として次の様なものが描けます.

$$\begin{array}{l}
\text{H H} \\
\text{| |} \\
\text{H-C-C-H} \\
\text{| |} \\
\text{H H}
\end{array}
\text{ は }
\begin{array}{l}
\text{C-H} \times 6 \\
\text{C-C} \times 1
\end{array}$$

$$\begin{array}{l}
\text{H} \\
\text{|} \\
\text{H-C-H} \\
\text{|} \\
\text{H}
\end{array}
\text{ は C-H} \times 4$$

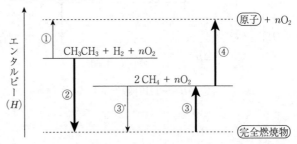

ここで, 2つの反応経路として, ①経路と②→③→④経路を考えるとします. ③は③' と逆の方向なので, ③のエンタルピーの変化は③' と符号が逆となります.

$$
\overset{①}{\begin{pmatrix} +413\times6 \\ +345 \\ +436 \end{pmatrix}}
=
\overset{②}{\begin{pmatrix} \Delta H \\ -286 \end{pmatrix}}
+
\overset{③}{\left( -\underbrace{(-891\times2)}_{③'} \right)}
+
\overset{④}{( +413\times8 )}
$$

$$\Delta H = +345 + 436 - 413\times2 + 286 - 891\times2$$
$$= \boxed{-1541}\ \text{kJ/mol}$$

---

《イオン結晶の熱化学サイクル》

⑨ イオン結晶を構成する陽イオンと陰イオンに完全にバラして気体状態
にするときに必要なエネルギーを格子エネルギー（または格子エンタル
ピー）という．NaCl の結晶の場合，

$$NaCl（固）\longrightarrow Na^+（気）+Cl^-（気）$$

の反応のエンタルピー変化が，格子エンタルピーである．この値を，次
の値を使って求めよ．

| | |
|---|---|
| NaCl（固）の生成エンタルピー | － 411 kJ/mol |
| Na（固）の昇華エンタルピー | ＋ 109 kJ/mol |
| $Cl_2$（気）の結合エネルギー | ＋ 243 kJ/mol |
| Na（気）のイオン化エネルギー | ＋ 496 kJ/mol |
| Cl（気）の電子付着エンタルピー | － 347 kJ/mol |
| （電子親和力） | |

---

**解説** 以下の反応の反応エンタルピー変化を求めます．

$$NaCl（固）\longrightarrow Na^+（気）+ Cl^-（気）\quad ^{求}ΔH$$

イオン結晶 MX（固）は陽イオン $M^{n+}$ と陰イオン $X^{n-}$ が集
まって規則正しく並んだものと考えられています．その結晶
を気体状の $M^{n+}$ と $X^{n-}$ に完全にバラすのに必要なエネルギ
ーをイオン結晶の格子エネルギーと言います．もちろん，そ
のエネルギーが大きいほどイオン結合は強く，融点，沸点が
高いでしょう．また，完全な $M^{n+}$ と $X^{n-}$ からなる結晶とす
れば，この値は，理論的に計算ができるので，実際の結晶の
値があれば理論値と比較することによって，結晶にどれくら
い共有結合性が含まれているかを検討することができます．
しかし，実際の値は，直接的な一回の実験から求めることは
できません．そこで，以下の様な別の反応経路を見つけ，ヘ
スの法則を使って求められます．

◀イオン結晶の格子エンタ
ルピーは，25℃，1 atm でイ
オン結晶を陽イオンと陰イ
オンに切り離すときのエン
タルピー変化です．格子エ
ネルギーと格子エンタルピ
ーとは，少し違
います．ただ，高校では，
格子エネルギーは格子エン
タルピーと同じ意味で使わ
れています．

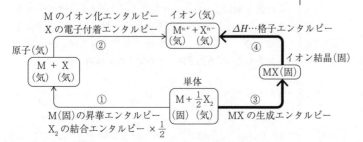

さて，イオン結晶の場合，エンタルピーの高低は，必ず

　　　　イオン（気）＞原子（気）＞単体＞イオン結晶（固）

の順になっています．したがって，エンタルピー図は次の様に表すことができます．

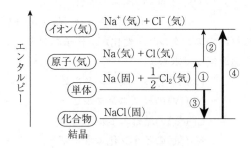

そこで，①→②と③→④の2つの経路で，エンタルピー変化の総計をとると，以下の関係式が成り立ちます．

$$\overset{①}{\begin{pmatrix} +109 \\ +243 \times \dfrac{1}{2} \end{pmatrix}} + \overset{②}{\begin{pmatrix} +496 \\ -347 \end{pmatrix}} = \overset{③}{(-411)} + \overset{④}{\Delta H}$$

　これより，格子エンタルピー $\Delta H$ は

$$\Delta H = 109 + 243 \times \frac{1}{2} + 496 - 347 + 411$$

$$= 790.5 \;\Rightarrow\; \boxed{791} \,\text{kJ/mol}$$

と求まります．

　なお，この計算で $Cl_2$（気）の結合エネルギーは 243 kJ/mol と与えられていますが，この値は，正しくは結合エンタルピーの値です．一方，イオン化エネルギーは ＋496 kJ/mol と与えられていますが，この計算で本来使うべきなのは，イオン化エンタルピーの値であり，その値は，イオン化エネルギーの値＋496 kJ/mol に＋6 kJ/mol した値です．一方，電子付着エンタルピーは，電子親和力＋347 kJ/mol の符号を変えた値 −347 kJ/mol から −6 kJ/mol したものなので，本来はこれらの値を使うべきです．ただ，結局，これらの合計をとるとき，＋6と−6でキャンセルするため，＋496と−347を使っても格子エンタルピーの値は同じになります．

---

《熱化学計算―温度変化のからむ》

⑩ ビーカーに 0 ℃の氷 180 g を入れ，メタンを燃料にして加熱し，すべ
てを 100 ℃の水蒸気とした．メタンの燃焼で生じた熱量の 60 ％が水の
加熱に使われたとすると何 g のメタンが使われたか．次の値を使って
計算せよ．

　氷の融解エンタルピー　　＋6.0 kJ/mol
　水の蒸発エンタルピー　　＋41 kJ/mol
　水の比熱　4.2 J/(g・度)　ビーカーの熱容量　200 J/ 度
　CH₄ の燃焼エンタルピー　　－890 kJ/mol
　分子量は H₂O ＝ 18，CH₄ ＝ 16

**解説**

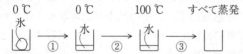

0 ℃　　　0 ℃　　　100 ℃　　すべて蒸発
氷　　　　水　　　　水

　氷(0 ℃)→水蒸気(100 ℃)とするのに必要な熱量は上図の
3 段階に分けて計算されます．各段階で必要な熱量は以下の
ようにして求まります．

　① 6.0 ×（180/18）＝ 60 kJ
　　 kJ/mol 　mol

　② 4.2 × 180 × 100 ＋ 200 × 100 ＝ 95600 J ≒ 96 kJ
　　 J/g・度 　g　　度　　　J/度　度

　③ 41 ×（180/18）＝ 410 kJ
　　 kJ/mol 　mol

①，②，③の合計をとると，必要な熱量は

　60 ＋ 96 ＋ 410 ＝ 566 kJ

　一方，この熱量を $x$ g の CH₄ の燃焼による発熱量（効率
60％）より得るとすれば，次式が成り立ちます．

　890 ×（$x$/16）× 0.60 ＝ 566 kJ
　kJ/mol 　mol

これより，　$x$ ＝ 16.9… ⇒ ☐ 17 ☐ g

◀熱容量とは容器などの温度
を 1 ℃(K)上げるのに必要
な熱量です．

◀CH₄ の燃焼エンタルピーが
－890 kJ/mol なのでこの
とき 890 kJ/mol の発熱が
あります．

# 7 エントロピー，ギブズエネルギー

　第0章のエネルギーと乱雑さのところで，物質つまりぼう大な微粒子の集団が変化していく方向は，

　　　ツブがバラける方向

　　　熱がバラける方向

という2つの方向から考えることができることを確認しました．反応で原子の組み換えが起こって位置エネルギーが下がると，その分が運動エネルギーに変化し熱が発生します．そのときに発生する熱は，反応が定圧，定温で行われるときは，エンタルピーが減少した分でした．したがって，エンタルピーが下がる反応つまり発熱反応では，その熱が反応容器から出ていって容器外に拡散していくので，それを回収することはほぼ不可能です．そこで，エンタルピーが下がる反応は起こりやすいと言えます．これより，ツブの集団で実現しやすいのは，まずは，エンタルピーの低い状態といえます．

　　　実現性　⇔　エンタルピー $H$　… ①

　　　（大）　　　　　　（小）

　一方，物質を構成する各微粒子は，ランダムな方向に動き回っているという点からすると，ツブの集団はどんどん広がっていく勢いを持っており，その広がっていく勢いを止めることは困難です．このことからは，ツブの集団は，より散らばった状態が実現しやすいといえます．

　　　実現性　⇔　散らばる勢い　… ②

　　　（大）　　　　　　（大）

　さて，微粒子の散らばっている度合いは，詳しくはエントロピーという量 $S$（単位は J/K）で定義されます．そして，ツブの集団が散らばっていく勢いは，ツブ1つ1つのスピードが上がれば，ますます強くなっていくので，散らばり度合いに絶対温度（K）をかけ

たエネルギー量（J）で評価することができます．

$$散らばる勢い = S \times T \ （J）-③$$
$$(J/K) \quad (K)$$

以上より，ツブの集団の実現性は

$$実現性 \quad \Leftrightarrow \quad H, \quad S \times T$$
大 小 大

といえます．そこで，左辺→右辺の変化を $H$ と $S \times T$ の変化の増（↑）減（↓）で場合分けすると，次の ①〜④ の場合があります．

| | $H$ | $S \times T$ | 左辺 ⟶ 右辺の自発的変化 |
|---|---|---|---|
| ① | ↓…go | ↑…go | go |
| ② | ↓…go | ↓…stop | ? |
| ③ | ↑…stop | ↑…go | ? |
| ④ | ↑…stop | ↓…stop | stop |

①は，$H$, $S \times T$ いずれからみても go ですので進行します．逆に④は $H$, $S \times T$ いずれからみても stop ですので全く進行しないと判断できます．一方，②と③は $H$, $S \times T$ はいずれか一方が go なら他方が stop なので，進行するかどうか判断がつきません．ここで，

実現性 大 $\begin{cases} \Leftrightarrow \ H \ 小 \\ \Leftrightarrow \ TS \ 大 \ \Leftrightarrow \ \underline{(-TS)} \ 小 \end{cases}$

であるので，$H$ と $TS$ をまとめた量として

$$G = H + (-TS) \quad （J）$$

というエネルギー $G$ を考えると，

$$G = H + \underline{(-TS)}$$
小 小 小

であるので，

$$実現性 \quad \Leftrightarrow \quad G$$
大 小

とすることができます．この $G = H - TS$ を

**ギブズエネルギー**といいます．②，③のような場合も，左辺 ⟶ 右辺の反応のエンタルピーの変化量 $\Delta H$ と $T \times S$ の変化量 $T \times \Delta S$ を考えて，$\Delta G = \Delta H - T \times \Delta S$ を求め，$\Delta G < 0$ なら，反応が進行すると判断できます．

[例] $H_2O$（液）⟶ $H_2O$（気）の変化での $\Delta H$，$\Delta S$ は次の通りです．

$$\Delta H = + 40.6 \text{ kJ/mol}$$
$$\Delta S = + 109 \text{ J/(K·mol)}$$

この変化は $H \uparrow$，$S \uparrow$ 変化なので上記の例では③の場合であり，一般に，右に進行するか左に進行するか判断できません．ここで，$\Delta G$ の値を考えましょう．

$$\Delta G = 40.6 - 109 \times T \times 10^{-3} \text{ (kJ)}$$

$\Delta G$ は，$T$ とともに比例的に減少します．

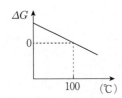

(i) $\Delta G = 0$ となるのは $T = 373 \text{ K} = 100$ ℃です．

このとき，変化はどちらの方向にも可能であり，いわゆる平衡状態になります．

$$100 ℃で \quad H_2O（液）\rightleftarrows H_2O（気）$$

(ii) $T > 373 \text{ K}$（100 ℃）のときは

$$\Delta G < 0$$

となりますから，変化は一方的に右に進行し，$H_2O$（液）はすべて $H_2O$（気）になります．

(iii) $T < 373 \text{ K}$（100 ℃）のときは

$$\Delta G > 0$$

となりますから，右に進行することはなく，逆に左方向の変化については $\Delta G < 0$ となりますから，$H_2O$（気）はすべて $H_2O$（液）となります．

このように，左辺 ⟶ 右辺の変化が自発的に進行するかは，一般に，ギブズエネルギー $G$ の変化量 $\Delta G$ を調べることによって判定することになります．ギブズエネルギー $G$ は，今後，平衡移動の原理（⇒ p.69）や化学平衡の法則（⇒ p.76），希薄溶液の法則（⇒ p.330）など各種平衡を理論的に扱うときに重要な役割を果たします．

# 第 2 章　反応速度

**1** 反応速度を支配する因子

**2** 反応速度を定義する式

**3** 反応速度を速度支配因子で表した式

　　化学にとって最も重要なことは，欲しい物質をどの
ようにして合成するのかを示すことでしょう．ただ，
その際，その反応はどれぐらいの時間かかるのかを示
すこともまた大切なことです．ほぼ瞬時に起こり，そ
の際気体が発生するのなら爆発の危険がありますし，
逆に，何年もかかれば，イライラするでしょう．反応
の速度をコントロールする方法を考えること，また，
反応の速度という点から反応が起こるかどうかを考え
ていくことも，化学の学習にとってとても大切なこと
です．この章ではこれら，化学反応の速度に関するこ
とがらを学ぶことにしましょう．

# 1 反応速度を支配する因子

原子Ⓐ、Ⓑ、Ⓒで以下のようにして反応が進むとします。

Ⓐ Ⓑ ⇒ ☆ ⇐ Ⓒ ── → Ⓐ⚌Ⓑ⚌Ⓒ ── → ⇐ Ⓐ　Ⓑ Ⓒ ⇒

この様子から、この反応の速さを左右する因子として、どのようなものが考えられるでしょうか。

　とにかく、Ⓐ Ⓑ とⒸが"出会う"(衝突する)ことがなければ何も起こりませんね。反応が起こる回数は、この"出会い"の回数(衝突回数)に比例するにちがいないです。そこで、まずは、

　　　　反応速度 ⑤　⟺　衝突回数 ⑤

ということができるでしょう。

　さて、Ⓐ Ⓑ とⒸが出会い、実際に反応が起こるとき、ⒷにⒸが接近してⒷとⒸ間に結合が生じつつ、ⒶがⒷより離れていってⒶとⒷ間の結合が切れていくという過程をたどります。

　　　Ⓐ⚌Ⓑ⚌Ⓒ ⇒ Ⓐ⚌Ⓑ⚌Ⓒ ⇒ Ⓐ⚌Ⓑ⚌Ⓒ ⇒ ……………

　その際、ⒶとⒷとⒸの位置関係は時々刻々と変化しているので、もちろん、これらの原子間の位置のエネルギーが変化していきます。そして、この間、結合はⒶとⒷ間、ⒷとⒸ間いずれも中途半端な不完全なものですから、反応前(Ⓐ Ⓑ ＋Ⓒ)、反応後(Ⓐ＋Ⓑ Ⓒ)のいずれよりも位置エネルギーは高くなっています。ただし、中途半端な不完全な結合状態とはいえ、全く結合していない状態(すべてが原子の状態)に比べれば、位置エネルギーは低いです。

　以上より、反応の進行とともに粒子間の位置エネルギーは次の図のように変化すると考えられます。

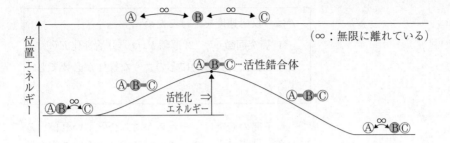

　　つまり，反応が起こるとき，反応の途中で上図のようなエネルギーの山を越えていきます．山の一番高い所（Ⓐ═Ⓑ═Ⓒ）まで上がれば，あとは坂をころげ落ちるようにして生成物に向かう変化が起こります．この山の一番高い所は，物質が左辺側から右辺側に遷移していく状態と考えて，この状態を**遷移状態**と言います．　◀ transition state
あるいは，山の一番高い所は反応が実際に起こりうる（つまり反応について活性のある）状態なので**活性化状態**ともいいます．また，このときのⒶ═Ⓑ═Ⓒのような物質を**活性錯合体（活性錯体）**，そして，このときまでに必要なエネルギーを**活性化エネルギー**と言います．

　◀ activated state

　◀ activated complex

　◀ activation energy

　　さて，このエネルギーの山を越えるには，衝突した際，それを上まわるだけの“元気”エネルギー（運動エネルギー）を持ち合わせていなくてはなりません．すなわち，

　　　運動エネルギー＞活性化エネルギー
である必要がありますから，山を越す確率は運動エネルギーが大きいほど，また活性化エネルギーが小さいほど大きくなります．

　　以上より，

という関係が導かれます．

では，反応速度を上げるために
　(1)衝突回数⑥，(2)運動$E$⑥，(3)活性化$E$⑤
とするには，具体的にどのような操作が必要でしょうか．

(1)　粒子間の衝突は，それらがこみ合っていればいるほど多いはずです．そして，粒子のこみ合いの度合はモル濃度(mol/L)で表すことができるでしょう．そこで，衝突回数を大きくするには，<mark>濃度を上げればよい</mark>と言えます．

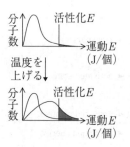

(2)　粒子の運動エネルギーは，左図のような広い分布状態にありましたね．(☞ p.5)衝突した際に，活性化エネルギーを越えるだけの運動エネルギーを持っているのは左図の◣◣の部分です．この部分の割合をふやすには，平均の運動エネルギーを上げて，分布曲線を右へシフトさせる必要があります．それは，具体的には熱を加えて<mark>温度を上げる</mark>ことです．

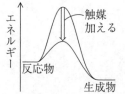

(3)　活性化エネルギーは反応に固有なものです．これを小さくするには，活性錯合体の不安定な状態を安定化させる物質(『まあそんなにカッカしないでとなだめる？仲介者』)が必要です．その物質は，反応が終われば，何も変化しないもので，一般に<mark>触媒</mark>といいます．
　以上より，反応速度を支配する因子は，

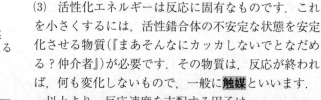

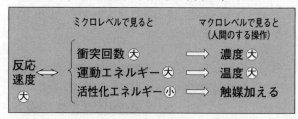

のようにまとめることができます。

┌─── 《反応速度を上げる方法》───

⑪　次の(1), (2)の反応の速度を上げる方法をそれぞれ列挙せよ.

(1)　過酸化水素を分解して酸素と水にする.

(2)　鉄を酸化する(サビさせる).

**解説**　一般に, 反応速度を上げる方法は,

　①　**濃度上げる**　　②　**温度上げる**　　③　**触媒加える**

の3つです. これを各反応に即して考えます.

**[1]**　$2 H_2O_2 \,(aq) \longrightarrow 2 H_2O + O_2$

①　**[$H_2O_2$] を上げる**ことが考えられます. これは $H_2O_2$ が通常水溶液で使っているので可能ですね.

②　**温度を上げる**ことはもちろん有効です.

③　触媒として, 通常 $MnO_2$ が使われます. 酵素カタラーゼを使うこともできます. ⇒ **$MnO_2$ or　カタラーゼを加える**

**[2]**　$4 Fe + 3 O_2 \longrightarrow 2 Fe_2O_3$

①　Fe と酸素の濃度を上げることが考えられます. 酸素の濃度を上げるのは, **空気でなく純酸素を使うとか, 高圧にする**ことで可能です. 一方, Fe の濃度を上げるというのはよく考えてみる必要があります. というのも, Fe は固体であり, その表面で反応が起こります. 濃度を上げるというのは, もともと衝突回数を増やす方法でしたが, 固体の反応でそれを増やす有効な方法は表面積を増やすことです. これは, 固体を細かくすることによって可能です. よって, **鉄を粉末状にする**ことになります.

②　**温度を上げる.**

③　この場合, 触媒なるものはなさそうです. ただ, 触媒ではないですが,

　　**水滴(とくに食塩水の)を鉄表面に滴下する**

とサビる速度を上げることができます. というのも, 水滴があると, 水滴の周辺部分では $O_2$ が反応して消費されても, すぐに空気中から供給されるので, ここで $O_2$ が $e^-$ を受けとる反応が起こり, 一方, 中央部で Fe が $Fe^{2+}$ となって溶解する反応が次々と起こることができるからです. NaCl は周辺部で $OH^-$ が生じ, 中央部で $Fe^{2+}$ ができたことによる液中の電気的アンバランスを $Na^+$ と $Cl^-$ の移動ですみやかに是正することで反応をスムーズに起こることをサポートしています.

◀$H_2O_2$ 等の過酸化物は, 生体にとって有害です. そこで, だ液, 血液中にそれらを分解する酵素カタラーゼ(ペルオキシダーゼ)があります. これを加えると $H_2O_2$ が分解します.

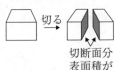

切る

切断面分表面積が増えます

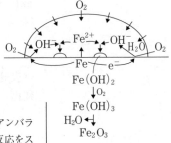

# 2 反応速度を定義する式

> 物質 A ～ D について，次の反応が起こりました．
>
> $$A + 2B \longrightarrow C + 3D$$
>
> この反応の速度を定義する式を考えて下さい．

通常，速度と言えば，たとえば，自動車が 60 km/時で走っているとか言うように，物体が移動しているときの単位時間あたりに移動する距離で表されますね．化学反応の場合は，物質が変化しているのですから**単位時間あたりの物質の変化量**で表すことができるでしょう．たとえば

1 g/秒，1 mol/秒，1 L/時，……

とか言うように．ただ，様々な反応の速度を比較したりするためには，**物質の変化量として**質量(g，kg，トン，mg，……)や体積(L，mL，……)よりも，**物質量**(mol)のほうが適切でしょう．

では，速度の単位は mol/秒，mol/時…で OK かというと，そうとは言えません．なぜなら，1秒間に1 mol 変化しても，それが 1 L 中で起こっているのか 1 mL 中で起こっているかで，スピード感は 1000 倍もちがうからです．やはり**物質の変化量としては**，絶対量ではなく**濃度**(mol/L)で表すべきでしょう．そこで，

$$A + 2B \longrightarrow C + 3D$$

の反応で A の変化に注目すると，$\Delta t$ 秒間に A が $\Delta[A]$〔mol/L〕減少したのなら，そのときの A の減少速度 $v_A$ は

▶ $\Delta x$ は $x$ の変化量，$[A]$ は A のモル濃度を表します．

$$v_A = \frac{\Delta[A]}{\Delta t}$$

と表せそうです．ただ，$\Delta t$ 秒の間にも，A の速度は変化していますから，これは平均速度 $\overline{v_A}$ です．

$$\overline{v_A} = \frac{\Delta[A]}{\Delta t}$$

平均速度でなく，より一般的に正確に，すなわち各時刻ごとに速度を表すには，$\Delta t \to 0$ とした極限，すなわち微分で速度を表す必要があります．

$$v_A = \lim_{\Delta t \to 0} \frac{\Delta[A]}{\Delta t} = \frac{d[A]}{dt}$$

　これでOKですか．いやまだだめです．今，$v_A$ はAの速度とは言っていません．もしそう言えば，Aはツブですから，Aが運動している速度となります．あくまでAが反応して，Aが減少している速度を考えているのですから，Aの減少速度と言います．そうするとこの場合一般に $\Delta[A] < 0$，$d[A] < 0$ となりますから，$d[A]/dt < 0$ となり，Aの減少速度は$-2$ mol/(L・秒)のように負の値となります．Aの減少速度と言ったとき，あくまで，1秒間に2 mol/L減ったというように減少量の絶対値(正の値)で速度を考えています．そこで，$v_A$ の値が正になるようにマイナスをつけて

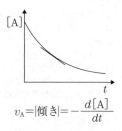

$$v_A = |\text{傾き}| = -\frac{d[A]}{dt}$$

$$\boxed{v_A = -\lim_{\Delta t \to 0} \frac{\Delta[A]}{\Delta t} = -\frac{d[A]}{dt}}$$

と表すことができます．Aの減少速度 $v_A$ を定義する式は，以上のように表すことができるでしょう．
　さて，$A + 2B \longrightarrow C + 3D$ の反応では，A以外にB，C，Dも変化しています．これらに注目して，Bの減少速度 $v_B$，C，Dの生成速度 $v_C$，$v_D$ を考えるなら，

$$v_B = -\frac{d[B]}{dt}, \quad v_C = \frac{d[C]}{dt}, \quad v_D = \frac{d[D]}{dt}$$

と定義式を与えることができます．この変化では，A1個が減少するとき，Bが2個減少し，Cが1個増加し，Dが3個増加します．すなわち，

$$\Delta[A] : \Delta[B] : \Delta[C] : \Delta[D]$$
$$= (-1) : (-2) : (+1) : (+3)$$

の関係があります．そこで，$v_A \sim v_D$ の間には

$$v_A : v_B : v_C : v_D = 1 : 2 : 1 : 3$$

の関係式が成り立っています．

---

**《反応速度の求め方》**

12 (1) ある反応で，10秒間に物質Aが1.00 mol/Lより0.95 mol/Lとなった．Aの平均減少速度(mol/(L・秒))を求めよ．

(2) A ⟶ 2B の反応で，Aの濃度(mol/L)が右図のように減少した．1秒後のAの減少速度をグラフより求めよ．また，そのときのBの増加速度を求めよ．

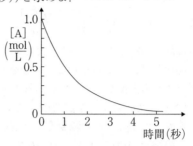

---

変化量というのは，一般には ⑳－㉟ で定義されますから，
$$\Delta[A]=0.95-1.00$$
$$=-0.05$$
です．ただ，いちいちこの定義をもとに変化量を求めて，これに－をつけて
$$-\Delta[A]=0.05$$
とするのは，めんどうですね．もともと $\Delta[A]$ にマイナスをつけたのは変化量の絶対値を求めるためだったので，$-\Delta[A]$ は，㊥－㊙で求めてやればいいのです．
$$-\Delta[A]=1.00-0.95>0$$
$$=0.05$$

**解説** 1 定義式 $\bar{v}_A=-\Delta[A]/\Delta t$ に具体値を代入します．

$$\bar{v}_A=-\frac{\Delta[A]}{\Delta t}=\frac{1.00-0.95}{10}=\boxed{5.0\times10^{-3}}\ \frac{mol}{L\cdot\text{秒}}$$

2 各時刻の値がグラフによって連続的に与えられているときは，$-d[A]/dt$ はグラフの各時刻での勾配(傾き)の絶対値ですから，各時刻でグラフの接線を引き，その傾きを求めることによって，速度を求めることができます．

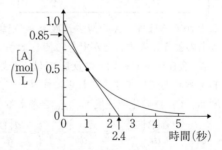

$t=1$ での接線を描くと，$x$切片は2.4，$y$切片は0.85です．よって，その傾きの絶対値は0.85/2.4＝0.35となり，これが $t=1$ での瞬間の速度です．$\boxed{0.35}$ mol/(L・秒)

なお，A→2B の反応ではA1個減少すればBは2個増加しますから，$v_A\times2=v_B$ です．よって，

$$v_B=0.35\times2=\boxed{0.70}\ \text{mol/(L・秒)}$$

です．接線を描く作業は手作業なので，少しブレがあり不正確になることは否めません．コンピューターを使うとかなり正確に求めることができます．

# 3 反応速度を速度支配因子で表した式

速度Ⓐ ⟺ 濃度Ⓐ, 温度Ⓐ, 活性化Eⓢ
でしたね.

## (1) 濃度と速度

> A+2B ⟶ C+3D の反応でAの減少速度 $v_A$
> は, A, Bの濃度 [A], [B] (mol/L) を使ってど
> のように表されるのでしょうか.

1個のAが1秒間にBと $i$ 回衝突するとしましょ
う. そうすると, Bとの衝突回数は, Aが2個になっ
たら, $i×2$ 回, 3個になったら $i×3$ 回となります
ね. つまり, AとBとの衝突回数は一般に [A] に比
例するはずです. 同じことは [B] についても言えま
す. そこでAとBの衝突回数は [A]×[B] に比例し,
したがって反応速度 $v_A$ も [A][B] に比例するはずで
す. これより

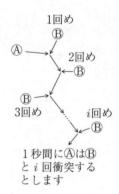

1秒間にⒶはⒷ
と $i$ 回衝突する
とします

$$v_A = k[A][B]$$

と表されると予想されます. 実際, AとBが1回の
衝突だけでドカ〜ン, パカ…なんて感じで反応が進む
場合は, このように表されます. しかし, A+2B
⟶ の反応が, A1個とB2個が1回の三重衝突で
起こるとは限りません. むしろ, このような三重衝突
で起こるような反応はまれでしょう. たとえば,

A と B が衝突して, A′ と D ができ, 次に

A′ と B が衝突して, C と 3D ができる

というふうにして起こるのかもしれません. いや, も
っと何段階もの衝突で A′, A″, A‴, が次々と生じて, 結
果的には A+2B ⟶ C+3D のような反応が起こっ
たと考える方が自然でしょう. したがって, こんな複
雑な段階を経て起こる化学反応についての衝突回数を
途中で生じる物質 A′, A″,… を使わずに反応物質 A, B
のみの濃度 [A], [B] で表すことは不可能です. た

だし，[A]⊛，[B]⊛のとき $v_A$ ⊛ということはまず確
実でしょう．そこで，一般には，$v_A$ をともかく

$$v_A = k[A]^x[B]^y$$

と表すことにします．$x$, $y$ は一般には理論的には決
まらず，実験を通して，経験的に適切な値を求めてい
ます．たとえば，[B] を一定にして，[A] を2倍に
したとき速度が2倍になれば，$x=1$ ですし，$\sqrt{2}$ 倍
になれば，$x=0.5$ であるというふうにして決めてい
ます．このように実験を通して決められ，反応速度
$v_A$ を反応物濃度で表した式

$x=1$ のときこの反応は A ▶
について一次反応，$x=2$
のとき A について二次反
応といいます．

$$v_A = k[A]^x[B]^y \qquad \cdots\cdots(\text{ii})$$

は**速度式**と言い，その式中の比例定数 $k$ は**速度定数**
と言います．この式には，濃度を含みますが，反応速
度の定義式

$$v_A = -\frac{d[A]}{dt} \qquad \cdots\cdots(\text{i})$$

とは違います．(ii)式は濃度が原因で結果(速度の値)が
決まるという因果律を示す式です．

さて，2つの式(i)，(ii)をつなぐと

$$v_A = -\frac{d[A]}{dt} = k[A]^x[B]^y$$

という式ができ，これにある数学的処理(微分方程式
を解くこと)をほどこすと

$$[A] = f(t)$$

すなわち，[A] が時間とともにどのように変化して
いくかを示す式が得られます．たとえば，A $\longrightarrow$ …で

$$v_A = k[A]$$

と表されるとき

$$-\frac{d[A]}{dt} = k[A]$$

より，

$$[A] = [A]_0 \times e^{-kt}$$

が得られます。ここで，$[A]_0$ は $t=0$ のときの [A] の
値です．これをグラフにすると，左図のようになります．

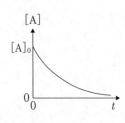

┌─── 《速度式の決定－1》 ───────────

⊡ A＋2B ⟶ …… の反応について
右表の結果がある．これより，この反応
の速度式を求めよ．

| | [A] | [B] | $v_A$ |
|---|---|---|---|
| ① | $10^{-3}$ | $10^{-2}$ | $10^{-5}$ |
| ② | $2\times10^{-3}$ | $10^{-2}$ | $2\times10^{-5}$ |
| ③ | $10^{-3}$ | $2\times10^{-2}$ | $\sqrt{2}\times10^{-5}$ |

└────────────────────────

**解説**　$v_A=k[A]^x[B]^y$ とすると，①，②で[A]が2倍に
なっていると$v_A$が2倍となっているので，$x=1$，同様にして
①，③より $y=0.5$ と決まります．これらと①のデータより
$$10^{-5}=k\times(10^{-3})\times(10^{-2})^{0.5}\Rightarrow k=0.1$$
以上より，

$$\boxed{v_A=\ 0.1[A][B]^{0.5}}$$

┌─── 《速度式の決定－2》 ───────────

⊡ 右の表は A ⟶ … の反応で，
5秒ごとの [A] の値を示したもので
ある．この表の値より，この反応の速
度式を $v=k[A]^x$ の形で具体的に求
めよ．

| $t$(秒) | 0 | 5 | 10 | 15 |
|---|---|---|---|---|
| [A] (mol/L) | 1.000 | 0.951 | 0.905 | 0.861 |

└────────────────────────

**解説**　[A]のデータは，時刻がとびとびでの値ですか
ら，これより各時刻での瞬間の速度は求まりません．そこ
で，各5秒間の平均の速度$\overline{v}$をまず求め，それにともない
濃度も平均値$\overline{[A]}$を出します．そして，この2つの平均値
がどういう関係式で表されるのかを調べることになります．
　0～5秒間で計算すると以下のようになります．

$$\overline{[A]}=\frac{1.000+0.951}{2}=0.976$$

$$\overline{v}=\frac{1.000-0.951}{5}=9.8\times10^{-3}$$

他の時間について同様にして求めると下表が得られます．

| | 0～5 | 5～10 | 10～15 |
|---|---|---|---|
| $\overline{[A]}$ | 0.976 | 0.928 | 0.883 |
| $\overline{v}$ | $9.8\times10^{-3}$ | $9.2\times10^{-3}$ | $8.8\times10^{-3}$ |

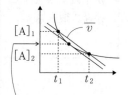

$\overline{v}$ の傾きをもつ点の
[A]は$[A]_1$と$[A]_2$の
平均値付近と考えら
れます．

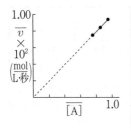

これらを $\overline{[A]}$ を横軸, $\overline{v}$ を縦軸にしてグラフを描いてみると原点を通る直線上にのっており, $x=1$ であることがわかります. そして, $k$ も $1.0\times10^{-2}$ と求めることができ,

$$\overline{v}=1.0\times10^{-2}\overline{[A]}$$

と表されます. あるいは, $\overline{v}\ /\ \overline{[A]}$ を求めてみると順に

$$1.0\times10^{-2},\ 0.99\times10^{-2},\ 1.0\times10^{-2}$$

と, 一定値 $1.0\times10^{-2}$ となることより, $\overline{v}=1.0\times10^{-2}\overline{[A]}$ を 導くこともできます. ここで平均(—)の記号をはずして,

$$\boxed{v=1.0\times10^{-2}[A]}$$

とします. —をはずしてよい根拠は, 必ずしも明確ではありませんが, 濃度変化が本問のようにそれほど大きくないときはほぼ OK です.

---

### ──《一次反応の例と特徴》──

15 (1) A の変化において, 速度式が $v=k[A]$ で表される変化としてどのような例が考えられるか.

(2) 右図は, 速度式が $v=k[A]$ で表される変化で, [A] が時間とともにどのように変化していくのかを示した図である. この図より, [A] が半減する時間についてどんなことが読み取れるか.

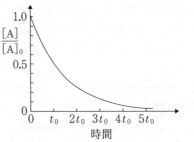

---

**解説** 1 衝突によって反応が起こるという立場からは, 反応速度は A と何らかの物質 X との衝突回数に比例するわけで, $v=k[A]^a[X]^b$ と表されるはずです. ただし, 反応液が X を溶媒とする A の希薄溶液のときは, [X] は事実上一定であるため, 通常 $k$ の中に繰り込まれます. そして, A がまわりにある溶媒と衝突によって変化しているときは $a=1$ となります. $v=k[A]$ となる反応でまず最初に考えられるのは, このように 希薄溶液で, A が溶媒との衝突で変化していく反応 でしょう. 酢酸メチル等のエステルの希薄溶液での加水分解反応

$$CH_3COOCH_3+H_2O \longrightarrow CH_3COOH+CH_3OH$$

はそのような例で, $v=k[CH_3COOCH_3]$ と表されます.

溶液のほとんどが溶媒 X ▶ であるため, [X] は事実上一定となりますね.

○溶媒X
●A

　次に考えられるのは，放射性元素の崩壊のように，原子間の衝突ではなく他の要因で勝手に変化していくような例です．放射性元素の場合，原子核内部の中性子や陽子の運動によって危機が訪れてある確率で崩壊していきます．1秒間に1つの原子が崩壊する確率が$p$なら，1L中に100個ある場合 $v=p\times100$（個／（L・秒）），50個あるなら $v=p\times50$（個／（L・秒））というふうに，速度は単に粒子数に比例します．すなわち，$v=k[A]$ のように表されます．

**2** $v=k[A]$ で表される変化では，結局，上で示したようにA1個が1秒間に変化する確率は常に一定で$p$であると考えることができます．だから，いま仮に16個あったものが8個に半減するまでの時間（半減期）が$t_{1/2}$なら，8個が4個になる時間も$t_{1/2}$，さらに4個が2個になる時間も$t_{1/2}$というふうになります．すなわち，

　　初期量にかかわらず半減期は常に一定となります．
グラフから，それが読みとれますね．

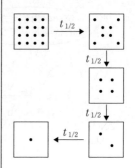

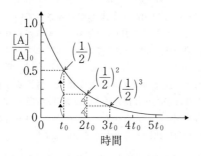

時間

---

《速度式と反応機構》

[16]　(1)　$2NO_2+O_3 \longrightarrow N_2O_5+O_2$ の反応は，次の2つの素反応からなる．
　　　(i)　$NO_2+O_3 \longrightarrow NO_3+O_2$
　　　(ii)　$NO_2+NO_3 \longrightarrow N_2O_5$

これ以上分けられない反応

　全体の反応の速度式は $v=k[NO_2][O_3]$ で表され，(i)の速度式と一致する．これより(i)と(ii)の反応速度の大小関係について何が言えるか．

(2)　$H_2O_2(aq)$ に酵素カタラーゼを加えると $H_2O_2$ は分解して $H_2O$ と $O_2$ に変化する．酵素の量が少ない場合，この反応の速度$v$は $v=k[酵素]$ で表され，$[H_2O_2]$ には関係しない．その理由を説明しなさい．

**解説** **1** 素反応とは，その名の通りこれ以上分けられない反応で，たとえば(1)では，$NO_2$ と $O_3$ が衝突し，そのまま一気に活性化エネルギーの一つの山を越えて進む反応です．ですから，(i)，(ii)の各速度式は

$$v_{(i)} = k_{(i)} [NO_2][O_3]$$
$$v_{(ii)} = k_{(ii)} [NO_2][NO_3]$$

で表されます．全体の速度式が $v_{(i)}$ と一致するのは，(ii)に比べて(i)がものすごく遅い　ので，(i)の段階でかかる時間がほぼ全体を占めてしまうと考えると説明がつきます．活性化エネルギーからは，(i)は(ii)に比べて非常に大きいからと考えられます．

**2** 酵素は，ある構造を有する物質（基質といいます）のみをその活性中心に吸着し，そこで，その物質の反応を促進させる生体触媒です．いま，酵素の量が少ない，つまり $[H_2O_2] \gg [酵素]$ のときは，酵素の活性中心には常にそのほぼ100%に $H_2O_2$ が吸着されていて，それが分解するとすぐ新しく $H_2O_2$ が吸着し，それが繰り返されて次々と分解が進んでいるような状況，すなわち，すべての酵素が休むひまもなくフルに運転している状況と考えられます．これは，$H_2O_2$ が原料で酵素が機械と考えるなら，ほぼすべての機械が次々と持ち込まれる原料の加工にフルで運転している状況にたとえられます．このとき，生産量は単にその機械の台数に比例すると考えていいですね．

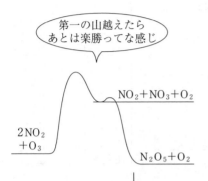

第一の山越えたらあとは楽勝ってな感じ

$2NO_2 + O_3$

$NO_2 + NO_3 + O_2$

$N_2O_5 + O_2$

⇒ ほぼすべての酵素が反応の触媒に使われており，この酵素の量に比例して $H_2O_2$ が分解するから．

## (2) 温度，活性化エネルギーと速度

温度 $T$ (K)と活性化エネルギー $E^*$(J/mol)は速度式；

$$v_A = k[A]^x[B]^y$$

の中のどこに含まれているのでしょうか．

　[A]，[B] は単位体積中の A，B の物質量(mol)で
すから，$T$，$E^*$ と無関係です．また，$x$，$y$ は，反応
がどんな段階の反応を経て進行するかで決まる値です
から，これらもまた，$T$，$E^*$ と無関係です．したが
って，

　　**$T$，$E^*$は速度定数 $k$ の中に含まれている**

と結論することができます．そして，

$$T \text{大}, \ E^* \text{小} \iff v \text{大} \iff k \text{大}$$

という関係を持つ形で含まれているはずです．

　さて，$E^*$ (J/mol) は反応物と活性錯合体との位置
エネルギーの差です．また，絶対温度 $T$ (K) に気体
定数 $R$ (J/(mol・K)) をかけたもの $RT$ (J/mol) は粒子
1mol の持つ運動エネルギーの目安になる値です．こ
れら 2 つのエネルギーの比

$$\frac{E^* \text{(J/mol)}}{RT \text{(J/mol)}}$$

を考えてみると，$E^* \text{小}$，$T \text{大}$ は

$$\frac{E^*}{RT} \text{小} \iff -\frac{E^*}{RT} \text{大}$$

で表されます．以上より

$$T \text{大}, \ E^* \text{小} \iff -\frac{E^*}{RT} \text{大} \iff k \text{大}$$

という関係が導かれます．$k$ と $-E^*/RT$ が具体的に
はどのような関数で表されるかは，実験や各種理論*
より

$$k = k_0 \times e^{-\frac{E^*}{RT}}$$

であることが知られています．$e^{-\frac{E^*}{RT}}$ は反応粒子が衝
突したとき，エネルギー的な面で活性錯合体に至るこ
とができる確率と解釈しておけばよいでしょう．$E^*$
$=0$ つまり山がなければ，その確率は $e^{-0}=1$ ですし，
また，$T \to 0$ つまり運動ができなければ，その確率
は $e^{-\infty} \to 0$ になり，上記の解釈と矛盾しませんね．

＊：大学レベルです．

◀この式はアレニウスの式と
　も言います．

---

## ┌──《活性化エネルギーの求め方》──

17 (1) 300 K から 310 K に温度を上げると速度が 2.0 倍となった.

(2) 次のデータが得られた.

| $T$ (K) | $k$ | $\log_e k$ | $1/T \times 10^3$ |
|---|---|---|---|
| 273 | $4.04 \times 10^{-5}$ | $-10.1$ | 3.66 |
| 280 | $7.72 \times 10^{-5}$ | $-9.47$ | 3.57 |
| 288 | $1.29 \times 10^{-4}$ | $-8.96$ | 3.47 |
| 298 | $2.50 \times 10^{-4}$ | $-8.29$ | 3.36 |

$k = k_0\, e^{-E^*/RT}$ を利用して, (1), (2)の場合の $E^*$ を求めよ. ただし, $\log_e 2 = 0.69$, $R = 8.3$ J /(mol·K) とする.

---

$k = k_0 \cdot e^{-E^*/RT}$ で $k_0$ と $E^*$ が未知数ですから, ある温度 $T_1$ での速度定数 $k_1$ と, 別の温度 $T_2$ での速度定数 $k_2$ を求めれば連立方程式で, $k_0$, $E^*$ が決まることになります.

**解 説** $k = k_0\, e^{-E^*/RT}$ より底を $e$ にとって対数をとると

$$\log_e k = \log_e k_0 - E^*/RT \qquad \cdots\cdots ①$$

1 ①に代入すると,

$$\log_e k_{300} = \log_e k_0 - E^*/(R \cdot 300) \qquad \cdots\cdots ②$$
$$\log_e (k_{300} \times 2.0) = \log_e k_0 - E^*/(R \cdot 310) \qquad \cdots\cdots ③$$

③−②より

$$\log_e 2.0 = \frac{E^*}{R} \times \frac{10}{300 \times 310}$$
$$E^* = 0.69 \times 8.3 \times 300 \times 31 = 53 \times 10^3 \,(\text{J/mol})$$
$$= \boxed{53}\ \text{kJ/mol}$$

2 $k$ は実験的に決めるのですから, 一般にはデータにブレがあります. だから, 実際は(1)のように2つの温度だけ測定して $E^*$ を求めることはまずありません. 本問(2)のデータのように最低4つぐらいの温度で $k$ を求めてそれらより $E^*$ を得ます. その際, $1/T$ を $x$ に, $\log_e k$ を $y$ にとると①式は

$$y = y_0 - (E^*/R) \cdot x$$

のように, $y$ は $x$ の一次関数になり, データは直線上にのるはずです. そして, その勾配の絶対値が $E^*/R$ ですから, それより $E^*$ を求めます. 左図で, $1/T$ が $0.25 \times 10^{-3}$ 変化したとき $\log_e k$ は 1.5 減少しています. よって

$$|勾配| = \frac{1.5}{0.25 \times 10^{-3}} = \frac{E^*}{8.3} \Rightarrow E^* = 50 \times 10^3 \,(\text{J/mol})$$
$$= \boxed{50}\ \text{kJ/mol}$$

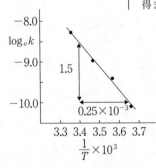

# 第3章　化学平衡

**1** 平衡状態とは

**2** 可逆反応の条件

**3** 平衡（左 ⇌ 右）で等しいのは何か

**4** 平衡点を移動させる方法とその方向

**5** 化学平衡の法則（平衡濃度に関する法則）

**6** 平衡定数を使った各種平衡の計算

　川の水が，高い所から低い所に流れるように化学反応もエネルギーの高い所から低い所に向かって起こりやすいです．ただ，水の流れと決定的にちがうことは，水は決して，低い所から高い所に自発的に流れることはないのに対し，化学反応は，エンタルピーの低い所から高い所に自発的に進むことがあることです．それは，多数の小さなツブのうごめく集団では，その集団が自発的にバラけていく方向がエンタルピーの高い方へ進む変化であることが多いからです．このように，化学反応では，発熱反応の方向とバラける反応の方向が逆の場合，反応は一方的に起こることはなく，途中でつりあった状態⇔化学平衡の状態に至ります．化学反応の多くは平衡反応であるため，化学の学習において化学平衡についての理解を深めることは，最重要課題の１つということができます．

# 1 平衡状態とは

NH$_4$NO$_2$(固)と N$_2$O$_4$(気)についての下記の分解反応はどの程度進むのでしょうか.

$$\text{NH}_4\text{NO}_2(\text{固}) \longrightarrow \text{N}_2(\text{気}) + 2\,\text{H}_2\text{O}(\text{液})$$
$$\Delta H = -315\,\text{kJ} \quad \cdots\cdots(1)$$
$$\text{N}_2\text{O}_4(\text{気}) \longrightarrow 2\,\text{NO}_2(\text{気}) \quad \Delta H = +48\text{kJ}\cdots\cdots(2)$$

第0章で，ミクロなツブの集団は，

**バラける方向へ**
**発熱する方向へ**

NH$_4$NO$_2$(固) → N$_2$(気)＋
2H$_2$O(液)
バラける方向
発熱する方向

進んでいくことを学びました．この原則を適用してみると，(1)の分解反応 ⇔ 右向きの反応はバラける方向，発熱する方向のいずれでもあるので，最終的には100％右へ進行すると判定できます．

一方，(2)の分解反応 ⇔ 右向きの反応は，もちろんバラける方向ですが，一方で吸熱する方向で，この点でブレーキがかかっており，100％進行することはないはずです．事実，分解によってNO$_2$が生じてくると，生じたNO$_2$とNO$_2$が再び合体してN$_2$O$_4$にもどる反応が，発熱する方向への勢いを使って起こりだします．そして，N$_2$O$_4$がなくなっていくにつれて，N$_2$O$_4$が分解する反応の量は少なくなり，逆にNO$_2$が増加していくので逆反応の量は大きくなり，遂に分解と合体の量がつり合ってこう着状態になります．こうして，(2)の分解反応は100％進行することはなく，途中で事実上止まります．この(2)の反応のように，バラける方向と発熱する方向が逆方向であるために左，右のいずれの方向にも起こっている反応を**可逆反応**といいます．そして，この可逆反応において，右向きの反応速度 $v_1$ と左向きの反応速度 $v_2$ が等しくなる（⇔ $v_1 = v_2$）とそれ以降は物質の量は変化できなくなります．このような状態のことを**平衡状態**といいます．

バラける方向
N$_2$O$_4$ ⇄ 2NO$_2$
発熱する方向

# 2　可逆反応の条件

　　以下の反応は，いずれもバラける方向と発熱方向が逆なので，可逆反応になるはずです．

$$N_2 + 3H_2 \longrightarrow 2NH_3 \quad \Delta H = -46kJ \quad \cdots\cdots(1)$$

$$2H_2 + O_2 \longrightarrow 2H_2O(気) \quad \Delta H = -484kJ \cdots(2)$$

　　しかし，実際は，常温で $H_2$, $N_2$ を混ぜても $NH_3$ は生じませんし，また，$NH_3$ が $N_2$ と $H_2$ に分解することもありません．(2) の反応も同様です．可逆反応になるには，さらにどんな条件が必要でしょうか．

　　まず，反応速度がある程度大きい，つまり，私たちがしんぼうできるぐらいの時間内で起こることが必要ですね．活性化エネルギーの大きな反応の場合，温度を上げるとか触媒が必要です．事実，(1) は，Fe 系の触媒のもとで数百℃程度にすれば可逆反応になります．(2) の反応はどうでしょうか．この反応も活性化エネルギーが大きいので，$H_2$ と $O_2$ の混合気体に Pt などの触媒を加えたり，点火して少し高温にすれば起こります．すなわち，右方向の反応を起こすことは少しの工夫で可能です．しかし，それでも逆（左）方向の反応は事実上全く起こりません．それは，反応熱が極めて大きいので逆方向の活性化エネルギーも極めて大きく，通常の条件では，逆反応の速度は正反応の速度に比べて圧倒的に小さいからです．この反応の場合，逆反応の速度を正反応の速度と同程度にするには，4000 ℃ ぐらいの高温にまで温度を上げる必要があります．以上をまとめると，可逆反応になる条件は

①　バラける方向と発熱する方向が逆である．
②　反応速度がある程度大きい．
③　発熱量が大きいときは高温が必要．

とまとめることができるでしょう．

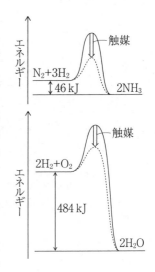

# 3 平衡（左 ⇌ 右）で等しいのは何か

平衡状態とは可逆反応で，正，逆の反応の速度（$v_1$,$v_2$とする）が等しくなって，見かけ上反応が停止した状態と定義されました．そこで，左 ⇌ 右 で等しいのは，もちろん正逆の反応速度 $v_1$, $v_2$ について

$$v_1 = v_2$$

が成り立つときです．

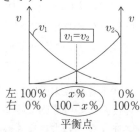

平衡点

一方，p.46 で確認したように，物質（ぼう大な微粒子からなる集団）は，ギブズエネルギー $G$ が減少する方向に変化します．したがって，左辺の物質の $G$ を $G_左$ とし，右辺の物質の $G$ を $G_右$ とすると，平衡状態では

$$G_左 = G_右$$

となっていると言うことができます．あるいは，左，右すべての物質の $G$ すなわち $G_全$ が変化しなくなる点すなわち，

$$\Delta G_全 = 0$$

ということもできます．

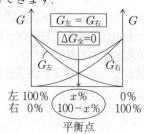

平衡点

# 4 平衡点を移動させる方法とその方向

## ① 速度より考えてみる

平衡状態とは，可逆反応 左 $\underset{v_2}{\overset{v_1}{\rightleftarrows}}$ 右 で速度について $v_1 = v_2$ となった状態でした．このこう着状態から脱するには，速度を支配する因子を変えて $v_1 \neq v_2$ とすればよいですね．ところで，**速度支配因子は濃度，温度，活性化エネルギー**でした．そこで，速度を変えるには，これらどれかの値を変えればよいのです．でも，それで本当に平衡点は動くのでしょうか．もし動くのなら，どちらの方に動くのでしょうか．

### (1) 濃度を変える

速度は衝突回数に比例し，衝突回数は濃度が大きいほど大きくなります．ですから，左辺の物質の濃度を[左]で表すと，

$$[左] \text{⊛} \Leftrightarrow v_1 \text{⊛}$$

となりますから，平衡状態にある系に左辺の物質を加えその濃度を大きくすれば，$v_1 > v_2$ となって均衡は破られて反応は右へ進み出し，左は減少していき，一方，右は増加していきます．そうすると，$v_1$ は減少していき，$v_2$ は増加していきますから再び $v_1 = v_2$ となって新しい平衡状態になります，すなわち，

---

**濃度上げる $\Longrightarrow$ 濃度下げる方向へ平衡移動**

---

といえます．

### (2) 温度を変える

温度 $T$ と活性化エネルギー $E_1$, $E_2$ とは，速度定数 $k_1$, $k_2$ の中で，

$$k_1 = A_1 \cdot e^{-E_1/RT}$$
$$k_2 = A_2 \cdot e^{-E_2/RT}$$

*68*

p.61 ▶ の関係式が成り立っていましたね. いま, 温度を $\Delta T > 0$ だけ上げたとしましょう. このときの速度定数を $k_1'$, $k_2'$とすると,

$$k_1' = A_1 \cdot e^{-\frac{E_1}{R} \times \frac{1}{T + \Delta T}}$$

$$k_2' = A_2 \cdot e^{-\frac{E_2}{R} \times \frac{1}{T + \Delta T}}$$

そこで,

$$k_1'/k_1 = e^{\frac{E_1}{R} \times \frac{\Delta T}{T(T + \Delta T)}} > 1$$

$$k_2'/k_2 = e^{\frac{E_2}{R} \times \frac{\Delta T}{T(T + \Delta T)}} > 1$$

$$\left( \begin{array}{l} \text{一般に } x > 0 \\ \text{のとき} \\ \quad e^x > 1 \\ \text{です} \end{array} \right)$$

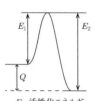

$E_1$ 活性化エネルギー
$E_2$ 活性化エネルギー
$Q$は反応熱
発熱反応($Q>0$)なら
$E_1 < E_2$

となり, もちろん右向きも左向きも速くなります. ただ, もし, この反応が発熱反応なら, $E_1 < E_2$ となりますから,

$$k_1'/k_1 < k_2'/k_2$$

すなわち, 速くなる倍率は左向きの方が大きいので.

$$v_1 < v_2$$

となり, 左向き＝吸熱反応方向に反応が進み, 左増, 右減となって再び $v_1 = v_2$ になって新しい平衡点に至ります.

> 温度上げる $\Longrightarrow$ 吸熱反応方向へ平衡移動

## (3) 活性化エネルギーを変える

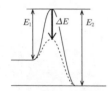

触媒が活性化エネルギーを
$\Delta E > 0$ 下げたとすると
右向き, 左向きの反応の
活性化エネルギーは
いずれも$\Delta E$ 下がります.

今, $\Delta E (> 0)$ だけ活性化エネルギーを下げたとしましょう.

$$k_1' = A_1 \cdot e^{-\frac{E_1 - \Delta E}{RT}} = A_1 \cdot e^{-\frac{E_1}{RT}} \cdot e^{\frac{\Delta E}{RT}} = k_1 \cdot e^{\frac{\Delta E}{RT}}$$

$$k_2' = A_2 \cdot e^{-\frac{E_2 - \Delta E}{RT}} = A_2 \cdot e^{-\frac{E_2}{RT}} \cdot e^{\frac{\Delta E}{RT}} = k_2 \cdot e^{\frac{\Delta E}{RT}}$$

$e^{\Delta E/RT} > 1$ ですから, 右向きも, 左向きもいずれも速くなります. しかし, その倍率はどちらも$e^{\Delta E/RT}$です.

$$\frac{k_1'}{k_1} = e^{\frac{\Delta E}{RT}}, \quad \frac{k_2'}{k_2} = e^{\frac{\Delta E}{RT}}$$

そこで, $v_1 = v_2$ は依然成り立っています. すなわち, 平衡点は, この場合移動しません.

> 触媒加える $\Longrightarrow$ 平衡移動はない

## 2 ギブズエネルギー（$G$）より考えてみる

圧力一定，温度一定での平衡状態では，$G$（= $H$ $- TS$）が左，右で等しい，すなわち，$G_左 = G_右$ でしたね．したがって，この立場からすると，$G$（= $H$ $- TS$）を支配する（変化させる）因子を変化させれば平衡ではなくなり，平衡を移動させることができると判断できます．

### (1) エンタルピー（$H$）を変える

エンタルピー $H$ は $U + P \times V$ であり，内部エネルギー $U$ は微粒子のもつ位置エネルギーと運動エネルギーの総計でした．（⇒ p.16）**固体や液体**では，粒子がぎっしりつまっているので，物質に加わる圧力を上げていくと粒子間が無理矢理に接近させられるので，その反発により位置エネルギーは増加し，$H$ も増加します．すなわち，

$$P \uparrow \quad \Rightarrow \quad H \uparrow$$

となるので圧力を変えると $H$ を変化させることができます．ただし，**気体**では粒子間は十分に離れており，事実上分子間に引力は働いていないと見なせることが多いので，少し圧縮したぐらいでは $H$ は変化しません．そこで，圧力を変えて $H$ を変化させられるのは，固体や液体についてだけ利用できます．

ところで，圧力を $\Delta P$ だけ増加させたときに増加するエネルギー $\Delta G$ は $\Delta G = \boxed{V} \times \Delta P$ で表されます．したがって，圧力を上げると体積の大きい方が $\Delta G$ が大きく，$G$ が大きくなります．

今，物質がすべて左であったときの体積が $V_左$，右であったときの体積が $V_右$ で，$V_左 > V_右$ であったとすれば，圧力を上げると，左の $G$ の方が高くなります．

◀この $\Delta G = V \times \Delta P$ の関係式は，熱力学の公式から導かれます．ただ，単位の次元解析より納得することもできるでしょう．

$$\Delta G = \boxed{V} \times \Delta P$$
エネルギー　体積　圧力

力×距離　（距離）³　$\dfrac{力}{（距離）^2}$

その結果 $G_左 > G_右$ となりますから，反応は $G$ の小さい右方向に進み，平衡は体積の小さい方へ移動します.

プレッシャーかけると
**よりコンパクトな方へ**
向かいます.

> ## 圧力上げる $\Longrightarrow$ 体積の小さい方へ平衡移動

## (2) 温度 ( $T$ ) を変える

$G = H - S \times T$ ですから，温度を $\Delta T$ 上げると $G$ は，$S$ に比例して減少します.

$$\Delta G = \boxed{-S} \times \Delta T$$

今，$N_2O_4 \rightleftarrows 2\,NO_2$ のように，粒子の散らばり度合いが右辺のほうが大きい，つまり $S_左 < S_右$ のときは，$T$ を上げると，$G$ は，右辺のほうが低くなります.

その結果 $G_左 > G_右$ となり，反応は $G$ の低いほう，つまり右へ進み，平衡は散らばり度合いの大きいほうへ移動します.

> ## 温度を上げる $\Longrightarrow$ 散らばり度合いの大きいほうへ平衡移動

温度上げると
**よりバラな方へ**
向かいます.

ところで，この表現は，先に速度より導いた
『温度を上げると吸熱反応方向へ平衡が移動する』
という表現とちがいますね．心配いりません，平衡反応においては，必ず吸熱反応方向は散らばり度合いが増える方向なので，2つの表現の内容は同じです！

## (3) 散らばり度合い ( $S$ ) を変える

まず次の図を見て下さい.

I →II→III の変化で粒子の散らばり度合いは増加して

いますね. ただ, よく見ると, I→IIの変化はたとえば,

$$N_2O_4 \to 2\,NO_2,\ H_2 \to 2\,H,\ \cdots\cdots$$

のような反応による散らばり度合いの変化であり, これは, 反応に固有なものなので, 反応が起こらない限り変化しません. しかし, II→IIIの変化は体積を大きくしたり薄めたりすることによって可能であり, これは反応を起こさなくても人間の操作でできることです. IIとIIIで散らばり度合い($S$)はIIIのほうが大きいですが, 濃度はIIのほうが大きいです. そこで

$$\boxed{\begin{array}{c} 濃度 \\ 上げる \end{array} \implies \begin{array}{c} S \\ 下げる \end{array} \implies \begin{array}{c} (-S) \\ 上げる \end{array} \implies \begin{array}{c} G \\ 上げる \end{array}}$$

の関係があり, 今, 仮に左辺の物質の濃度を上げれば, 左辺の $G$ が高くなります.

$$\begin{array}{c} 左\ \ 右 \\ \hline 平衡 \end{array} \xrightarrow{\begin{array}{c}左の物質の\\濃度を上げる\end{array}} \begin{array}{c} 左 \\ \hline 右 \end{array} \xrightarrow{\begin{array}{c}右へ\\ \Leftrightarrow 左を減らす方向へ\end{array}}$$

その結果 $G_左 > G_右$ となって, 反応は $G$ の低い右へ進み, 平衡は左辺が減少する方向に移動します.

$$\boxed{\text{濃度上げる} \implies \text{濃度下げる方向に平衡移動}}$$

以上 ①, ② をまとめると, 平衡移動の方向は

$$\boxed{\begin{array}{l} 濃度上げる \implies 濃度を下げる方向 \\ 温度上げる \implies 吸熱反応方向orバラける方向 \\ 圧力上げる \implies 体積の小さい方向 \end{array}}$$

となります.

ところで, 平衡移動の方向は, 1884 年, ルシャトリエによって,

$$\boxed{\begin{array}{l} \text{ある刺激を加えて系を平衡でなくしたとき,} \\ \text{その刺激をやわらげる方向へ平衡が移動する.} \end{array}}$$

と提案され，これは**ルシャトリエの原理**，あるいは**平衡移動の原理**と呼ばれています．確かに，濃度を上げるという刺激を与えればそれを**やわらげる**べく濃度を下げる方向へ平衡移動するとか，熱を加えて温度を上げるという刺激を与えればそれを**やわらげる**方向，つまり吸熱反応方向へ平衡移動するとかが判断できるのですから，この平衡移動の原理は非常にわかりやすく便利です．ただ，なぜこの原理が成り立つのかの証明(説明)は高校教科書にはほとんどありません．ここの①，②で述べたことをよく読んで，根本からこの法則を理解した上でさまざまな例に正しく適用できるようにしましょう．

---

**《平衡の移動する方向》**

⑱　黒鉛と二酸化炭素を密閉容器に入れ高温にすると一酸化炭素が生じ，

$$C\,(固) + CO_2(気) \rightleftharpoons 2CO(気) \qquad \Delta H = +150kJ$$

で示される平衡状態になる．以下の操作を行った場合，平衡は「右へ移動」「左へ移動」「不変」のいずれとなるか．ただし，黒鉛の体積は容器の体積に比べて無視できる．

(1)　体積一定で$CO_2$(気)を加える．　　(2)　体積一定で黒鉛を加える．

(3)　体積を1/2にする．　　　　　　　　(4)　圧力を2倍にする．

(5)　体積一定でHe(気)を加える．　　　(6)　圧力一定でHe(気)を加える．

(7)　NaOH(固)を加える．　　　　　　　(8)　温度を上げる．

---

**解説**　平衡状態にある操作をしたとき，必ずしも平衡が移動するとは限りません．温度が変化したか，反応式に出てくる物質の濃度が変化したかをチェックして，もし変化したのならその刺激をやわらげる方向への平衡移動が起こると判断しましょう．

①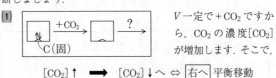

$V$一定で$+CO_2$ですから，$CO_2$の濃度$[CO_2]$が増加します．そこで，

$$[CO_2]\uparrow \implies [CO_2]\downarrow へ \Leftrightarrow \boxed{右へ}\,平衡移動$$

[2] 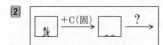 　C(固)を加えるので
すから，[C(固)]が
増加すると思えます.
でも，ちょっと待って下さい. C(固)の濃度とは何をさすの
でしょうか. 平衡では，ツブがあっちの世界とこっちの世界
を行ったり来たりしています. これらの濃度というのは，も
ちろんあっちこっちそれぞれでのツブのつまり度合です.
今，C(固)では　のようにぎっしりと原子がつまって
います. ですから，ここではC原子のつまり度合は常に一
定であるわけです. すなわち，C(固)をいくら加えても，
[C(固)]は常に一定です. したがって，

　　　　＋C(固) ⇔ [C(固)]不変 ➡ 平衡も 不変

となります. でも，『C(固)を加えれば表面積が増えるので
右向きの反応速度が大きくなって，平衡は右へ移動するので
はないか』と反論する人もいるでしょう. 確かに，右向きの
速度は増加します. でも，逆向きの速度も同じ倍率で増える
のです. なぜなら，逆向きの反応を起こして固体になるには
すでにある固体表面が必要であるので，逆向きの反応速度も
また固体の表面積に比例するからです. このように，固体が
平衡を構成する物質の1つであるとき，固体はその量が多か
ろうが少なかろうが，ありさえすれば平衡点と無関係になり
ます.

[3]  　体積を1/2にすれば，
[CO₂]，[CO]のいず
れも2倍となります.
濃度を上げると濃度を下げるほうへ平衡移動するということ
から判断すると，[CO₂]↑ ⟹ 右へ，[CO]↑ ⟹ 左へ
となり，これは矛盾します. ここは全体の利益をはかるしか
ないと考えてはどうでしょうか. つまり，全体的に濃度が上
がったのだから，全体的に濃度を下げる方向に平衡が移動す
ると考えるのです. [C(固)]は一定ですから，これは，左へ
移動することになりますね.

　　　Vが1/2に⇔[全]↑➡[全]↓へ⇔ 左へ 平衡移動

◀[C(固)]はこの場合も一定
です.

◀[全]↑➡[全]↓へ平衡移動は
　C(固)＋CO₂ ⇌ CO ＋ CO
　私は中立　右へ　左へ　左へ
多数決をとって 左へ と考え
てもよいでしょう

[4]  　圧力を2倍にするには
圧縮して体積を1/2
にする必要があります.
したがって，この場合(3)と同様に濃度が全体的に2倍になる

ので

　*P* が2倍に ⇔ [全]↑ ➡ [全]↓ へ ⇔ 左へ 平衡移動
と判断できます．『アレッ？　では，(3) と (4) は同じではない』かと思う人もいるでしょう．確かに，平衡が左へ移動して気体の粒子数が減少することは同じです．ただ，(3) では **$V$ を 1/2 にするということは，ずっと 1/2 のままにしておく**という意味ですから，気体粒子数が減少した効果は**圧力の減少**として現れ，最終的には圧力は2倍より小さくなります．一方，(4) では，**最後まで圧力を2倍に保っておく**のですから，気体の粒子数の減少は，**体積の減少**として現れ，最終的には体積は 1/2 以下になります．

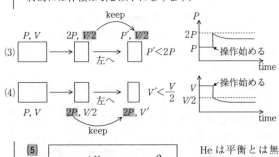

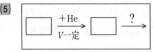

He は平衡とは無関係な物質です．しかも，He を加えても，体積が一定なので，[$CO_2$]，[CO]は不変です．よって，

　　$\dfrac{+\text{He}}{V一定}$ で ⇔ [$CO_2$]，[CO]不変 ➡ 平衡は 不変

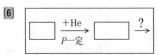

この場合も He の存在自体は平衡移動と無関係です．ただ，He を加えたのに圧力を一定に保つには，容器の体積を大きくする必要があります．その結果[全]↓となって[全]↑へ平衡移動が起こります．

　　$\dfrac{+\text{He}}{P一定}$ で ⇔ $V$↑ ⇔ [全]↓ ➡ [全]↑へ ⇔ 右へ 平衡移動

7　+ NaOH(固)⇒[$CO_2$]↓ ➡ [$CO_2$]↑へ ⇔ 左へ 平衡移動
　　　　　中和　　　　　　　　　　　　　　　平衡移動

8　これは，次のように判断できます．
　　$T$↑ ➡ 吸熱反応方向へ ⇔ 右へ 平衡移動

# 5 化学平衡の法則(平衡濃度に関する法則)

## 1 成り立つ理由

物質 A ～ D について次の平衡状態があるとします.

$$aA + bB \rightleftharpoons cC + dD$$

このとき,各物質の濃度[A],[B],[C],[D](mol/L)の間には

$$K = \frac{[C]^c[D]^d}{[A]^a[B]^b}$$
(一定)

が成り立ちます.なぜ,このような関係式が成り立つのでしょうか.

質量作用の法則と書かれることがありますが,Low of mass action の mass を質量と誤訳したことからくる用語で質量の作用など全く関係のない法則です.

◀ $K$ はドイツ語での Konstante(定数) の頭文字を取ったものです.自然科学では,$K$, $k$ は一般に一定値を表しますので,そのように頭を働かせると,記号の意味がわかり,少しは読みやすくなります.

### (1) 速度より説明する

たとえば,$H_2 + I_2 \rightleftharpoons 2HI$ の平衡では,右向き,左向きの各反応速度 $v_1$, $v_2$ は

$$v_1 = k_1[H_2][I_2] \qquad \cdots\cdots ①$$
$$v_2 = k_2[HI]^2 \qquad \cdots\cdots ②$$

で表されることが実験的に明らかにされています.そして,平衡状態では $v_1 = v_2$ です.そこで,平衡時には

$$k_1[H_2][I_2] = k_2[HI]^2$$

が成り立ちます.ここで,$k_1$, $k_2$ は速度定数で温度が一定なら一定の値を示します.以上より

$$\frac{[HI]^2}{[H_2][I_2]} = \frac{k_1}{k_2} = K$$
(一定)

が成り立ちます.うまく説明できましたね.でも,この説明にはチョッピリ問題があります.速度式が①,②で表されるのは,あくまで実験的にわかったことであり,理論的なものではないからです.そして,一般に

$$aA + bB \rightleftharpoons cC + dD$$

の可逆反応において，右向きと左向きの各速度式が

$$v_1 = k_1[A]^a[B]^b$$
$$v_2 = k_2[C]^c[D]^d$$

と表せるとは **言えない** からです．（☞ p.56）『まあ，そんなに堅くるしいこと言わないで，これで良しとしておこう』という感じで，高校ではこのように説明していることが多いです．でも『本当はどのようにして説明するのか』を知りたい人もいるでしょう．その人のために，次の(2)で簡単に大学風の説明を書いておきます．気になる人だけ読んで下さい．

## (2) ギブズエネルギー（$G$）より説明する

物質 A 〜 D 混合物中で **1 mol あたりのギブズエネルギー** を $G_A$, ……, $G_D$ で表すとします．すでに p.71 で確認したように，混合物中で成分 $i$ の散らばり度合い $S$ は $i$ の濃度に関係し，

濃度 $\Rightarrow$ $S$ $\Rightarrow$ $(-S)$ $\Rightarrow G$
上げる　下げる　上げる　上げる

という関係があります．詳しくは，物質 $i$ のモル濃度を $[i]$ とすると，$G_i$ は，

$$G_i = G_i{}^\circ + RT\log_e[i] \quad (\text{J/mol})$$

詳しくは，これを
chemical potential
ケミカルポテンシャル
と言います．

と与えられます．$G_i{}^\circ$ は，物質 $i$ の濃度 $[i]$ = 1mol/L のときの値であり，物質 $i$ に固有な 1 mol あたりのギブズエネルギーです．たとえば A について，

$$G_A = G_A{}^\circ + RT\log_e[A] \quad (\text{J/mol})$$

と表すことができます．B 〜 D も同様に表されます．

さて，今，反応がほんのちょっぴり左から右に進み A が $a \cdot x$ mol 減少したとします．このとき，B は $b \cdot x$ mol 減少し，C は $c \cdot x$ mol 増加し，D は $d \cdot x$ mol 増加します．

$$aA \ + \ bB \ \longrightarrow \ cC \ + \ dD$$
変化量　$-a \times x$　$-b \times x$　$+c \times x$　$+d \times x$　(mol)

このときの $G_全$ の全増加量 $\Delta G_全$ は

$$\Delta G_全 = c \cdot x \times (G_C{}^\circ + RT\log_e[C])$$
$$+ d \cdot x \times (G_D{}^\circ + RT\log_e[D])$$

$$- a \cdot x \times (G_A{}^{\circ} + RT \log_e[A])$$
$$- b \cdot x \times (G_B{}^{\circ} + RT \log_e[B])$$

となります．さて，これが平衡状態のときであれば，このちょっぴりの変化で $G_全$ は変化しないはずです．すなわち，平衡状態なら $\Delta G_全 = 0$ でなくてはなりません．そこで，

$$0 = cG_C{}^{\circ} + dG_D{}^{\circ} - aG_A{}^{\circ} - bG_B{}^{\circ} + RT \log_e\left(\frac{[C]^c[D]^d}{[A]^a[B]^b}\right)$$

が成り立ちます．ここで

$$\Delta G^{\circ} = cG_C{}^{\circ} + dG_D{}^{\circ} - aG_A{}^{\circ} - bG_B{}^{\circ}$$

とすると，$\Delta G^{\circ}$ は，物質と反応に固有な一定値です．以上より，平衡において

$$-\Delta G^{\circ} = RT \log_e\left(\frac{[C]^c[D]^d}{[A]^a[B]^b}\right)$$

$$\Longleftrightarrow \quad \frac{[C]^c[D]^d}{[A]^a[B]^b} = e^{-\frac{\Delta G^{\circ}}{RT}} = K$$

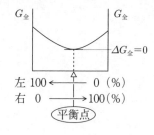

となります．$K(=e^{-\Delta G^{\circ}/RT})$ は $T$ が一定なら一定となりますね．こうして，化学平衡の法則が導かれるのです．

## 2 平衡定数を使ってわかること

> 1000 ℃の高温では $CO_2$, $H_2$, $CO$, $H_2O$ の間には
>
> $$CO_2 + H_2 \rightleftharpoons CO + H_2O$$
>
> で表される可逆反応が存在します．このときの平衡定数は 1.8 です．この平衡定数を使ってどんなことが知れるのでしょうか．

　可逆反応ですから，1000 ℃でたとえば $CO_2$, $H_2$ の各 1 mol を混合すると右に反応が進み $CO$ と $H_2O$ が生じてくるし，逆に $CO$ と $H_2O$ の各 1 mol を混合すると左に反応が進み $CO_2$ と $H_2$ が生じてくることは明白です．では，$CO_2$, $H_2$, $CO$, $H_2O$ を各 1 mol 混合したら果してどちらの方向に反応が進むのでしょうか．ここで，平衡定数の定義式

$$K = \frac{[CO][H_2O]}{[CO_2][H_2]} = 1.8$$

をもう一度ながめてみましょう．この式中の$[CO_2]$等はすべて平衡状態になったときの値です．もし，平衡状態でないときの値を代入したのなら，$[CO][H_2O]/[CO_2][H_2]$の値($\widetilde{K}$とします)は決して1.8にはなりません．そして，反応の進行とともに$\widetilde{K}$の値は1.8に向かって変化していきます．ここで，$CO_2$，$H_2$，$CO$，$H_2O$の各1 molを$V$ Lの容器に混合したときの濃度を代入してみましょう．

$$\widetilde{K}\left(=\frac{右}{左}\right)=\frac{[CO][H_2O]}{[CO_2][H_2]}=\frac{(1/V)\cdot(1/V)}{(1/V)\cdot(1/V)}=1$$

この値1は$K=1.8$に比べて小さいですね．これは平衡時に比べて$CO$，$H_2O$(右辺側の物質)が少ないこと示しています．そこで，それら($CO$，$H_2O$)を増やすべく，このあと反応は右に進むと判断することができます．

　以上のことを一般化すると，
$$a A+b B \rightleftharpoons c C+d D$$
の可逆反応のある時点において，

$$\widetilde{K}=\frac{[C]^c[D]^d}{[A]^a[B]^b}$$

の値$\widetilde{K}$はその後$K$に向かって変化していきますが

> $\widetilde{K}>K$なら　C，Dを減らす方向(左)に進行
> $\widetilde{K}=K$なら　平衡
> $\widetilde{K}<K$なら　C，Dを増やす方向(右)に進行

と判断することができます．

　で，結局，各物質の濃度はいくらになるのでしょうか．ここで，右に$x$ mol進んだところで平衡になったとしましょう．各物質の初期量(⑳)，変化量(㉑)，平衡量(㉒)は次のように表されます．

| | $CO_2$ | + | $H_2$ | $\rightleftharpoons$ | $CO$ | + | $H_2O$ | |
|---|---|---|---|---|---|---|---|---|
| ⑳ | 1 | | 1 | | 1 | | 1 | (mol) |
| ㉑ | $-x$ | | $-x$ | | $+x$ | | $+x$ | (mol) |
| ㉒ | $1-x$ | | $1-x$ | | $1+x$ | | $1+x$ | (mol) |

さて，平衡状態であれば

$$K = \frac{[CO][H_2O]}{[CO_2][H_2]} = 1.8$$

となるのですから，上記の㋐のときの値をこの式に代入できます．

$$\frac{\left(\frac{1+x}{V}\right) \times \left(\frac{1+x}{V}\right)}{\left(\frac{1-x}{V}\right) \times \left(\frac{1-x}{V}\right)} = 1.8 \implies \left(\frac{1+x}{1-x}\right)^2 = 1.8$$

$$\frac{1+x}{1-x} = \pm\sqrt{1.8}$$

ここで，$(1+x)/(1-x)$ は正ですから，この値は $\quad$ ◀ $1+x>0$, $1-x>0$ なので
$\sqrt{1.8} \fallingdotseq 1.34$ です．そこで

$$1+x = 1.34(1-x) \implies x = 0.145 \Rightarrow 0.15$$

となり，平衡状態になったとき $CO_2$, $H_2$ は $0.85\ \mathrm{mol}$,
$CO$, $H_2O$ は $1.15\ \mathrm{mol}$ になるということがわかります．

　このように，<mark>$K$ の値を使えば</mark>，どの点から出発しても，最終的にたどりつく点 $\Leftrightarrow$ <mark>平衡点の量を求めることができる</mark>のです．

## ③　平衡量を求める基本的方法

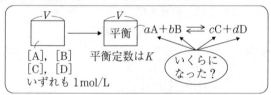

　平衡時の量（今後，平衡量といいます）を求めるのですから，まずは，平衡反応式を書き，$K = \sim$ という平衡定数の定義式を書くことが必要でしょう．

$$K = \frac{[C]^c[D]^d}{[A]^a[B]^b} \qquad \cdots\cdots(1)$$

　次に，平衡に至るまでの変化量を $x$ などとおいて，各物質の平衡量を $x$ で表すことが必要でしょう．この反応では，各物質の変化量の間に $a:b:c:d$ の物質量関係がありますから，A が $ax\ \mathrm{mol/L}$ 減少したとすれば，他の物質の変化量も与えやすいですね．

$$aA \;+\; bB \;\rightleftharpoons\; cC \;+\; dD$$

| | | | | | |
|---|---|---|---|---|---|
| ㊊ 初 | 1 | 1 | 1 | 1 | (mol/L) |
| ㊊ 変 | $-ax$ | $-bx$ | $+cx$ | $+dx$ | (mol/L) |
| ㊊ 平 | $1-ax$ | $1-bx$ | $1+cx$ | $1+dx$ | (mol/L) |

$$\cdots\cdots(2)$$

ここで，(2)式は(1)式を満足しますから，これを代入します

$$K = \frac{(1+cx)^c (1+dx)^d}{(1-ax)^a (1-bx)^b}$$

この式を整理すると，$x$ についての $n$ 次方程式が得られます．これを解けば，平衡量を求めることができます．

まとめると，$K=\sim$ を使って平衡量を求める方法は，

---

(i) $K=\sim$ の式を書く．

(ii) 各物質の平衡量を変化量 $x$ 等を使って表す．

(iii) (ii)の結果を $K=\sim$ に代入して方程式を解く．

---

となります．

ただし，これらを実行するにあたって留意する点がいくつかあります．

(i) については，たとえば，

$$NH_3 + H_2O \rightleftharpoons NH_4^+ + OH^-$$

の平衡については，通常

$$K = \frac{[NH_4^+][OH^-]}{[NH_3][H_2O]}$$

とせず，**$[H_2O]$ を書かずに**

$$K_b = \frac{[NH_4^+][OH^-]}{[NH_3]}$$

通常の濃度では
$[H_2O] \fallingdotseq \dfrac{1000/18}{1} \fallingdotseq 56 \left(\dfrac{mol}{L}\right)$
で事実上一定だからです．

と表すということや，$N_2O_4 \rightleftharpoons 2NO_2$ のような気体では，

$$K = \frac{[NO_2]^2}{[N_2O_4]} \quad \text{以外に} \quad K_p = \frac{(P_{NO_2})^2}{P_{N_2O_4}}$$

(☞ p.81〜83)

のように，**分圧を使って表すこともある**点などです．

(ii) については，平衡式が 2 つ以上あるときは，変化量として，$x$，$y$，……などいくつも必要となり，

平衡量の与え方が複雑になります．こんなときは，**別の考え方で各物質の濃度関係式を与えることがある** ◀（☞p.85）
ということです．

　ⅲについては，*n* 次方程式が得られても，それが3次以上なら，たいていそれを解くことは数学的に困難です．そこで，**適当な近似が必要になります**．この近 ◀（☞p.86〜88） 似法について，ある程度慣れておかないと答えにたどりつくことはできません．

┌─────《平衡定数を与える式》─────────────┐
　19 次の平衡の平衡定数を与える式を書け．なお，A（水）は水に溶けているAを表す．

(1)　$N_2 + 3H_2 \rightleftharpoons 2NH_3$　　　　(5)　$I_2（固）\rightleftharpoons I_2（水）$

(2)　$H_2O（液）\rightleftharpoons H_2O（気）$　　(6)　$AgCl（固）\rightleftharpoons Ag^+（水）+ Cl^-（水）$

(3)　$2H_2O（液）\rightleftharpoons H_3O^+ + OH^-$　(7)　$C（固）+ CO_2 \rightleftharpoons 2CO$

(4)　$CH_3COOH + H_2O \rightleftharpoons CH_3COO^- + H_3O^+$
└───────────────────────────────────┘

**解説**　　　(1)　$N_2 + 3H_2 \rightleftharpoons 2NH_3$

$$K = \frac{[NH_3]^2}{[N_2][H_2]^3}$$

　これで OK です．ただ，一般に物質 *i* が $n_i$ mol，容器の体 ◀第5章
積が *V* L とすると，$[i] = n_i/V$ で表されますが，*i* が**気体で**
**あるとき**，その分圧を $P_i$ とするなら，$P_iV = n_iRT$ が成り立 ◀分圧とは混合気体におい
ちます．そこで， て，各成分気体を，混合気
体と同じ容器にそれぞれ入
$$[i] = \frac{n_i}{V} = \frac{P_i}{RT}$$ れたときに示す各成分気体
の圧力です．
のように，$[i]$ は分圧 $P_i$ に比例します．これを $K = \sim$ に代
入しますと，

$$K = \frac{[NH_3]^2}{[N_2][H_2]^3} = \frac{(P_{NH_3}/RT)^2}{(P_{N_2}/RT)(P_{H_2}/RT)^3}$$

$$= \frac{(P_{NH_3})^2}{(P_{N_2})\cdot(P_{H_2})^3} \times RT^2$$

となります．ここで，*T* 一定で考えていますから，□□□で囲った分圧の比もまた一定となります．そして，気体の量の測定では，モル濃度より，圧力の方が測定しやすいということ

（右図）
$$P_全 = P_1 + P_2$$
　　　　↑分圧↗

もあり，気体平衡では，平衡定数の式を与えるにあたって，

$$K_\mathrm{p} = \frac{(P_\mathrm{NH_3})^2}{(P_\mathrm{N_2}) \cdot (P_\mathrm{H_2})^3}$$

のように，分圧で平衡定数を与えることが多いです．この平衡定数は**圧平衡定数**とよばれ，$K_\mathrm{p}$ と表すことが多いです．

◀ p：pressure＝圧力

[2]　$\boxed{H_2O(液) \rightleftarrows H_2O(気)}$

 $K = \dfrac{[H_2O(気)]}{[H_2O(液)]}$ この場合，気相と液相という二相にわたってツブ($H_2O$)が往来しています．こ

のような場合，$[H_2O(気)]$，$[H_2O(液)]$ はそれぞれの相内での $H_2O$ 分子のつまり度合を表しています．

$$[H_2O(気)] = \frac{n_{H_2O(気)}}{V_気}$$

$$[H_2O(液)] = \frac{n_{H_2O(液)}}{V_液}$$

ところで，液体の水は 1 L あたり広い温度範囲で 約 1000 g ≒ 56 mol ですから，$[H_2O(液)] \fallingdotseq 56$ mol/L です．この値は高温では少し小さくなりますが各温度ごと一定値をとります．また，

$$[H_2O(気)] = \frac{n_{H_2O(気)}}{V_気} = \frac{P_{H_2O}}{RT}$$

であり，$[H_2O(気)]$ は分圧 $P_{H_2O}$ に比例します．したがって，温度一定では，$K$，$[H_2O(液)]$，$RT$ はすべて一定ですから

$$K \cdot [H_2O(液)] \cdot RT = k = P_{H_2O}$$

すなわち，分圧 $P_{H_2O}$ もまた一定値 $k$ となります．この $k$ は，一般に平衡定数と呼ばず，**蒸気圧**と呼ばれています．

◀ 液体が蒸発していったときの上限の圧力でもあるので**飽和**蒸気圧とも呼ばれています．

$$\boxed{蒸気圧 = P_{H_2O}}$$

[3]　$\boxed{2H_2O(液) \rightleftarrows H_3O^+ + OH^-}$

液体の水ではこのような電離平衡があり，この平衡定数を $K$ とする $K = \dfrac{[H_3O^+][OH^-]}{[H_2O]^2}$ と右のように与えることができます．ただ，(2) で示したように，$[H_2O(液)]$ は約 56 mol/L であり，その中のわずか $10^{-7}$ mol/L ぐらいしか電離しません．その結果，$[H_2O(液)]$ は事実上一定であるので，これを $K$ の中に繰り込んで，

$$K \cdot [H_2O]^2 = \boxed{K_\mathrm{w} = [H_3O^+][OH^-]}$$

◀ w：water＝水

と表します．$K_\mathrm{w}$ は**水のイオン積**と呼ばれています．

**(4)**　$CH_3COOH + H_2O \rightleftarrows CH_3COO^- + H_3O^+$

この場合も，本来，平衡定数を $K$ とすると

$$K = \frac{[CH_3COO^-][H_3O^+]}{[CH_3COOH][H_2O]}$$

と表されます．ただ，このような酸の電離平衡を計算で扱うとき，酸の濃度は $0.1\,mol/L$ 程度であることが多く，この水溶液 $1\,L$ 中に酢酸分子はわずか $60\,(g/mol) \times 0.1\,(mol) = 6\,g$ しか含まれていません．このような溶液つまり希薄な溶液では，溶液のほとんどは $H_2O$ 分子であり，それは約 $56\,mol/L$ もあります．ですから，仮に $CH_3COOH$ のすべてが電離しても，この反応で $H_2O$ は $0.1\,mol/L$ しか減らないのですから，$[H_2O]$ は事実上一定に保たれます．そこで，(3) と同様，$[H_2O]$ は $K$ に繰り込んで

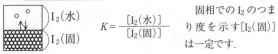

$$K \cdot [H_2O] = \boxed{K_a = \frac{[CH_3COO^-][H_3O^+]}{[CH_3COOH]}}$$

◀ a：acid ＝酸

と表します．$K_a$ は**酸の電離定数**と呼ばれています．

**(5)**　$I_2(固) \rightleftarrows I_2(水)$

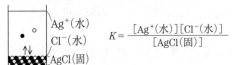

$$K = \frac{[I_2(水)]}{[I_2(固)]}$$

固相での $I_2$ のつまり度を示す $[I_2(固)]$ は一定です．

したがって

$$[I_2(水)] = K \cdot [I_2(固)] = 一定$$

となります．すなわち，溶解平衡時，水への $I_2$ の溶解濃度，すなわち溶解度は一定となります．この値を $S$ としますと，平衡定数の式は

◀もちろん温度が変われば溶解度は変わります．

$$\boxed{S = [I_2(水)]}$$

と表されます．

**(6)**　$AgCl(固) \rightleftarrows Ag^+(水) + Cl^-(水)$

$$K = \frac{[Ag^+(水)][Cl^-(水)]}{[AgCl(固)]}$$

Ag⁺(水)
Cl⁻(水)
AgCl(固)

この場合も，固相での $AgCl$ のつまり度合 $[AgCl(固)]$ は一定ですから，

$$K \cdot [AgCl(固)] = K_{sp}(一定) = [Ag^+(水)][Cl^-(水)]$$

と表すことができます．$[Ag^+(水)]$，$[Cl^-(水)]$ は $AgCl$ の溶

s：solubility＝溶解度
p：product＝積

解平衡時の濃度ですから，各イオンの溶解度と言うこともできます．そこで，$K_{sp}$ は**溶解度積**と呼ばれています．なお，$[Ag^+(水)]$，$[Cl^-(水)]$の(水)は通常は省略されます．

$$K_{sp} = [Ag^+][Cl^-]$$

[7]　$C(固) + CO_2(気) \rightleftharpoons 2CO(気)$

$$K_0 = \frac{[CO]^2}{[C(固)][CO_2]}$$

まずはこのように書かれますが，例によって$[C(固)]$は一定なので平衡定数に繰り込まれます．

$$K_0 \cdot [C(固)] = \boxed{K = \frac{[CO]^2}{[CO_2]}}$$

さらに，分圧で表して，

$$K_p = \frac{(P_{CO})^2}{P_{CO_2}}$$

と表されることもあります．

## 《濃度関係を与える式》

[20]　2価の酸 $H_2A$ の水溶液($C$ mol/L)では以下の電離平衡がある．

①　$H_2A \rightleftharpoons H^+ + HA^-$　　　$K_1 = \dfrac{[H^+][HA^-]}{[H_2A]}$

②　$HA^- \rightleftharpoons H^+ + A^{2-}$　　　$K_2 = \dfrac{[H^+][A^{2-}]}{[HA^-]}$

③　$H_2O \rightleftharpoons H^+ + OH^-$　　　$K_w = [H^+][OH^-]$

(1)　①の反応が$x$ mol/L，②の反応が$y$ mol/L，③の反応が$z$ mol/L 進んだときに平衡になったとして，そのときの$[H_2A]$，$[HA^-]$，$[A^{2-}]$，$[H^+]$，$[OH^-]$を$C$，$x$，$y$，$z$で表せ．

(2)　Aに注目すると，Aは $H_2A$，$HA^-$，$A^{2-}$ のいずれかで存在している．このことに注目して，$[H_2A]$，$[HA^-]$，$[A^{2-}]$の間に成り立つ関係式を書け．

(3)　この溶液にはイオンが存在するが，もともと $H_2O$，$H_2A$ は電気的には中性であるので溶液が帯電していることはない．このことに注目すると，水中に存在する陽イオンと陰イオンの濃度の間にある関係式が成り立つことがわかる．それを記せ．

**解説**

**(1)** ① $H_2A \rightleftharpoons H^+ + HA^-$
　　　$C-x$　　$x$　　$x$

② $HA^- \rightleftharpoons H^+ + A^{2-}$
　　$x-y$　　$y$　　$y$

③ $H_2O \rightleftharpoons H^+ + OH^-$
　　$56-z$　　$z$　　$z$

$\Rightarrow$ 
$[H_2A] = \boxed{C-x}$
$[HA^-] = \boxed{x-y}$
$[A^{2-}] = \boxed{y}$
$[H^+] = \boxed{x+y+z}$
$[OH^-] = \boxed{z}$

さて，これらを，$K_1 = \sim$，$K_2 = \sim$，$K_w = \sim$ の式に代入すると，

$$K_1 = \frac{(x+y+z)\cdot(x-y)}{C-x}, \quad K_2 = \frac{(x+y+z)\cdot y}{x-y},$$

$$K_w = (x+y+z)\cdot z$$

となり，これらの式より，$x \sim z$ を解けば，$[H^+] = x+y+z$ が求まりますね．ただ，それを実行しようとなると，はっきり言って気が重いですね．

ここで，$K_1 = \sim$，$K_2 = \sim$，$K_w = \sim$ の式の中には，$[H_2A]$，$[HA^-]$，$[A^{2-}]$，$[H^+]$，$[OH^-]$ の 5 つの未知数があります．そして，$K_1 = \sim$，$K_2 = \sim$，$K_w = \sim$ の 3 つの式があります．そこで，あと 2 つこれらの式とは独立な式を見つければ，$[H^+]$ を求める式が得られるはずです．次の (2), (3) の問では，そのような式を見つけさせようとしています．

**(2)** $C \, mol/L$ の $H_2A$ の水溶液ですから，もともと A は $C \, mol/L$ あります．確かに，電離すると，A は $H_2A$ だけでなく $HA^-$，$A^{2-}$ の形でも存在します．しかしながら，A の全量は不変ですから，

$$C = [H_2A] + [HA^-] + [A^{2-}]$$

が成り立ちます．このように，ある元素等に注目するとその全量は不変であること（**物質収支の条件**）より濃度関係式を立てることもできます．

**(3)** この溶液には陽イオンは $H^+$ の 1 種，陰イオンは $HA^-$，$A^{2-}$，$OH^-$ の 3 種があります．$H^+$，$HA^-$，$OH^-$ はイオン 1 個あたり，1 個の電荷を持っていますが，$A^{2-}$ は 2 個持っています．そして，**溶液は電気的に中性**ですから，

$$\underbrace{[H^+] \times 1}_{\substack{\text{陽イオンの持つ} \\ \text{総プラス電荷}}} = \underbrace{[HA^-] \times 1 + [A^{2-}] \times 2 + [OH^-] \times 1}_{\text{陰イオンの持つ総マイナス電荷}}$$

の関係式が成り立っていなくてはなりません．

◀平衡定数の式；
$$K_1 = \frac{[H^+][HA^-]}{[H_2A]}$$
　　　$\vdots$

等において，$[H^+]$，$[HA^-]$ …は
　$[H^+] = x$
　$[HA^-] = x$
でなく
　$[H^+] = x+y+z$
　$[HA^-] = x-y$
のように各濃度は，必ず溶液中の全量が入ります．

◀(1)で
$\begin{cases} [H_2A] = C-x \\ [HA] = x-y \\ [A^{2-}] = y \end{cases}$

と表しましたが，これらの合計をとると確かに左の式になりますね．

◀この式も，(1)の式
　$[H^+] = x+y+z$
$\begin{cases} [HA^-] = x-y \\ [A^{2-}] = y \\ [OH^-] = z \end{cases}$
より導くことができます．

大学では，(1)のように各反応の変化量を $x$, $y$, $z$, … と与えるのではなく，(2), (3)のように濃度関係式を与えて，$K_1 = \sim$, … の式と連立して解いています．ただ，それでも次数の高い方程式になるので，近似法を使うことになることには変わりはありませんが….

---

### 《近似法》

21 近似に関する以下の問いに答えよ．

(1) $(100+1) \times (1-0.01) \times (0.01+0.0001)$ の近似値はいくらか．

(2) $(1+0.01)^2$, $(1+0.01)^3$, $(1+0.01)^4$, $(1+0.01)^{1/2}$ の近似値を小数第2位で求めよ．

(3) $(1+x) \times x = 10^{-14}$ で $x > 0$ のとき，$x$ の近似値を求めよ．

(4) $\dfrac{x^2}{1-x} = K$ で，$1-x \fallingdotseq 1$ としたときの近似値を $y$ とする．近似値 $y$ の誤差が真の値 $x$ の2.5%以下 $(y/x \leqq 1.025)$ のときの $y$ の条件を求めよ．

---

**解説** **⟦1⟧** 近似せずに計算すると，1.009899 となります．これを2桁で表せば，1.0，3桁で表せば1.01 となります．2桁で表した場合，誤差は1%ということになります．

ところで，$(100+1)$, $(1-0.01)$, $(0.01+0.0001)$ のカッコ内は2つの数値の和または差でできています．$100+1$ では第2項は第1項の1%であり，その程度なら目をつむると考えれば，$100+1 \fallingdotseq 100$ と近似できます．

同様にして，$1-0.01 \fallingdotseq 1$, $0.01+0.0001 \fallingdotseq 0.01$ と近似しますと，

$$(100+1) \times (1-0.01) \times (0.01-0.0001)$$
$$\fallingdotseq 100 \times 1 \times 0.01$$
$$= 1$$

となり，真の値に比べて誤差は1%という近似値が得られます．この近似操作でよく見てほしいことがあります．近似とは小さいものを無視すると言います．でも，$100+1$ の中で無視された1は $1-0.01$ では無視されませんし，この中で無視された0.01は次の $0.01-0.0001$ の中では無視されません．**近似とは**，一般には，

$$A = a + b + c + \cdots\cdots$$

のような和または差の場で，
相対的にかなり小さい項を無視する
ということです.

(2)
$$(1+0.01)^2 = 1.0201 \qquad \fallingdotseq 1.02$$
$$(1+0.01)^3 = 1.030301 \qquad \fallingdotseq 1.03$$
$$(1+0.01)^4 = 1.04060401 \qquad \fallingdotseq 1.04$$
$$(1+0.01)^{1/2} = 1.004987562\cdots\cdots \quad \fallingdotseq 1.005$$

これらの結果は，一般に
$$(1+0.01)^n \fallingdotseq 1+0.01n$$
とまとめられますね. なぜこうなるのでしょうか.
$$(1+x)^2 = 1+2x+x^2$$
$$(1+x)^3 = 1+3x+3x^2+x^3$$
$$(1+x)^4 = 1+4x+6x^2+4x^3+x^4$$
において，$0 \leqq x \ll 1$ の場合，第2項に比べて第3項以下は
かなり小さいと予想されますね. この問では，$x=0.01$ では
この条件にあっていたので，$(1+x)^n \fallingdotseq 1+x \times n$ の近似がで
きたと考えられます. $(1+x)^{1/2}$ では，このような式の展開
ができませんが，$n=1, 2, \cdots\cdots$ の類推で $(1+x)^{1/2} \fallingdotseq 1+x \times$
$(1/2)$ が成り立つと考えておいて下さい.

(3) $(1+x) \times x = 10^{-14} \iff x^2 + x - 10^{-14} = 0$
を2次方程式の解の公式に代入して解くと，
$$x = \frac{-1 \pm (1+4\times10^{-14})^{1/2}}{2}$$
ここで，$x>0$ で，また $(1+x)^{1/2} \fallingdotseq 1+x \times (1/2)$ の近似を使
うと，
$$x \fallingdotseq \frac{-1+1+2\times10^{-14}}{2} = \boxed{10^{-14}}$$
と求まります. ところで，$x>0$ なのですから，$1+x>1$ で
す. そこで，$10^{-14} = (1+x) \times x > x$ ですから，$x$ はものす
ごく小さいと予想とされます. そこで
$$1+x \fallingdotseq 1$$
と近似すると，
$$10^{-14} = (1+x) \cdot x \fallingdotseq x \Rightarrow x \fallingdotseq \boxed{10^{-14}} (\ll 1 \text{ OK})$$
のように，2次方程式の解の公式等を使わなくても，容易に
$x$ の近似値を求めることができます.

(4) $\dfrac{x^2}{1-x} = K$ で $1-x \fallingdotseq 1$ と近似したときの解を $y$ とす

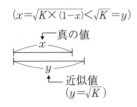

$(x=\sqrt{K\times(1-x)}<\sqrt{K}=y)$

真の値 … $x$

近似値 … $y$
($y=\sqrt{K}$)

ると，$y^2=K$ となります．今，$1-x<1$ であるのを $1-x\fallingdotseq 1$ と近似したのですから，$y>x$ となります．近似値の誤差が真の値の2.5%以下に入る $\Longleftrightarrow$ $\dfrac{y}{x}\leqq 1.025$ とすると，

$$\frac{x^2}{1-x}=K=y^2$$

$$\left(\frac{x}{y}\right)^2=1-x \Rightarrow \left(\frac{1}{1.025}\right)^2\leqq 1-x \Rightarrow x\leqq 1-\left(\frac{1}{1.025}\right)^2$$

ここで，$y\leqq 1.025x$ であるので

$$y\leqq 1.025\times\left\{1-\left(\frac{1}{1.025}\right)^2\right\}=0.04939\cdots$$

これより，誤差が2.5%以内に収まるには，$y$ の値が0.049 つまり1に対して約5%以内であればよいことがわかります．同様の計算を，誤差1%，2%，……，で実行すると，左表のようになります．結局，どの程度の誤差があってもよいかの条件によって近似式を使うか，厳密に解くかが決まります．平衡定数の計算では，$K$ の値は実験値であり有効数字2桁ぐらいが有効であるため，近似値には数%（2〜3%）の誤差は含まれていてもよいと考えて計算することが多いようです．

| 近似値の誤差（%） | 1に対する $y$ の% |
|---|---|
| 1 | 2 |
| 2 | 4 |
| 3 | 6 |
| 10 | 19 |

## 6 平衡定数を使った各種平衡の計算

### 1 気体平衡

$$H_2+I_2 \rightleftharpoons 2HI, \quad N_2O_4 \rightleftharpoons 2NO_2$$

などは，平衡状態にあるとき，関係する物質はすべて気体です．これらの平衡での各物質の量を平衡定数を使って求めるとき，酸塩基平衡のように複数の平衡を考えることはまずありませんし，たいてい近似は必要ではありません．ただ，気体の場合，物質量(mol)より，体積，圧力，温度といった状態量のほうがはるかに測定しやすく，またイメージも持ちやすいですから，平衡定数を濃度(mol/L)でなく分圧(Pa)で与えたものを使うことが多くなります．たとえば，

$$N_2O_4 \rightleftharpoons 2NO_2 \quad では$$

$$K_c = \frac{[\text{NO}_2]^2}{[\text{N}_2\text{O}_4]} \ \text{よりも} \quad K_p = \frac{P_{\text{NO}_2}{}^2}{P_{\text{N}_2\text{O}_4}}$$

がよく使われます．そこで，気体の圧力や体積の扱い
方をマスターしていないと，計算がうまくいかないこ
とがあります．

---

**《H$_2$+I$_2$ ⇌ 2HI》**

22 右表の (1)〜(3) の条件で，体積一定の容器に H$_2$,
I$_2$, HI を加えて，

$$\text{H}_2 + \text{I}_2 \rightleftharpoons 2\text{HI}$$

の平衡状態にした．平衡定数を 64 とすると，平衡
に至ったとき，H$_2$ は何 mol か．

（単位はすべて mol）

|     | H$_2$ | I$_2$ | HI |
|-----|-----|-----|-----|
| (1) | 1   | 1   | 0   |
| (2) | 0   | 0   | 2   |
| (3) | 1   | 1   | 2   |

**解説** **1** 初期には HI は全くないのですから，この
反応は右へ進みます．H$_2$ が $x$ mol 反応したとき平衡になっ
たとすると，各物質の量は以下のように表されます．

|        | H$_2$ | + | I$_2$ | ⇌ | 2HI  |      |
|--------|-----|---|-----|---|------|------|
| 初期量 | 1   |   | 1   |   | 0    | (mol) |
| 変化量 | $-x$ |   | $-x$ |   | $+2x$ | (mol) |
| 平衡量 | $1-x$ |   | $1-x$ |   | $2x$ | (mol) |

さて，平衡状態の量については，

$$K = [\text{HI}]^2/[\text{H}_2][\text{I}_2] = 64$$

が成り立っています．そこで，容器の体積を $V$ とすると，

$$K = \frac{[\text{HI}]^2}{[\text{H}_2][\text{I}_2]} = \frac{\left(\dfrac{2x}{V}\right)^2}{\left(\dfrac{1-x}{V}\right) \times \left(\dfrac{1-x}{V}\right)} = 4\left(\frac{x}{1-x}\right)^2 = 64$$

ここで，$x,\ 1-x > 0$ ですから，

$$\frac{x}{1-x} = 4 \Rightarrow x = 0.8$$

よって，H$_2$ は $1-0.8 = \boxed{0.2}$ mol

**2** 今度は，反応は左に進みます．HI が $2y$ mol 反応した
とき平衡になったとして，(1) と同様に計算します．

$$H_2 \quad + \quad I_2 \quad \rightleftharpoons \quad 2\,H\,I$$

| | $H_2$ | $I_2$ | $2\,H\,I$ | |
|---|---|---|---|---|
| 初期量 | 0 | 0 | 2 | (mol) |
| 変化量 | $+y$ | $+y$ | $-2\,y$ | (mol) |
| 平衡量 | $y$ | $y$ | $2-2\,y$ | (mol) |

$$K = \frac{\left(\dfrac{2-2\,y}{V}\right)^2}{\left(\dfrac{y}{V}\right) \times \left(\dfrac{y}{V}\right)} = 64 \Rightarrow \frac{1-y}{y} = 4 \Rightarrow y = \boxed{0.2}\ \text{mol}$$

　さて，こうやって，$H_2$ は $0.2$ mol と求められたのですが，この結果は何と(1)と同じです！　これは，偶然でしょうか．そうではありません．(1)の初期条件から出発し，仮にそれがすべて右に進行したときは，(2)の初期条件と一致しますね．

| | $H_2$ | $I_2$ | $2\,H\,I$ | |
|---|---|---|---|---|
| 初期量 | 1 | 1 | 0 | ……(1) |
| 変化量 | $-1$ | $-1$ | $+2$ | |
| | 0 | 0 | 2 | ←これは(2)の初期条件 |

つまり，容器内に入れられた物質の量は同じであり，たまたま(1)は完全に左，(2)は完全に右にあるところから出発したのですから，最後にたどりつくところは同じに決まっていたわけです．(1)と(2)を比べてみてそのことに気づけば，上記の計算をせずに，$H_2 = 0.2$ mol　と求めることができます．

**[3]** 今度は，一見しただけで，反応がどちらに進むかわかりません．そこで，

$$\widetilde{K} = \frac{[H\,I]^2}{[H_2]\,[I_2]} = \frac{\left(\dfrac{2}{V}\right)^2}{\dfrac{1}{V} \times \dfrac{1}{V}} = 4 < K = 64$$

ということより，$H\,I$ が平衡状態より少ないので，反応が右に進むと判定できます．$x$ mol の $H_2$ がなくなったところで平衡になったとすると

| | $H_2$ | $I_2$ | $2\,H\,I$ | |
|---|---|---|---|---|
| 初期量 | 1 | 1 | 2 | (mol) |
| 変化量 | $-x$ | $-x$ | $+2\,x$ | (mol) |
| 平衡量 | $1-x$ | $1-x$ | $2+2\,x$ | (mol) |

$$K = \frac{\left(\dfrac{2+2\,x}{V}\right)^2}{\dfrac{1-x}{V} \times \dfrac{1-x}{V}} = 64 \Rightarrow x = 0.6 \Rightarrow H_2 = \boxed{0.4}\ \text{mol}$$

別解として，たとえば，$H_2$, $I_2$ すべてが右に進んだときを初期量に設定する方法も考えられます．

|  | $H_2$ | $+$ | $I_2$ | $\rightleftharpoons$ | $2HI$ |  |
|---|---|---|---|---|---|---|
| 初期量 | 0 | | 0 | | 4 | (mol) |
| 変化量 | $+y$ | | $+y$ | | $-2y$ | (mol) |
| 平衡量 | $y$ | | $y$ | | $4-2y$ | (mol) |

$$K = \frac{\left(\dfrac{4-2y}{V}\right)^2}{\dfrac{y}{V} \times \dfrac{y}{V}} = 64 \ \Rightarrow \ y = \boxed{0.4} \ \text{mol}$$

--- 《$N_2O_4 \rightleftharpoons 2NO_2$》 ---

23　ピストンつきシリンダー内に $1.0 \times 10^{-3}$ mol の $N_2O_4$ を入れ，以下の I，II，III の状態にした．

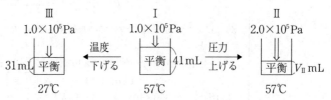

III
$1.0 \times 10^5$ Pa
31 mL 平衡
27℃

温度下げる

I
$1.0 \times 10^5$ Pa
平衡 41 mL
57℃

圧力上げる

II
$2.0 \times 10^5$ Pa
平衡 $V_{II}$ mL
57℃

I〜III の容器内は，いずれも $N_2O_4$(気) $\rightleftharpoons$ 2$NO_2$(気)の平衡状態にある．

(1) 全圧を $P$ Pa，$N_2O_4$ の解離度を $\alpha$ として，圧平衡定数 $K_p = P_{NO_2}^2 / P_{N_2O_4}$ を $P$ と $\alpha$ で表せ．

(2) 57℃での $\alpha$ と $K_p$ を求めよ．
　　ただし，気体定数 $= 8.3 \times 10^3$ Pa·L/(mol·K) とする．

(3) II での体積 $V_{II}$ mL を求めよ．$\sqrt{7} = 2.65$ とする．

(4) I→III の変化で，もし平衡が移動しなかったら，III の体積は何 mL となるか．

(5) (4)で求めた値と実際の値 31 mL を比べて，平衡がどちらに移動したか判定せよ．
　　また，$N_2O_4$ の解離反応は発熱か吸熱のいずれか判定せよ．

**解説**　　[1]　$N_2O_4$ が $n$ mol でその解離度が $\alpha$ とすると,

$$N_2O_4 \rightleftarrows 2NO_2 \qquad 全$$

| | $N_2O_4$ | $2NO_2$ | 全 | |
|---|---|---|---|---|
| 初 | $n$ | $0$ | $n$ | (mol) |
| 変 | $-n\alpha$ | $+2n\alpha$ | $+n\alpha$ | (mol) |
| 平 | $n(1-\alpha)$ | $2n\alpha$ | $n(1+\alpha)$ | (mol) |

初＝初期量
変＝変化量
平＝平衡量
以下でも，この記号で表します

ここで，一般に，各成分気体の圧力＝分圧は，

分圧＝全圧×モル分率

で表されますから，全圧を $P$ とすると

$$P_{N_2O_4} = P \times \frac{n(1-\alpha)}{n(1+\alpha)} = P \times \frac{1-\alpha}{1+\alpha}$$

$$P_{NO_2} = P \times \frac{2n\alpha}{n(1+\alpha)} = P \times \frac{2\alpha}{1+\alpha}$$

これらを，$K_p = P_{NO_2}{}^2 / P_{N_2O_4}$ に代入すると,

$$K_p = \frac{P_{NO_2}{}^2}{P_{N_2O_4}} = \frac{\left(P \times \dfrac{2\alpha}{1+\alpha}\right)^2}{P \times \dfrac{1-\alpha}{1+\alpha}} = \boxed{P \times \frac{4\alpha^2}{1-\alpha^2}} \qquad \cdots\cdots ①$$

[2]　57 ℃で，全気体についての数値を　$PV=nRT$　に代入すると

$$1.0 \times 10^5 \times 41 \times 10^{-3} = 1.0 \times 10^{-3}(1+\alpha) \times 8.3 \times 10^3 \times (273+57)$$

$$1+\alpha = 1.496\cdots \Rightarrow \alpha = \boxed{0.50}$$

この値と　$P = 1.0 \times 10^5$　を①式に代入して,

$$K_p = P \times \frac{4\alpha^2}{1-\alpha^2} = 1.0 \times 10^5 \times \frac{4 \times (1/2)^2}{1-(1/2)^2} = \frac{4}{3} \times 10^5$$

$$\Rightarrow \boxed{1.3 \times 10^5} \text{ Pa}$$

[3]　Ⅱは Ⅰ と同じ温度なので平衡定数 $K_p = 4/3 \times 10^5$ です.

そして，$P = 2.0 \times 10^5$ ですから，これを①式に代入すると,

$$\frac{4}{3} \times 10^5 = 2.0 \times 10^5 \times \frac{4\alpha^2}{1-\alpha^2} \Rightarrow \alpha^2 = \frac{1}{7}$$

$$\Rightarrow \alpha = \frac{\sqrt{7}}{7} \fallingdotseq \frac{2.65}{7} = 0.378\cdots$$

$\alpha$ が 0.5 より 0.38 に変化したことより，平衡が左に移動したことがわかります. 実際，$PV=nRT$ に代入して，$V_{Ⅱ}$ を求めると,

$$2.0 \times 10^5 \times V_{Ⅱ} \times 10^{-3} = 1.0 \times 10^{-3}(1+0.38)$$
$$\times 8.3 \times 10^3 \times 330$$

$$V_{Ⅱ} = 18.8\cdots \Rightarrow \boxed{19} \text{ mL}$$

となり，Ⅰ→Ⅱで平衡が移動しなかったとしたときの体積
41/2＝20.5 mL　より小さくなっていますね．

4  Ⅰ→Ⅲ　でもし平衡が移動しなかったらモルと圧力が一定なので，ⅠとⅢで，$V/T = V'/T'$ が成り立ちます．よって，そのときの体積を $V_Ⅲ'$ とすると，

$$\frac{41}{330}_{(Ⅰ)} = \frac{V_Ⅲ'}{300} \Rightarrow V_Ⅲ' = \boxed{37}\ \text{mL}$$

5  実際は 31 mL になったのだから，平衡が 左へ 移動して気体のモル数が減少したことがわかります．ところで，一般に温度を下げると平衡は発熱反応方向に移動するのですから，左方向は発熱反応となり，逆反応の $N_2O_4$ の解離反応は 吸熱 反応です．

なお，Ⅲの状態のデータを $PV = nRT$ に代入すると，
$1.0×10^5×31×10^{-3} = 1.0×10^{-3}(1+\alpha)×8.3×10^3×(273+27)$
$1+\alpha = 1.25 \Rightarrow \alpha = 0.25$
となっていて　確かに，Ⅰ→Ⅲ で $\alpha$ は 0.5 から 0.25 に減少していて，このとき平衡が左に移動したことがわかります．

◀　$N_2O_4 \rightleftharpoons 2NO_2$
この反応が平衡反応であること，右向きの反応がバラへ向かう反応であることより，右向きの反応は 吸熱 反応であると判定することもできます．(☞ p.64)

---

## 《C(固)＋CO₂ ⇌ 2 CO》

24  1.66 L の容器に 0.030 mol の $CO_2$ と 0.020 mol の C(固)を入れて 1000 K に保ったところ

$$C(固) + CO_2(気) \rightleftharpoons 2CO(気)$$

で表される平衡状態になり，圧力は $2.0×10^5$ Pa となった．

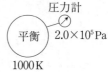
圧力計
平衡　　$2.0×10^5$ Pa
1000 K

(1) このとき，$CO_2$ と CO はそれぞれ何 mol か．また，それらの分圧 $P_{CO_2}$，$P_{CO}$ は何 Pa か．気体定数を $8.3×10^3$ Pa·L/(mol·K)とする．

(2) 上記の平衡の平衡定数 $K_p$ は　$K_p = P_{CO}^2/P_{CO_2}$ (Pa)で表される．$K_p$ の値を求めよ．

(3) 同じ容器，同じ温度で $a$ mol の $CO_2$ と 0.020 mol の C(固)を入れたところ C(固)はすべてなくなった．$a$ は何 mol 以上入れたか．

(4) 同じ容器，同じ温度で，0.030 mol の $CO_2$ と $b$ mol の C(固)を入れた．$b = 0.005，0.010，0.040$ のそれぞれのときの全圧(Pa)を求めよ．

**解説** [1] 全気体が $n$ mol とすると，$PV=nRT$ より

$$2.0\times10^5\times1.66=n\times8.3\times10^3\times1000$$
$$n=0.040 \text{ mol}$$

今，C(固)の $x$ mol $(x\leqq0.02)$ が反応したとすると，各物質の物質量(mol)は，

| | C(固) | + CO$_2$ | $\rightleftarrows$ 2CO | 気体の全量 |
|---|---|---|---|---|
| (初) | 0.020 | 0.030 | 0 | 0.030 |
| (変) | $-x$ | $-x$ | $+2x$ | $+x$ |
| (平) | $0.020-x$ | $0.030-x$ | $2x$ | $0.030+x$ |

と表されます．よって，

$$n=0.040=0.030+x \Rightarrow x=0.010(<0.020 \quad OK)$$
$$n_{CO_2}=0.030-x=\boxed{0.020}\text{ mol}$$
$$n_{CO}=2x=\boxed{0.020}\text{ mol}$$

CO$_2$ と CO は同モルなので，分圧は等しく，全圧の1/2です．
$$P_{CO_2}=P_{CO}=2.0\times10^5/2=\boxed{1.0\times10^5}\text{ Pa}$$

[2] この平衡の平衡定数は $K_p=P_{CO}^2/P_{CO_2}$ で与えられます．平衡時の圧力；$P_{CO_2}=P_{CO}=1.0\times10^5$ を代入すると，

$$K_p=\frac{P_{CO}^2}{P_{CO_2}}=\frac{(1.0\times10^5)^2}{1.0\times10^5}=\boxed{1.0\times10^5}\text{ Pa}$$

[3] この場合，反応はすべて右へ進みました．すなわち，

| | C(固) | + CO$_2$ | $\longrightarrow$ 2CO | |
|---|---|---|---|---|
| (初) | 0.020 | $a$ | 0 | (mol) |
| (変) | $-0.020$ | $-0.020$ | $+0.040$ | (mol) |
| (後) | 0 | $a-0.020$ | 0.040 | (mol) |

このとき，各分圧は

$$P_{CO_2}\times1.66=(a-0.020)\times8.3\times10^3\times1000$$
$$\Rightarrow P_{CO_2}=50(a-0.020)\times10^5$$
$$P_{CO}\times1.66=0.040\times8.3\times10^3\times1000$$
$$\Rightarrow P_{CO}=2.0\times10^5$$

さて，反応がすべて右へ進んでしまったのは，左の量が右の量より多すぎる，すなわち，

$$\widetilde{K_p}=\frac{右}{左}\leqq K_p=1.0\times10^5$$

となっていると考えられます．よって，

$$\widetilde{K_p}=\frac{(2.0\times10^5)^2}{50(a-0.020)\times10^5}\leqq1.0\times10^5 \Rightarrow \boxed{0.10}\leqq a$$

**4** (1) の計算によると，$CO_2$ の 0.030 mol と C(固) の 0.020 mol を入れたとき C(固) は 0.010 mol 反応して平衡状態になりました．つまり，加えた 0.020 mol の C(固) のうち，0.010 mol が反応して，その 0.010 mol は残ったままでした．そして，この残量の多少はこの平衡状態を変えません．したがって，C(固) が $b$ mol 入れられたとき，$b \geqq 0.010$ なら，0.010 mol 反応して平衡になり，全圧は $\boxed{2.0 \times 10^5}$ Pa となります．

一方，$b < 0.010$ のときは，平衡に至る前に，C(固) がすべて反応してなくなってしまいます．そこで，$b = 0.0050$ なら

|  | C(固) | + | $CO_2$ | → | 2 CO | 気体の全量 |
|---|---|---|---|---|---|---|
| ㉔ | 0.005 | | 0.030 | | 0 | 0.030 (mol) |
| ㉕ | $-0.005$ | | $-0.005$ | | $+0.010$ | $+0.005$ (mol) |
| ㉖ | 0 | | 0.025 | | 0.010 | 0.035 (mol) |

となって，気体の全量は 0.035 mol となりますから，全圧は

$$P \times 1.66 = 0.035 \times 8.3 \times 10^3 \times 1000$$
$$\Rightarrow P = 1.75 \times 10^5 \, \text{Pa} \Rightarrow \boxed{1.8 \times 10^5} \, \text{Pa}$$

となります．

なお，この容器，温度では，$n$ モルの気体の圧力は

$$P \times 1.66 = n \times 8.3 \times 10^3 \times 1000$$
$$P = 50n \times 10^5$$

と表すことができます．このことに早く気づけば，圧力の計算がもっとすばやくできますね．

# 2 酸・塩基平衡

酸，塩基(aq) の性質を決めるのは $H^+$，$OH^-$ の多少すなわち $[H^+]$，$[OH^-]$ です．ですから，酸，塩基分野の学習では，計算で $[H^+]$，$[OH^-]$ を求められることが決定的に重要です．ただその際，$H^+$ と $OH^-$ は電離平衡で生じるので平衡定数 $K$ を使った計算となり，しかもすべてに近似法が使われます．そして近似法は弱酸，強酸等によってちがうので，学んでいくうちに，すぐ頭が混乱します．したがって，$[H^+]$，$[OH^-]$ の計算を学ぶとき，まず，どんな場合があるのかを頭

に入れておき，そして，今，その中のどこの解法を扱っているのか常に確認することが大切です．

```
┌─────── [H⁺]，[OH⁻]計算の場合分け ───────┐
│                                                     │
│  (I) 酸(aq)     (I)′ 塩基(aq)    (II) 酸(aq)＋塩基(aq) │
│   (1) 強         (1) 強         (1) 酸過剰        │
│   (2) 弱         (2) 弱         (2) 中和点        │
│   (3) 混合       (3) 混合       (3) 塩基過剰      │
│   (4) 多価       (4) 多価                         │
│                                                     │
└─────────────────────────────────────────┘
```

---

### 《水の電離と酸の電離》

25 $C$ mol/L の酸 HA の水溶液がある．酸の電離が $a$ mol/L 起こり，水の電離が $b$ mol/L 起こった所で平衡状態にある．このとき，全 $H^+$ の濃度 $[H^+]$ は $a+b$ で表されるが，

(1) $a \geqq b \times 10^2$ で $[H^+] \fallingdotseq a$，(2) $b \geqq a \times 10^2$ で $[H^+] \fallingdotseq b$

と近似されるときの $a$ の条件を求めよ．$K_w = 10^{-14}$ $(mol/L)^2$ とする．

---

$$HA \rightleftharpoons \boxed{H^+} + A^-$$

この関係

$$H_2O \rightleftharpoons \boxed{H^+} + OH^-$$

**解説**

$$\begin{array}{ccc} HA & \rightleftharpoons & H^+ + A^- \\ C-a & & a \quad a \end{array}$$

$$\begin{array}{ccc} H_2O & \rightleftharpoons & H^+ + OH^- \\ 56-b & & b \quad b \end{array}$$

$[H^+] = a+b$
$[OH^-] = b$
$K_w = [H^+][OH^-]$
$10^{-14} = (a+b) \times b$ ……①

**(1)** $a \geqq b \times 10^2$，つまり $a$ は $b$ の 100 倍以上であるとき，①式に $a \times 10^{-2} \geqq b$ を代入すると，

$$10^{-14} = (a+b) \times b$$
$$\leqq (a+10^{-2}a) \times 10^{-2}a = 1.01 \times 10^{-2}a^2$$

$$a \geqq \sqrt{\frac{1}{1.01}} \times 10^{-6} \fallingdotseq 10^{-6}$$

以上より，$[H^+]$ を求めるとき

> **酸の出す $H^+$ が $10^{-6}$ mol/L より大きいとき，水の出す $H^+$ を無視してもよい**

ことがわかります．

**(2)** $b \geqq a \times 10^2$，つまり $b$ が $a$ の 100 倍以上であるとき，①式に $b \geqq a \times 10^2$ を代入すると

$$10^{-14} = (a+b) \times b \geqq (a+10^2a) \times 10^2a = 1.01 \times 10^4 a^2$$

$$a \leqq \sqrt{\frac{1}{1.01}} \times 10^{-9} \fallingdotseq 10^{-9}$$

以上より，$[H^+]$ を求めるとき

> 酸の出す $H^+$ が $10^{-9}$ mol/L より小さいとき，酸の出す $H^+$ を無視してよい

ことになります．結局，水の電離のみを考えることになるのですから，$[H^+] = \sqrt{K_w}$ となります．

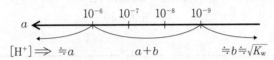

$$a \longleftarrow \quad 10^{-6} \quad 10^{-7} \quad 10^{-8} \quad 10^{-9}$$

$[H^+] \Longrightarrow \quad \fallingdotseq a \qquad a+b \qquad \fallingdotseq b \fallingdotseq \sqrt{K_w}$

---

**《強酸(aq)の$[H^+]$》**

26　以下の濃度(mol/L)の HCl (aq)の$[H^+]$を求めよ．

ただし，$K_w = 1.0 \times 10^{-14}$ $(mol/L)^2$, $\sqrt{5} = 2.24$ とする．

(1)　$1.0 \times 10^{-1}$　　　(2)　$1.0 \times 10^{-4}$　　　(3)　$1.0 \times 10^{-7}$

(4)　$1.0 \times 10^{-10}$

---

**解説**　HCl は**強酸**ですから，**完全電離**すると考えてよいでしょう．したがって，HCl が放出する $H^+$ の濃度は

(1)　$10^{-1}$　　(2)　$10^{-4}$　　(3)　$10^{-7}$　　(4)　$10^{-10}$

です．前問の結果より，①と②はこの値が $10^{-6}$ より大であるので，水の電離を無視できます．すなわち，

$$[H^+] \overset{(1)}{=} \boxed{1.0 \times 10^{-1}} \qquad [H^+] \overset{(2)}{=} \boxed{1.0 \times 10^{-4}}$$

一方，④はこの値が $10^{-9}$ より小さいので逆に酸の出す $H^+$ の濃度は無視して，水の電離のみを考えればよいので

$$[H^+] = \sqrt{K_w} \overset{(4)}{=} \boxed{1.0 \times 10^{-7}}$$

となります．さて，③は HCl の出す $H^+$ が $10^{-7}$ mol/L で $10^{-6}$ > $10^{-7}$ > $10^{-9}$ であるので，両方の電離を考えて計算します．今，水の電離が $b$ mol/L 起こったとするなら

$$[H^+] = 10^{-7} + b, \quad [OH^-] = b$$

であり，ここで

$$K_w = [H^+][OH^-] = 10^{-14}$$

(I)　酸(aq)

本問→　**(1)　強**
　　　　(2)　弱
　　　　(3)　混合
　　　　(4)　多価

(1)　(2)　(3)　(4)
$10^{-1}$　$10^{-4}$　$10^{-7}$　$10^{-10}$

$a$

酸のみ電離考える　両方考える　水のみ電離考える

HCl $\longrightarrow$ $H^+$ + $Cl^-$
$10^{-7}$ - $10^{-7}$　　$10^{-7}$　　$10^{-7}$

$H_2O$ $\rightleftharpoons$ $H^+$ + $OH^-$
$56 - b$　　$b$　　$b$

が成り立ちますから,

$$(10^{-7}+b)\times b=10^{-14}$$

$$b^2+10^{-7}b-10^{-14}=0$$

$$b=\frac{-10^{-7}+\sqrt{5}\times10^{-7}}{2}≒0.62\times10^{-7}$$

以上より, $[H^+]≒10^{-7}+0.62\times10^{-7}\Rightarrow^{(3)}\boxed{1.6\times10^{-7}}$

---

### ┌─ 《弱酸(aq)の[H⁺]》 ─────

27 以下の濃度の酸 HA(aq)の[H⁺]を求めよ.

ただし, $K_a=1.0\times10^{-5}$(mol/L), $K_w=1.0\times10^{-14}$(mol/L)², $\sqrt{41}=6.4$ とする.

(1) $1.0\times10^{-1}$  (2) $1.0\times10^{-4}$  (3) $1.0\times10^{-7}$

(4) $1.0\times10^{-10}$

---

(I) 酸(aq)
　　(1) 強
本問→ **(2) 弱**
　　(3) 混合
　　(4) 多価

**解説** $K_a$ の値から見て, 酸 HA は弱酸で電離度が不明なので, 酸がいくら H⁺ を放出しているのか濃度からは判断できません. 酸の出した H⁺($a$ mol/L)と水の出した H⁺($b$ mol/L)の量的な関係がはっきりしませんから, 前問(26)の強酸の溶液で行った簡単な扱いは本問ではできません. ただ, 4 の場合だけは, HA が完全に電離したとしてもそれが放出する[H⁺]は $10^{-10}$ にすぎず($\Leftrightarrow a<10^{-9}$), この量は水の電離量に比べて無視できますから,

$$[H^+]≒\sqrt{K_w}\overset{(4)}{=}\boxed{1.0\times10^{-7}}$$

と求まります.

では (1)~(3) はどのようにして[H⁺]を求めるのでしょうか. $C$ mol/L の HA(aq)について, その電離が $a$ mol/L 起こり, そのとき, 水の電離が $b$ mol/L 起こって平衡状態にあるとしましょう.

$$\begin{array}{ccc} HA & \rightleftharpoons & H^+ + A^- \\ C-a & & a \quad\; a \end{array} \qquad K_a=\frac{[H^+][A^-]}{[HA]} \quad \cdots\cdots①$$

$$\begin{array}{ccc} H_2O & \rightleftharpoons & H^+ + OH^- \\ 56-b & & b \quad\; b \end{array} \qquad K_w=[H^+][OH^-] \quad \cdots\cdots②$$

ここで,

$$[H^+]=a+b, \quad [OH^-]=b, \quad [HA]=C-a, \quad [A^-]=a$$

となりますから, これらを①, ②式に代入します.

$$K_a=\frac{(a+b)\times a}{C-a} \qquad\qquad \cdots\cdots①'$$

$$K_w=(a+b)b \qquad\qquad \cdots\cdots②'$$

②′より $a=K_w/b-b$ となり，これを①′へ代入すると，

$$K_a = \frac{\dfrac{K_w}{b} \times \left(\dfrac{K_w}{b}-b\right)}{C-\dfrac{K_w}{b}+b}$$

この式を $b$ について整理すると，

$$K_a b^3 + (K_a C + K_w)b^2 - K_a K_w b - K_w^2 = 0 \quad \cdots\cdots③$$

という $b$ についての三次方程式が得られます．一般には，これを解いて，まず $b$ を求め，それを②′に代入して $a$ を求め，そして，最後に $[H^+]=a+b$ を求めることになります．
…これは大変ですね．

ここで，$a>10^{-6}$ だったら，$[H^+]=a+b \fallingdotseq a$ と近似できたことを思い出して下さい．もちろん，$a$ の値は今不明なので，この判断は使えません．そこで，

$$a>10^{-6}$$

であるときの近似解を求めると考えてはどうでしょうか．すなわち，**$a>10^{-6}$ なら $[H^+]=a+b \fallingdotseq a$ となりますから，これで計算し，その近似解をまず求めるのです．そして，その近似解が $a>10^{-6}$ を満足していたら OK．そうでなければ，その近似解は捨てて別の方法をさがす**，とするのです．では，その方法で進んでみます．$a+b \fallingdotseq a$ としたことより，①′は

$$K_a = \frac{(a+b)a}{C-a} \fallingdotseq \frac{a^2}{C-a} \quad \cdots\cdots①''$$

のようになります．これより

$$a^2 + K_a a - C K_a = 0$$

となり，$a>10^{-6}$ と仮定したときの近似解が

$$a = \frac{-K_a + \sqrt{K_a^2 + 4CK_a}}{2} \quad \cdots\cdots④$$

と求まります．この近似式は，もちろん(3) $C=10^{-7}$ mol/L のとき，$a>10^{-6}$ はありえないので使えません．そこで，(1)，(2)についてのみ代入して具体的に求めてみましょう．

(1) $a = \dfrac{-10^{-5} + \sqrt{(10^{-5})^2 + 4\times10^{-1}\times10^{-5}}}{2}$

$\fallingdotseq \dfrac{-10^{-5} + 2\times10^{-3}}{2} = 0.995\times10^{-3}$

$\fallingdotseq 1.0\times10^{-3}$

(2) $a = \dfrac{-10^{-5} + \sqrt{(10^{-5})^2 + 4\times10^{-4}\times10^{-5}}}{2}$

$= \dfrac{-10^{-5} + \sqrt{41}\times10^{-5}}{2}$

$\sqrt{41} \fallingdotseq 6.4$

$$\fallingdotseq 2.7 \times 10^{-5}$$

いずれも, $a > 10^{-6}$ ですから, これで OK ということになります. すなわち, (1), (2)の$[H^+]$は

$$[H^+] = ^{(1)}\boxed{1.0 \times 10^{-3}} \qquad [H^+] = ^{(2)}\boxed{2.7 \times 10^{-5}}$$

さて, 上の計算結果より それぞれの電離度 $\alpha$ は,

(1) $\alpha = 10^{-3}/10^{-1} = 0.01$

(2) $\alpha = 2.7 \times 10^{-5}/10^{-4} = 0.27$

と求まります. 電離度は, (1)ではたった1%ですが, 1000倍薄めた(2)では27%にも達しています. このことより, まず

### 弱酸でも, 薄めると電離度が大きくなる

ことがわかりますね. 一方, (1)の場合, 電離度は1%であったということは $C \gg a$ であったので, ①″式の分母の $C - a$ を $\fallingdotseq C$ と近似できたことを意味します. そこで,

$$a \ll C \quad で \quad C - a \fallingdotseq C$$

と仮定して, ①″のさらに $a \ll C$ のときの近似解を求めてみると,

$$K_a \fallingdotseq \frac{a^2}{C - a} \fallingdotseq \frac{a^2}{C} \Rightarrow a = \sqrt{CK_a} \qquad \cdots\cdots ⑤$$

となります. この近似式に (1) $C = 10^{-1}$, (2) $C = 10^{-4}$ を代入すると

(1) $\sqrt{10^{-1} \times 10^{-5}} = 1.0 \times 10^{-3}$

(2) $\sqrt{10^{-4} \times 10^{-5}} = 3.2 \times 10^{-5}$

となり, (1)では確かに, ④式で求めた値と一致します. 一方, やはり(2)では, ④式で求めた値 $2.7 \times 10^{-5}$ とかなり違っているので, この場合, ⑤の近似式を使うのはちょっとヤバイですね. では, ⑤式を使っていいのはどんな場合でしょうか. 結局, 私たちが どの程度の計算誤差を許すのかということでしょう. 酸の電離量と水の電離量の関係では100倍以上, つまり1%未満のちがいのときは他方を無視するとしていました. (☞ 問題㉕) ただ, 多くの平衡定数の値はほぼ有効数字は2桁程度です. この点から考えると, 非常にアバウトですが, 計算誤差は1%よりもう少し甘く, 数%(2〜3%)程度と考えてよいでしょう. 仮に, これを2.5%以内としますと, ⑤式で求まった $a$ の値が $C$ の5%以内なら, これをクリアーできます(p.86 問題㉑(4)参照). すなわち,

---

電離度 $\alpha = \dfrac{電離量}{全体量} = \dfrac{a}{C}$ ►

HA $\rightleftharpoons$ H$^+$+A$^-$ において ►

薄める
$\Updownarrow$
[全体]↓
$\Downarrow$
[全体]↑へ平衡移動
=
右へ

のように平衡移動の原理より判断することもできます.

仮に, $[H^+]$の近似値が真の値の1.025倍であるとすると, すなわち,

$[H^+]_{近似} = [H^+]_{真} \times 1.025$
とすると,

$pH = -\log_{10}[H^+]$
より,

$pH_{近似} = pH_{真} - 0.010$
pHの近似値は, 真の値より, 0.01小さいことになります.

$$\frac{a}{C}<0.05 \ \text{なら} \ \text{④式と⑤式の誤差5%以内}$$

となります. たいていの扱いでは, $a/C<0.05$ ならば ⑤ 式で OK としています.

**[3]** この場合, $a<10^{-7}$ ですから, 水の電離を無視することはできません. また, $a$ の値も不明ですから, 結局, 例の $b$ についての三次方程式 ③ 式を解くしかなさそうです. でも, これはやっぱりしんどいですね. ここで, まともに ③ 式にぶつかるのでなく, ちょっと別の方法をひねり出してみましょう.

まず, HA がいくら電離したか不明ですが, 完全電離したとしても $10^{-7}$ mol/L です. 一方, 水の電離も最高で $10^{-7}$ mol/L です. したがって, この水溶液の $[H^+]$ は

$$2\times10^{-7}>[H^+]>10^{-7} \qquad \cdots\cdots ⑥$$

であることは間違いありません. 今,

$$10^{-5}=\frac{[A^-][H^+]}{[HA]}$$

が成り立っていますから, ⑥ 式と上式より

$$100>\frac{[A^-]}{[HA]}>50$$

となります. $100=[A^-]/[HA]$ のとき, HA 1個に対し $A^-$ は100個であるということですから, 電離度 $\alpha$ は

$$\alpha=\frac{100}{101}=0.99$$

また, $50=[A^-]/[HA]$ のときは, 同様にして

$$\alpha=\frac{50}{51}=0.98$$

です. すなわち, HA の電離度は, このとき

$$0.99>\alpha>0.98$$

なのです. なんと, 弱酸といえどもここまで薄めると, ほぼ100%電離していたのです！ すなわち

$$a≒10^{-7}$$

としてよいのです. したがって, この溶液の $[H^+]$ は, $10^{-7}$ mol/L HCl(aq) と同様な計算(右に示す)で

$$[H^+]=\boxed{1.6\times10^{-7}}$$

とすることができます.

---

◀(1)では
$$\frac{a}{C}=\frac{10^{-3}}{10^{-1}}=10^{-2}<0.05$$
$$\Rightarrow \text{OK}$$

(2)では
$$\frac{a}{C}=3.2\times\frac{10^{-5}}{10^{-4}}$$
$$=0.32>0.05$$
$$\Rightarrow \cancel{\text{OK}}$$

◀酸の水溶液ですから, 必ず
$$[H^+]>10^{-7}$$
は成り立っています.

$$K_w=(10^{-7}+b)\times b$$
$$=10^{-14} \ \text{より}$$
$$b=0.62\times10^{-7}$$
$$[H^+]=10^{-7}+0.62\times10^{-7}$$
$$\Rightarrow \boxed{1.6\times10^{-7}}$$

---

┌─── 《混合酸(aq)の[H⁺]》 ───
│
│ 28 HA₁とHA₁₁の混合液(いずれも 0.10 mol/L)の[H⁺]を以下の場合に
│ ついて求めよ. $\sqrt{3} = 1.7$
│
│ | | (1) | (2) | (3) |
│ |---|---|---|---|
│ | HA₁ | 完全電離 | 完全電離 | $K_{\text{I}} = 1.0 \times 10^{-5}$ |
│ | HA₁₁ | 完全電離 | $K = 1.0 \times 10^{-5}$ | $K_{\text{II}} = 2.0 \times 10^{-5}$ |
│
└─────────────────────────────────────

(I) 酸(aq)
  (1) 強
  (2) 弱
本問→ **(3) 混合**
  (4) 多価

**解説** HA₁が $a$ mol/L, HA₁₁が $b$ mol/L, 水が $c$ mol/L
電離して平衡状態にあるとすると,

$$
\begin{array}{ccccc}
\text{HA}_{\text{I}} & \rightleftarrows & \text{H}^+ & + & \text{A}_{\text{I}}^- \\
0.1-a & & a & & a
\end{array}
\qquad [\text{H}^+] = a+b+c
$$

$$[\text{HA}_{\text{I}}] = 0.1-a$$

$$
\begin{array}{ccccc}
\text{HA}_{\text{II}} & \rightleftarrows & \text{H}^+ & + & \text{A}_{\text{II}}^- \\
0.1-b & & b & & b
\end{array}
\qquad [\text{HA}_{\text{II}}] = 0.1-b
$$

$$[\text{A}_{\text{I}}^-] = a$$

$$
\begin{array}{ccccc}
\text{H}_2\text{O} & \rightleftarrows & \text{H}^+ & + & \text{OH}^- \\
56-c & & c & & c
\end{array}
\qquad [\text{A}_{\text{II}}^-] = b
$$

$$[\text{OH}^-] = c$$

のように各物質の濃度が与えられます. この場合も, 状況を
よく見て近似的に解く方法を考えてみましょう.

HCl+HNO₃ のような例で▶
す.

**(1)** いずれも完全に電離するので, $a = 0.1$, $b = 0.1$ です.
よって, これらが出すH⁺の合計は 0.2 となりますから, 水
の電離による寄与は無視できます. よって,

$$[\text{H}^+] = \boxed{0.20}$$

HCl+CH₃COOH のような▶
例です.

**(2)** HA₁は完全電離しますから, $a = 0.1$ です. これより,
まず水の電離による量は無視できます. 次に, HA₁₁の電離
の量は $K = \sim$ の式を使って求める必要があります. しかし,

$$K = \frac{[\text{A}_{\text{II}}^-][\text{H}^+]}{[\text{HA}_{\text{II}}]} = 10^{-5}$$

で, $[\text{H}^+] > 0.1$ ですから

$$\frac{[\text{A}_{\text{II}}^-]}{[\text{HA}_{\text{II}}]} < 10^{-4}$$

です. すなわち, HA₁₁が 10000 個に対し A₁₁⁻ は 1 個以下で
すから, HA₁₁の電離度は $10^{-4}$ 以下で, $b < 0.1 \times 10^{-4} = 10^{-5}$
です. よって, これも $a$ に比べて無視でき,

$$[\text{H}^+] \fallingdotseq a = \boxed{0.10} \text{ mol/L}$$

このように, 強酸と弱酸の混合溶液では, 強酸の出す大量
のH⁺が弱酸の電離を押さえるため, たいてい <mark>弱酸の出す</mark>

H⁺の量を無視することができます。

[3] 今度は，どちらの電離量も，さしあたっては不明です．ただし，$HA_I$ のみで $0.1-a \fallingdotseq 0.1$ と近似したとき

$$a = \sqrt{0.1 \times 10^{-5}} = 10^{-3}$$

一方，$HA_{II}$ のみで $0.1-b \fallingdotseq 0.1$ と近似したとき

$$b = \sqrt{0.1 \times 2 \times 10^{-5}} = \sqrt{2} \times 10^{-3}$$

となるのですから，[H⁺]が $10^{-3}$ 程度になることは間違いありません．よって，水の電離量 $c$ はこの場合も無視できます．したがって，

$$K_I = \frac{[H^+][A_I^-]}{[HA_I]} = \frac{(a+b) \times a}{0.1-a} \qquad \cdots\cdots①$$

$$K_{II} = \frac{[H^+][A_{II}^-]}{[HA_{II}]} = \frac{(a+b) \times b}{0.1-b} \qquad \cdots\cdots②$$

ここで，ひとまず，$0.1-a \fallingdotseq 0.1$，$0.1-b \fallingdotseq 0.1$ と近似し，①＋②を計算してみましょう．

$$K_I + K_{II} = \frac{(a+b)^2}{0.1}$$

ここで，[H⁺]＝$a+b$ ですから，

$$[H^+] = a+b = \sqrt{0.1(K_I+K_{II})}$$
$$= \sqrt{0.1 \times (10^{-5}+2\times10^{-5})} = \sqrt{3} \times 10^{-3}$$

となります．この値は 0.1 より十分に小さいので，以上の近似解は有効としてよいでしょう．

$$[H^+] = \sqrt{3} \times 10^{-3} \Rightarrow \boxed{1.7 \times 10^{-3}}$$

◀ $C_I$ mol/L の $HA_I$ と $C_{II}$ mol/L の $HA_{II}$ の弱酸の混合溶液で，
$C_I - a \fallingdotseq C_I$，$C_{II} - b \fallingdotseq C_{II}$
と近似できるときは，一般に，近似解は
$$[H^+] = \sqrt{C_I K_I + C_{II} K_{II}}$$
と与えられます．

┌------ 《2価の酸(aq)の[H⁺]》 -----------------------
| 29 $0.10$ mol/L の $H_2A$(aq)の[H⁺]を以下の $K_1$，$K_2$ の値(mol/L)で求めよ．
| (1) 第1は完全電離，$K_2 = 1.0 \times 10^{-2}$ (2) $K_1 = 10^{-2}$，$K_2 = 10^{-5}$
| (3) $K_1 = 10^{-5}$，$K_2 = 10^{-8}$ ($\sqrt{161} = 12.7$，$\sqrt{41} = 6.4$ とする)
└------------------------------------------------------

**解説** 第1電離が $a$ mol/L，第2電離が $b$ mol/L，水の電離が $c$ mol/L 起こって平衡状態にあるとすると

$$H_2A \rightleftharpoons H^+ + HA^-$$
$$0.1-a \qquad a \qquad a$$

$$HA^- \rightleftharpoons H^+ + A^{2-}$$
$$a-b \qquad b \qquad b$$

$$H_2O \rightleftharpoons H^+ + OH^-$$
$$56-c \qquad c \qquad c$$

$[H^+] = a+b+c$

$[H_2A] = 0.1-a$

$[HA^-] = a-b$

$[A^{2-}] = b$

$[OH^-] = c$

(I) 酸(aq)
(1) 強
(2) 弱
(3) 混合
本問→ (4) **多価**

のように各物質の濃度が与えられます．これと，平衡定数

$K_1 = \sim,\ K_2 = \sim,\ K_w = \sim$ とで連立して解くというのが一般的な方法ですが，まともにそれを実行したら大変です．ここでも，今まで使った近似法などを使って[H$^+$]を求めていくことにしましょう．

**1** 第1の電離は完全電離です．この第1電離により，H$^+$が 0.1 mol/L（$>10^{-6}$）出てきますから，まず水の電離による寄与は無視できます．よって，

$$K_2 = \frac{[\text{H}^+][\text{A}^{2-}]}{[\text{HA}^-]} = \frac{(0.1+b) \times b}{0.1 - b} = 10^{-2}$$

$$b^2 + 0.11b - 10^{-3} = 0$$

$$\Rightarrow b = \frac{-0.11 + \sqrt{161} \times 10^{-2}}{2} \fallingdotseq 0.0085$$

$$\therefore\ [\text{H}^+] = 0.1 + b = 0.1085 \Rightarrow \boxed{0.11}$$

**2** 第1電離で H$^+$ がいくら出ているか不明ですが，仮に第1電離のみが起こり，また $0.1 \gg a$ で $0.1 - a \fallingdotseq 0.1$ であったとすると，

$$a = \sqrt{0.1 \times K_1} = \sqrt{10} \times 10^{-2}$$

となります．もちろん，この値は正確ではありませんが，桁は正しいでしょう．つまり，$a > 10^{-2}$ はほぼ間違いないです．

以上より，まず水の電離による H$^+$ が無視できます．では，第2電離はどうでしょうか．

$$K_2 = \frac{[\text{A}^{2-}][\text{H}^+]}{[\text{HA}^-]} = 10^{-5}$$

において，[H$^+$]$>10^{-2}$ ですから

$$\frac{[\text{A}^{2-}]}{[\text{HA}^-]} < 10^{-3}$$

となります．すなわち，HA$^-$ が 1000 個に対し A$^{2-}$ は 1 個以下ということになります．これより，第2電離の電離度は 0.1％ 以下であることを意味します．そこで，第2電離による H$^+$ もまた，計算にあたっては無視できそうです．

以上より，第1電離のみを考えて計算します．

$$\begin{array}{ccc} \text{H}_2\text{A} & \rightleftharpoons & \text{H}^+ + \text{HA}^- \\ 0.1-a & & a \qquad a \end{array}$$

$$K_1 = \frac{[\text{H}^+][\text{HA}^-]}{[\text{H}_2\text{A}]} = \frac{a^2}{0.1-a} = 10^{-2}$$

---

$\sqrt{161} \fallingdotseq 12.7$

▶ 第2電離の電離度は
$$\frac{0.0085}{0.1} = 0.085$$
で，8.5％になっています．$K_2 = 10^{-2}$ の電離定数を持つのは H$_2$SO$_4$ です．通常は H$_2$SO$_4$ の第2電離も完全電離とすることが多いですが，その第2電離は，本当は 0.1 mol/L のとき 8.5％しか起こっていないのは，ちょっとした驚きですね．ただ薄めると，たとえば 0.01 mol/L なら第2電離の電離度は増えて 41％になります．

$$a^2 + 10^{-2}a - 10^{-3} = 0$$

$$a = \frac{-10^{-2} + \sqrt{41} \times 10^{-2}}{2} = \boxed{2.7 \times 10^{-2}}$$

となります.

**[3]** (2)と同様に, 第1電離のみが起こり, また, $0.1 - a \fallingdotseq$ 0.1 であったとすると,

$$a = \sqrt{0.1 \times K_1} = \sqrt{0.1 \times 10^{-5}} = 10^{-3}$$

となります. この場合も $a > 10^{-6}$ となるので, 水の電離による寄与がまず無視できます. では, 第2電離はどうでしょうか.

$$K_2 = \frac{[\text{H}^+][\text{A}^{2-}]}{[\text{HA}^-]} = 10^{-8}$$

ここで, $[\text{H}^+] > 10^{-3}$ ですから

$$\frac{[\text{A}^{2-}]}{[\text{HA}^-]} < 10^{-5}$$

つまり, $\text{HA}^-$ が100000個に対して, $\text{A}^{2-}$ は1個以下ですから, 第2電離度は $10^{-5}$ 以下です. よって, この場合も第2電離による寄与を無視することができます. そこで, 第1電離のみを考えて計算すればよいのですが, $0.1 - a \fallingdotseq 0.1$ と仮定して出た近似値

$$a = \sqrt{0.1 \times K_1} = 10^{-3}$$

は, $a/C = 10^{-2} < 0.05$ なので, 十分に有効です. よって,

$$[\text{H}^+] = \boxed{1.0 \times 10^{-3}}$$

　以上の例に見られるように,

弱酸であって, かつ $K_1 \gg K_2$ であったとき, 結局は, $[\text{H}^+]$ を求めるにあたって, 第1電離のみを考えればよいのです.

---

**《塩基(aq)の$[\text{OH}^-]$と酸(aq)の$[\text{H}^+]$》**

**30**　$C$ mol/L の酸 HA(aq) の $[\text{H}^+]$ を求める計算法と同濃度の塩基 BOH (aq)の$[\text{OH}^-]$を求める計算法は, 結局同じとなることを示せ.

**解 説**　$C$ mol/L の HA のうち $a$ mol/L が電離し, また水が $b$ mol/L 電離して平衡になったとすると, 以下の関係式が得られます.

$$\text{HA} \rightleftharpoons \text{H}^+ + \text{A}^-$$
$$C-a \quad\quad a \quad\quad a$$

$$[\text{H}^+] = a + b$$
$$[\text{HA}] = C - a$$

**右側注釈（上段）:**

◀電離度は $\dfrac{2.7 \times 10^{-2}}{10^{-1}} =$ 0.27 です.

　$0.1 - a \fallingdotseq 0.1$ として計算した場合

$$\frac{a}{C} = \frac{\sqrt{10} \times 10^{-2}}{0.1}$$
$$= 0.32 > 0.05$$

となりますから, 正確な値を求めるときは, $\sqrt{CK_a}$ よりの近似値は使えません.

**右側注釈（下段）:**

|  (I) | (I)′ |
|---|---|
| 酸(aq) | 塩基(aq) |
| の$[\text{H}^+]$ | の$[\text{OH}^-]$ |

この関係

$$H_2O \rightleftharpoons H^+ + OH^- \qquad [A^-] = a$$
$$56-b \qquad b \qquad b \qquad [OH^-] = b$$

これらを $K_a = \sim$, $K_w = \sim$ の式に代入すると,

$$K_a = \frac{[H^+][A^-]}{[HA]} = \frac{(a+b) \times a}{C-a} \qquad \cdots\cdots①$$

$$K_w = [H^+][OH^-] = (a+b) \times b \qquad \cdots\cdots②$$

一方, $C$ mol/L の BOH のうち $a$ mol/L が電離し, また水が $b$ mol/L 電離して平衡になったとすると, 以下の関係式が得られます.

$$BOH \rightleftharpoons B^+ + OH^- \qquad [OH^-] = a+b$$
$$C-a \qquad a \qquad a \qquad [BOH] = C-a$$

$$H_2O \rightleftharpoons H^+ + OH^- \qquad [B^+] = a$$
$$56-b \qquad b \qquad b \qquad [H^+] = b$$

これらを $K_b = \sim$, $K_w = \sim$ の式に代入すると,

$$K_b = \frac{[B^+][OH^-]}{[BOH]} = \frac{a \times (a+b)}{C-a} \qquad \cdots\cdots③$$

$$K_w = [H^+][OH^-] = b \times (a+b) \qquad \cdots\cdots④$$

ここで, よく見ると ① 式と ③ 式, ② 式と ④ 式は結局同じ式です. ですから, ①, ② を連立して解いた解と ③, ④ を連立して解いた解は同じ値となります. ただし, 酸の溶液では $a+b$ は $[H^+]$ ですが, 塩基の溶液では $[OH^-]$ を示している点だけが違います. そこで, **たとえば弱塩基 NH₃ の水溶液の $[OH^-]$ を求めるとき, 弱酸 CH₃COOH の水溶液の $[H^+]$ を与える式が使える**ことになります.

---

**《塩基 (aq) の $[OH^-]$ と $[H^+]$》**

31 次の水溶液の $[OH^-]$ と $[H^+]$ を求めよ.

ただし, $K_w = 1.0 \times 10^{-14}(mol/L)^2$, $\sqrt{2} = 1.4$, $\sqrt{5} = 2.24$ とする.

(1) $1.0 \times 10^{-3}$ mol/L NaOH(aq) 　　(2) $1.0 \times 10^{-7}$ mol/L NaOH(aq)

(3) $0.10$ mol/L NH₃(aq) ($K_b = 2.0 \times 10^{-5}(mol/L)$)

---

(I) 塩基(aq)
本問 { (1) 強
(2) 弱
(3) 混合
(4) 多価

**解 説** 30 で確認したように, 塩基 (aq) の $[OH^-]$ を求めるとき, 酸 (aq) の $[H^+]$ の計算式がそのまま使えます. ここでは, 平衡式を一から書くのでなく, $[H^+]$ の計算式の"流用"方式で答えを導いてみましょう.

1 NaOH は強塩基であり完全に電離しています. $10^{-3}$ mol/L NaOH の放出する $OH^-$ は $10^{-3}$ mol/L であり $10^{-6}$ よ

り大きいです．よって，$[OH^-]$ を求めるにあたっては，水の電離による寄与を無視することができます．これより，

$$[OH^-] = \boxed{1.0 \times 10^{-3}}$$

ところで，この溶液にも $H^+$ はわずかに存在します．それは水の電離によるものです．そして，

$$K_w = [H^+][OH^-] = 1.0 \times 10^{-14}$$

ですから，

$$[H^+] = \boxed{1.0 \times 10^{-11}}$$

と求められます．

**[2]** この場合　NaOH の放出する $OH^-$ は $10^{-7}$ mol/L でこれは $10^{-6}$ より小さく $10^{-9}$ より大きいです．よって，水の出す $OH^-$ も求める必要があります．それを $b$ mol/L とすると

$$K_w = [H^+][OH^-] = b \times (10^{-7} + b) = 10^{-14}$$
$$b^2 + 10^{-7}b - 10^{-14} = 0$$
$$b = \frac{-10^{-7} + \sqrt{5} \times 10^{-7}}{2} = 0.62 \times 10^{-7}$$

よって

$$[OH^-] = 10^{-7} + 0.62 \times 10^{-7} = \boxed{1.6 \times 10^{-7}}$$
$$[H^+] = \frac{1}{1.62} \times 10^{-7} = 0.617\cdots \times 10^{-7}$$
$$\Rightarrow \boxed{6.2 \times 10^{-8}}$$

**[3]** これは弱塩基の溶液ですから，弱酸の溶液と同じ扱いができます．まず，電離量は小さいとして，$0.10 - a \fallingdotseq 0.10$ と近似し，

$$a = \sqrt{0.1 \times K_b} = \sqrt{0.1 \times 2.0 \times 10^{-5}} = \sqrt{2} \times 10^{-3}$$

この値は，$10^{-6}$ より大きいので水の電離を無視したことはOKであり，またこの電離度 $a/C = \sqrt{2} \times 10^{-2}$ は 0.05 より小さいのでOKです．よって，この近似値は有効であり，

$$[OH^-] = \sqrt{2} \times 10^{-3} = \boxed{1.4 \times 10^{-3}}$$
$$[H^+] = \frac{\sqrt{2}}{2} \times 10^{-11} = \boxed{7.0 \times 10^{-12}}$$

◀ 酸の出す $H^+$ が $10^{-6}$ 以上のとき，水の出す $H^+$ は無視してよい
⇕
塩基の出す $OH^-$ が $10^{-6}$ 以上のとき，水の出す $OH^-$ は無視してよい．

◀ 厳密にすると，水の電離を $b$ mol/L としたとき，
$K_w = [H^+][OH^-] = 10^{-14}$
$\quad = b \times (10^{-3} + b)$
ここで，$10^{-3} + b \fallingdotseq 10^{-3}$ として
$\quad b = 10^{-11}(\ll 10^{-3}$ OK$)$
という近似計算となります．

◀ $NH_3 + H_2O \rightleftarrows NH_4^+ + OH^-$
　$C - a \qquad\quad a \qquad a$
で水の電離を無視し，また $C - a \fallingdotseq C$ と近似すると
$$K_b = \frac{a^2}{C-a} \fallingdotseq \frac{a^2}{C}$$
$$a = \sqrt{CK_b}$$
となりますね．

---

## 《酸(aq)＋塩基(aq)での濃度変化》

**[32]** $C_a^\circ$ mol/L の酸 HA(aq) $V_a$ mL と $C_b^\circ$ mol/L の塩基 BOH(aq) $V_b$ mL がある．

(1) 両液を混合したとき，体積が $V_a + V_b$ mL となり，また中和反応が起こらなかったとするならば，HA の濃度 $C_a$，BOH の濃度 $C_b$ はいく

らとなるか.

(2) 中和反応 $(HA + BOH \longrightarrow BA + H_2O)$ が起こり, 体積は $V_a + V_b$ mL のままであったとするなら, 生じた塩 BA の濃度, 残っている酸または塩基の濃度はいくらとなるか. $C_a$, $C_b$ を使って場合分けして, $C_a$, $C_b$ で表せ.

**(Ⅱ) A(aq)＋B(aq)**
$\begin{cases} (1) & 酸過剰 \\ (2) & 中和点 \\ (3) & 塩基過剰 \end{cases}$
本問→ **(1)～(3)の判定**

**解 説** 酸 (aq) と塩基 (aq) を混合すると中和反応が起こります. で, そのとき $[H^+]$ はどうなるのでしょうか. これを求めるのは, ちょっとやっかいですね. なにしろ, 混ぜたんですから, 酸, 塩基それぞれは薄まったことでまず濃度変化があり, さらに, 中和反応で酸, 塩基のどちらかは消え去り, 生き残ったほうも減少し, そして, 電離平衡が複雑にからんで最終的に $[H^+]$ が決まるからです. ただ, 一つだけ救いはあります. 最終は電離平衡状態にあるので, 最終段階は平衡定数を使った計算になります. そして, 平衡定数の計算では, どんな初期状態から出発しても必ず平衡値を求めることができました. ですから, 2つの液を混合したとき, 実際は, 薄まる, 中和する, 電離するというプロセスが同時に複雑にからみ合って進んでいくのですが, 計算にあたっては,

$$\boxed{薄まる} \rightarrow \boxed{中和する} \rightarrow \boxed{電離して平衡に}$$

の三段階に分けてもいいのです. 本問では, この2段階までの計算を要求しています.

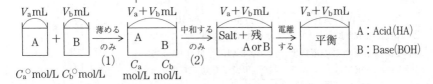

$C_a^{\circ}$mol/L $C_b^{\circ}$mol/L    $C_a$ $C_b$ mol/L mol/L    A : Acid (HA)    B : Base (BOH)

これは体積が $\dfrac{V_a + V_b}{V_a}$ 倍になって, モル濃度は逆に $\dfrac{V_a}{V_a + V_b}$ 倍になったと考えて求めることもできます.

▶ **(1)** 薄めても 中和が起こらなかったら, HA, BOH の量は変化しません. よって,

A の m mol $\Rightarrow C_a^{\circ} \times V_a = C_a \times (V_a + V_b)$

$$\Rightarrow \boxed{C_a = C_a^{\circ} \times \dfrac{V_a}{V_a + V_b}}$$

B の m mol $\Rightarrow C_b^{\circ} \times V_b = C_b \times (V_a + V_b)$

$$\Rightarrow \boxed{C_b = C_b^{\circ} \times \dfrac{V_b}{V_a + V_b}}$$

(2) たとえば，薄まったときの濃度 $C_a = 3$ mol/L，$C_b = 1$ mol/L であったとしましょう．このとき，1 L 中に酸(HA)が 3 mol と塩基(BOH)が 1 mol 含まれていて，また HA と BOH は 1:1 のモル比で反応するのですから，1 L あたり酸が 3−1=2 mol 残り，塩が 1 mol 生じることは明らかです．このように，混合前の濃度 $C_a^{\circ}$，$C_b^{\circ}$ でなく混合後の濃度 $C_a$，$C_b$ を使えば酸塩基の過不足関係，そして，中和後の各物質の濃度をすぐに求めることができます．たとえば，$C_a > C_b$ のときは

$$HA \ + \ BOH \ \longrightarrow \ BA \ + \ H_2O$$

| ㊀ | $C_a$ | $C_b$ | 0 |
| ㊁ | $-C_b$ | $-C_b$ | $+C_b$ |
| ㊂ | $C_a - C_b$ | 0 | $C_b$ |

すなわち，生じた塩が $C_b$ mol/L，残っている酸は $C_a - C_b$ mol/L となります．$C_a = C_b$ のときは中和点で，酸，塩基は全く残っていません．一方，$C_a < C_b$ のときは 塩は $C_a$ mol/L で残っている塩基は $C_b - C_a$ mol/L です．まとめると，

| | 塩 | 残 |
|---|---|---|
| $C_a > C_b$ | $C_b$ | $C_a - C_b$……A |
| $C_a = C_b$ | $C_a = C_b$ | なし |
| $C_a < C_b$ | $C_a$ | $C_b - C_a$……B |

となります．

さて，こうして，まず薄め合い，次に，中和反応した後の液に存在する塩と未反応の酸または塩基が電離して平衡状態に至ったと考えて $[H^+]$ を算出します．中和後の液は，

(i) **塩のみの溶液（⇔ 中和点）**

(ii) **塩と未反応の酸(or 塩基の)溶液**

に分けられます．そこで，次に(i)，(ii)に分けて計算方法をさぐってみましょう．

---

**《塩(aq)の$[H^+]$》**

33 次の(1)〜(3)の塩の水溶液の $[H^+]$ を求めよ．ただし，濃度はすべて 0.10 mol/L で，酢酸の $K_a = 2.0 \times 10^{-5}$ (mol/L)，$NH_3$ の $K_b = 2.0 \times 10^{-5}$ (mol/L)，$K_w = 1.0 \times 10^{-14}$ (mol/L)$^2$，$\sqrt{2} = 1.4$ とする．

(1) NaCl　　　(2) CH₃COONa　　　(3) NH₄Cl

(II) 酸 (aq)＋塩基 (aq)

　　　中和後の液

本問→　(i)　塩 (aq)

　　　(ii)　塩＋残酸 (or 塩基)

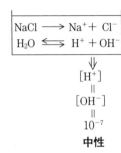

$$NaCl \longrightarrow Na^+ + Cl^-$$
$$H_2O \rightleftharpoons H^+ + OH^-$$

$\Downarrow$

$[H^+]$
‖
$[OH^-]$
‖
$10^{-7}$

**中性**

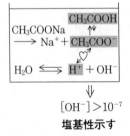

$\Downarrow$

$[OH^-] > 10^{-7}$

**塩基性示す**

---

**解説**　[1] NaCl は完全に電離します. 今, 水が $b$ mol/L 電離して平衡になったとします.

$$NaCl \longrightarrow Na^+ + Cl^-$$
$$0.1 - 0.1 \qquad 0.1 \quad 0.1$$

$$H_2O \rightleftharpoons H^+ + OH^- \qquad \cdots\cdots①$$
$$56 - b \qquad b \quad b$$

　液中では, $Na^+$ と $OH^-$, $H^+$ と $Cl^-$ の陽イオンと陰イオンのペアの存在が考えられますが, これら NaOH, HCl は完全に電離しますから, 水中の $[H^+]$, $[OH^-]$ が $Na^+$, $Cl^-$ の存在で減少することはありません. よって, $[H^+] = b$, $[OH^-] = b$ となりますから, これらを水のイオン積の式に代入して,

$$K_w = [H^+][OH^-] = b^2$$
$$\Rightarrow [H^+] = b = \sqrt{K_w} =^{(1)} \boxed{1.0 \times 10^{-7}}$$

[2] $CH_3COONa$ も完全に電離します. そこで, 水中での電離反応はひとまず,

$$CH_3COONa \longrightarrow CH_3COO^- + Na^+$$
$$H_2O \rightleftharpoons H^+ + OH^- \qquad \cdots\cdots①$$

と表せます. 液中では, $Na^+$ と $OH^-$, $CH_3COO^-$ と $H^+$ の陽イオンと陰イオンのペアの存在が考えられます. この中で, NaOH は完全電離しますが, $CH_3COOH$ はそうではありません. そこで, $H_2O$ の出した $H^+$ が減少し, ① の平衡が右へ移動していって, $10^{-7} < [OH^-]$ となります. すなわち, この溶液は中性でなく塩基性になります. このときに起こった反応をイオン反応式でまとめて表すと,

$$CH_3COO^- + H_2O \rightleftharpoons CH_3COOH + OH^- \qquad \cdots\cdots②$$

となり, また化学反応式で表すと

$$CH_3COONa + H_2O \rightleftharpoons CH_3COOH + NaOH$$

となります. なんと, この反応は, 中和反応の逆反応です. 弱酸由来の塩や弱塩基由来の塩が起こすこの水との反応は, 一般には, **塩の加水分解反応** と呼ばれています. では, 具体的にどれぐらいの $[OH^-]$ になっているのかを求めてみましょう. まず, ② の反応が $a$ mol/L 起こり, 水の電離が $b$ mol/L 起こって平衡に至ったと考えましょう.

$$CH_3COO^- + H_2O \rightleftharpoons CH_3COOH + OH^- \qquad \cdots\cdots②$$
$$0.1 - a \qquad\qquad a \qquad a$$

$$H_2O \rightleftharpoons H^+ + OH^- \qquad \cdots\cdots①$$
$$56 - b \quad b \quad b$$

ここで②式の平衡定数を $K_h$ とし，水の電離を無視すると

$$K_h = \frac{[CH_3COOH][OH^-]}{[CH_3COO^-]} = \frac{a^2}{0.1-a}$$

◀ h : hydrolysis
　　＝加水分解

そして，加水分解というのは少ししか起こっていないと予想されるので，さらに，$0.1-a \fallingdotseq 0.1$ と近似して計算すると，

$$a = \sqrt{0.1 \times K_h}$$

となります．ところで，$K_h$ の値は与えられていませんが

$$K_a = \frac{[CH_3COO^-][H^+]}{[CH_3COOH]}$$

の値は与えられています．よく見ると，$K_h$ と $K_a$ の間には

$$K_a \times K_h = [H^+][OH^-] = K_w$$

の関係があります．そこで，

$$a = \sqrt{0.1 \times K_h} = \sqrt{0.1 \times \frac{10^{-14}}{2 \times 10^{-5}}} = \frac{1}{\sqrt{2}} \times 10^{-5} \ll 0.1$$

が求まります．この値は $0.1$ より圧倒的に小さいので，$0.1-a \fallingdotseq 0.1$ の近似は OK で，また，$10^{-6}$ よりは大きいので水の電離を無視したことも OK です．よって，

$$[OH^-] = a = \frac{1}{\sqrt{2}} \times 10^{-5}$$

$$\therefore \quad [H^+] = \sqrt{2} \times 10^{-9} \overset{(2)}{=} \boxed{1.4 \times 10^{-9}}$$

さて，①，②式を見ますと，弱塩基である $NH_3(aq)$ での $NH_3$ の電離反応式と形の上で似ています．

$$NH_3 + H_2O \rightleftharpoons NH_4^+ + OH^- \qquad \cdots\cdots ②'$$
$$0.1-a \qquad\qquad\quad a \qquad a$$

$$H_2O \rightleftharpoons H^+ + OH^- \qquad \cdots\cdots ①$$
$$56-b \qquad\quad b \qquad b$$

この $NH_3(aq)$ での計算では，まず水の電離を無視し，さらに $0.1-a \fallingdotseq 0.1$ と近似して $a = \sqrt{0.1 \times K_b}$ という近似解を求め，その近似値で OK であるかどうかをチェックしました．全く同じ操作を，塩の加水分解による $[OH^-]$ を求めるときも行ったのです．ですから，塩の加水分解による $[OH^-]$ を求めるとき，一から反応を考えるのではなく，

CH_3COO^- は弱塩基で，その水溶液の $[OH^-]$ を求める

と考えて計算すればよかったのです．ただし，$CH_3COO^-$ を弱塩基として見なしたときの電離定数 $K_b$（これは $K_h$ と同じです）を，$K_a \times K_b = K_w$ より求めるという操作がこの場合も必要となります．

◀ ┃ 平衡溶液

| HA | A⁻ |
| H⁺ | OH⁻ |

この平衡溶液では，

$$K_a = \frac{[A^-][H^+]}{[HA]}$$

$$K_h = \frac{[HA][OH^-]}{[A^-]}$$

$$K_w = [H^+][OH^-]$$

が成り立っています．
これより，

$$K_a \times K_h = [H^+][OH^-]$$
$$= K_w$$

が成り立つことが導けます．

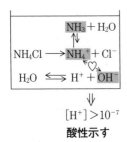

$$[H^+] > 10^{-7}$$

**酸性示す**

**3**

$$NH_4Cl \longrightarrow NH_4^+ + Cl^-$$
$$H_2O \rightleftharpoons H^+ + OH^- \qquad \cdots\cdots①$$

今度は，液中の $H^+$ と $Cl^-$，$NH_4^+$ と $OH^-$ の陽イオンと陰イオンのペアーの中で，HCl は完全電離しますが，$NH_4OH$ はかなり $NH_3 + H_2O$ に変化します．その結果，$OH^-$ が減少して，①の平衡が右に移動するので，$[H^+] > 10^{-7}$ となります．すなわち，この溶液は中性でなく，酸性を示します．このときの $[H^+]$ は，(2) の解説の後半でしたように，

**$NH_4^+$ を弱酸と見なし，その水溶液の $[H^+]$ を出す**

という考え方で計算することができます．すなわち，まず水の電離を無視し，$0.1 - a \fallingdotseq 0.1$ として，

$$a = \sqrt{0.1 \times K_a}$$

そして，ここここで $K_a \times K_b = K_w$ より，$K_a = K_w/K_b$ を代入して，

$$a = \sqrt{0.1 \times \frac{K_w}{K_b}} = \sqrt{0.1 \times \frac{10^{-14}}{2 \times 10^{-5}}} = \frac{1}{\sqrt{2}} \times 10^{-5} > 10^{-6}$$

OK

また，電離度 $= a/0.1 = (1/\sqrt{2}) \times 10^{-4} < 0.05$ OK となりますから，

$$[H^+] = a = \frac{1}{\sqrt{2}} \times 10^{-5} = \boxed{7.0 \times 10^{-6}}$$

---

**┌── 《塩＋残酸 (aq) の $[H^+]$》 ──────**

**34** 以下の溶液は，いずれも酸と塩基を混ぜて水和した後，酸が残っている溶液である．生じた塩，残っている酸の濃度はいずれも $0.10$ mol/L であったとして，$[H^+]$ を求めよ．ただし，$NH_3$ の $K_b = 2.0 \times 10^{-5}$ (mol/L)，酢酸の $K_a = 2.0 \times 10^{-5}$ (mol/L)，$K_w = 1.0 \times 10^{-14}$ (mol/L) とする．

(1) $NaCl + HCl$

(2) $NH_4Cl + HCl$

(3) $CH_3COONa + CH_3COOH$

---

(Ⅱ) 酸 (aq) ＋塩基 (aq)
　　　中和後の液
　　　(i) 塩 (aq)
本問→ (ii) 塩＋残酸 (aq)

**解説** 生じた塩は，すべて完全に電離していると考えてよいでしょう．

**1**

$$NaCl \longrightarrow Na^+ + Cl^-$$
$$0.1 - 0.1 \qquad 0.1 \quad 0.1$$

$[H^+] = 0.1 + b$
$[Na^+] = 0.1$

$$\begin{array}{llll} \text{HCl} & \longrightarrow & \text{H}^+ + \text{Cl}^- & [\text{Cl}^-]=0.2 \\ 0.1-0.1 & & 0.1\ \ 0.1 & [\text{OH}^-]=b \end{array}$$

$$\begin{array}{lll} \text{H}_2\text{O} & \rightleftharpoons & \text{H}^+ + \text{OH}^- \\ 56-b & & b\ \ \ \ b \end{array}$$

ここで，結局，水中の全 $\text{H}^+$ は $\text{HCl}$ の放出したもの $(0.1)$ と水の放出したもの $(b)$ の合計ということになりますが，$\text{HCl}$ の放出した $\text{H}^+ 0.1\ \text{mol/L}$ は $10^{-6}$ より大きいので，水からの放出量 $b$ は無視できます．よって，

$$[\text{H}^+]=0.1+b \fallingdotseq \boxed{0.10}^{(1)}$$

[2]
$$\begin{array}{llll} \text{NH}_4\text{Cl} & \longrightarrow & \text{NH}_4^+ + \text{Cl}^- & [\text{H}^+]=0.1+b+c \\ 0.1-0.1 & & 0.1\ \ \ 0.1 & [\text{NH}_4^+]=0.1-b \end{array}$$

$$\begin{array}{llll} \text{HCl} & \longrightarrow & \text{H}^+ + \text{Cl}^- & [\text{NH}_3]=b \\ 0.1-0.1 & & 0.1\ \ 0.1 & [\text{Cl}^-]=0.2 \end{array}$$

$$\begin{array}{llll} \text{NH}_4^+ & \rightleftharpoons & \text{NH}_3 + \text{H}^+ & [\text{OH}^-]=c \\ 0.1-b & & b\ \ \ \ b \end{array}$$

$$\begin{array}{lll} \text{H}_2\text{O} & \rightleftharpoons & \text{H}^+ + \text{OH}^- \\ 56-c & & c\ \ \ \ c \end{array}$$

$\text{HCl}$ の放出した $\text{H}^+$ が $0.1\ (>10^{-6})\ \text{mol/L}$ ありますから，まず水の電離による寄与は無視できます．次に，$\text{NH}_4^+$ の酸としての電離定数 $K_a$；

$$K_a = \frac{[\text{NH}_3][\text{H}^+]}{[\text{NH}_4^+]} = \frac{K_w}{K_b} = \frac{10^{-14}}{2\times10^{-5}} = \frac{1}{2}\times10^{-9}$$

◀ $K_a \times K_b = K_w$ でしたね．
$$K_b = \frac{[\text{NH}_4^+][\text{OH}^-]}{[\text{NH}_3]}$$

において，$[\text{H}^+]>0.1$ ですから，

$$\frac{[\text{NH}_3]}{[\text{NH}_4^+]} < \frac{1}{2}\times10^{-8} = \frac{1}{2\times10^8}$$

つまり，$\text{NH}_4^+$ $2\times10^8$ 個に対し，$\text{NH}_3$ は 1 個より小さいのですから，$\text{NH}_4^+ \rightleftharpoons \text{NH}_3 + \text{H}^+$ の反応度は $2\times10^8$ 分の 1 以下であり，これにより生じる $\text{H}^+$ も約

$$0.1 \times \frac{1}{2\times10^8} = 5\times10^{-10}$$

とごく少量です．よって，結局，全 $\text{H}^+$ は，$\text{HCl}$ の放出する $0.1\ \text{mol/L}$ のみで表すことができることになります．

$$[\text{H}^+]=0.1+b+c \fallingdotseq \boxed{0.10}^{(2)}$$

(1), (2)より，中和後の溶液で，

強い酸が残っているときは，$[\text{H}^+]$ の値は，塩の存在に関係なく，事実上，残っている強酸の出す $\text{H}^+$ の量のみで評価できる

ことがわかります.

**3** $CH_3COONa$ が完全に電離し,そこに $CH_3COOH$ が $a$ mol/L 電離して平衡に至ったと考えましょう.

$$CH_3COONa \longrightarrow CH_3COO^- + Na^+$$
$$0.1 - 0.1 \qquad\quad 0.1 \qquad 0.1$$

$$CH_3COOH \rightleftharpoons CH_3COO^- + H^+$$
$$0.1 - a \qquad\qquad 0.1 + a \qquad a$$

$$H_2O \qquad \rightleftharpoons H^+ + OH^-$$
$$56 - b \qquad\qquad b \quad b$$

.......................................................................

$$[H^+] = a + b \qquad [Na^+] = 0.1$$
$$[CH_3COOH] = 0.1 - a \qquad [CH_3COO^-] = 0.1 + a$$
$$[OH^-] = b$$

この場合,$b$ だけでなく $a$ も不明ですから,平衡定数を使って,$[H^+]$ を求めなくてはなりません.

$$K_a = \frac{[CH_3COO^-][H^+]}{[CH_3COOH]} = \frac{(0.1+a)(a+b)}{0.1-a}$$
$$\cdots\cdots ①$$

$$K_w = [H^+][OH^-] = (a+b) \times b$$

厳密に計算すれば,この2つの式を連立して解くことになります.それを避けるためには,今の状況をちょっと考えてみる必要があります.この液は弱酸($CH_3COOH$)と強塩基(NaOH)を混合して中和し,弱酸が残っている液です.弱酸が残っているから,まだ酸性でしょう.しかし,中和前の液のだいたいの電離度は1%程度で,$10^{-3}$ mol/L であったわけですから,$[H^+]$ がこれより大きいことはありません.したがって,たぶん $a$ は $10^{-4} \sim 10^{-7}$ 程度と予想されます.これより,① 式において,$0.1 \gg a$ なので,

$$0.1 - a \fallingdotseq 0.1, \quad 0.1 + a \fallingdotseq 0.1$$

と近似できそうです.そうすると,そもそも $[H^+] = a + b$ を求めるにあたって,① 式中の $0.1 + a$ と $0.1 - a$ はいずれも 0.1 で近似できるのですから,

$$2 \times 10^{-5} \fallingdotseq \frac{0.1 \times [H^+]}{0.1} \Rightarrow [H^+] \fallingdotseq 2 \times 10^{-5}$$

となります.こうして出された $[H^+]$ より

$$[H^+] = a + b \fallingdotseq 2 \times 10^{-5} \Rightarrow a < 2 \times 10^{-5}$$

となりますから,$0.1 \pm a \fallingdotseq 0.1$ の近似は有効であったことがわかります.すなわち,

この $0.1 \pm a \fallingdotseq 0.1$ という近似は,残っていた弱酸の電離平衡
$$CH_3COOH \rightleftharpoons$$
$$CH_3COO^- + H^+$$
を $CH_3COONa$ の完全電離によって生じた $CH_3COO^-$ が押し返すために成り立つと考えてもよいでしょう.

$$[H^+] = a + b \fallingdotseq^{(3)} \boxed{2.0 \times 10^{-5}}$$

と求めることができます.

　以上の結果を一般化すると, 中和後の溶液で, 弱酸が残っているときは, 多くの場合,

$$K_a = \frac{[\text{弱酸由来イオン}][H^+]}{[\text{弱酸}]}$$

の式において

> [弱酸] ≒ [残っている弱酸]
>
> [弱酸由来イオン] ≒ [塩]

と近似して, 水溶液の$[H^+]$が求まるといえます.

◀中和後　弱塩基が残っていたときも同様の扱いができます. たとえば,
$$NH_4Cl + NH_3$$
の混合溶液では
$$K_b \fallingdotseq \frac{[NH_4Cl] \times [OH^-]}{[\text{残りの } NH_3]}$$
より求まります.

---

## 《酸(aq)＋塩基(aq)の[H⁺]》

35　以下の溶液 (1), (2) に $0.10$ mol/L NaOH(aq) を $v$ mL 滴下したときの水素イオン濃度$[H^+]$を,

(i) $v = 0$　　　(ii) $0 < v < 10$　　　(iii) $v = 10$　　　(iv) $v > 10$

の4つの場合に分けて求めよ. ただし, (ii), (iii)においては $10^{-6} > [H^+] > 10^{-8}$ の場合は考えないことにする. 酢酸の $K_a = 2.0 \times 10^{-5}$ mol/L, $K_w = 1.0 \times 10^{-14}$ (mol/L)$^2$, $\sqrt{2} = 1.4$.

(1)　$0.10$ mol/L HCl(aq) 10 mL　　　(2)　$0.10$ mol/L CH$_3$COOH(aq) 10 mL

---

**解 説**　中和点は $v = 10$ mL ですから, (i)〜(iv)の場合分けは

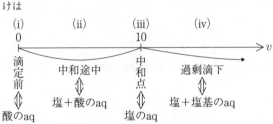

[1]　HCl + NaOH → NaCl + H₂O

(i)　$v = 0$ ⟺ HCl ⟺ (強酸) の溶液.

　HCl の放出する H⁺は $0.1\ (>10^{-6})$ mol/L なので,

$$[H^+] =^{(i)} \boxed{0.10}$$

(ii)　$0 < v < 10$ ⟺ NaCl + HCl の溶液 ⟺ (強酸残) の溶液.

　問題文のただし書きより, $[H^+] > 10^{-6}$ と考えてよいから, 残っている HCl の放出する H⁺を求めればよいです. この場

合，HCl(aq)とNaOH(aq)は薄め合っています．よって，

$C_a$……薄まったとき ▶
の酸の濃度
$C_b$……薄まったとき
の塩基の濃度

$$[\text{H}^+] = C_a - C_b = 0.10 \times \frac{10}{10+v} - 0.10 \times \frac{v}{10+v}$$

$$= {}^{(ii)}\boxed{0.10 \times \frac{10-v}{10+v}}$$

(iii) $v = 10 \iff \boxed{\text{NaCl}} \iff \boxed{塩}$の溶液．これは中性でした．

$$[\text{H}^+] = {}^{(iii)}\boxed{1.0 \times 10^{-7}}$$

(iv) $v > 10 \iff \boxed{\text{NaCl} + \text{NaOH}} \iff \boxed{強塩基残}$の溶液．

過剰に加えられた強塩基の完全電離によるOH⁻で，事実
上すべての[OH⁻]が求まります．

$$[\text{OH}^-] = C_b - C_a = 0.10 \times \frac{v}{10+v} - 0.10 \times \frac{10}{10+v}$$

$$= 0.10 \times \frac{v-10}{10+v}$$

$$\therefore \quad [\text{H}^+] = {}^{(iv)}\boxed{\frac{v+10}{v-10} \times 1.0 \times 10^{-13}}$$

[2]  $\boxed{\text{CH}_3\text{COOH} + \text{NaOH} \longrightarrow \text{CH}_3\text{COONa} + \text{H}_2\text{O}}$

(i) $v = 0 \iff \boxed{\text{CH}_3\text{COOH}} \iff \boxed{弱酸}$の溶液．

水の電離量を無視すると

$$K_a = \frac{[\text{H}^+][\text{CH}_3\text{COO}^-]}{[\text{CH}_3\text{COOH}]} = \frac{a^2}{0.1-a}$$

ここで，$0.1 - a \fallingdotseq 0.1$ と近似して，

$$a = \sqrt{0.1 \times K_a} = \sqrt{0.1 \times 2 \times 10^{-5}}$$
$$= \sqrt{2} \times 10^{-3} > 10^{-6} \quad \text{OK}$$

$a \ll 0.1$ で $0.1 - a \fallingdotseq 0.1$  OK

よって，$[\text{H}^+] = \sqrt{2} \times 10^{-3} = {}^{(i)}\boxed{1.4 \times 10^{-3}}$ mol/L

(ii) $0 < v < 10 \iff \boxed{\text{CH}_3\text{COONa} + \text{CH}_3\text{COOH}} \iff \boxed{弱酸残}$の
溶液．

$$K_a = \frac{[\text{CH}_3\text{COO}^-][\text{H}^+]}{[\text{CH}_3\text{COOH}]}$$

このとき，前問(34 の(3))で確認したように，

[CH₃COOH] ≒ 残っている酸の濃度

[CH₃COO⁻] ≒ 塩の濃度

の近似が成り立ちます．そして，

残っている酸の濃度 $= 0.10 \times \dfrac{10-v}{10+v}$

生じた塩の濃度 $= 0.10 \times \dfrac{v}{10+v}$

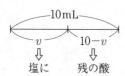

ですから

$$\frac{[CH_3COO^-]}{[CH_3COOH]} \fallingdotseq \frac{v}{10-v}$$

と表されます. よって,

$$K_a = \frac{[CH_3COO^-][H^+]}{[CH_3COOH]} \fallingdotseq \frac{v}{10-v} \times [H^+]$$

$$[H^+] = {}^{(ii)}\boxed{\frac{10-v}{v} \times 2.0 \times 10^{-5}}$$

(iii) $v=10 \iff \boxed{CH_3COONa} \iff \boxed{塩}$の溶液.

CH$_3$COOH 1 mol から CH$_3$COONa が 1 mol 生じますが, 溶液の体積が 10 mL から 20 mL になっているので, CH$_3$COONa は 0.1/2 mol/L となっています.

さて, この溶液は少し塩基性でした. それは, CH$_3$COONa が完全電離して生じた CH$_3$COO$^-$が少しだけ

$$CH_3COO^- + H_2O \rightleftharpoons CH_3COOH + OH^-$$
$$\frac{0.1}{2}-a \qquad\qquad a \qquad a$$

の反応を起こすからでしたね. まず, 水の電離を無視して

$$K_b = \frac{[CH_3COOH][OH^-]}{[CH_3COO^-]} = \frac{a^2}{0.1/2-a}$$

◀この反応を加水分解反応と見なせば, この定数$K_b$は$K_h$で表されます. もちろん$K_b = K_h$です. (p.111 参照)

そして, $K_b = K_w/K_a$ であること, $\frac{0.1}{2}-a \fallingdotseq \frac{0.1}{2}$ と近似して,

$$a = \sqrt{\frac{0.1}{2} \times K_b} = \sqrt{\frac{0.1}{2} \times \frac{10^{-14}}{2 \times 10^{-5}}}$$

$$= \frac{1}{2} \times 10^{-5} > 10^{-6} \quad OK$$

$$\frac{0.1}{2}-a \fallingdotseq \frac{0.1}{2} \quad OK$$

◀または
$$\alpha = \frac{a}{\frac{0.1}{2}} \quad OK$$
$$= 10^{-4} < 0.05$$
$$OK$$

よって,

$$[OH^-] = \frac{1}{2} \times 10^{-5}$$

$$\therefore \quad [H^+] = {}^{(iii)}\boxed{2.0 \times 10^{-9}}$$

(iv) $v>10 \iff \boxed{CH_3COONa + NaOH} \iff \boxed{強塩基残}$の溶液.

強塩基 NaOH が過剰に存在していますから, これが放出する OH$^-$で CH$_3$COO$^-$の加水分解や水の電離が押さえられて, 全 OH$^-$は事実上 NaOH の放出したものだけで近似できます. よって,

$$[OH^-] = C_b - C_a = 0.10 \times \frac{v-10}{v+10}$$

$$\therefore \quad [\mathrm{H^+}] = {}^{\text{(iv)}}\sqrt{\dfrac{v+10}{v-10} \times 1.0 \times 10^{-13}}$$

以上の式に，$v$ の具体値をいくつか代入して $[\mathrm{H^+}]$ と pH を求めて pH 滴定曲線を描くと次のようになります．

(1)　　HCl＋NaOH

|   | $v$ | $[\mathrm{H^+}]$ | pH |
|---|---|---|---|
| 強酸(aq) ⇨ | 0 | 0.1 | 1.0 |
| 強酸残<br>(aq) | 5 | 0.1/3 | 1.5 |
| | 9 | $\fallingdotseq 10^{-2}/2$ | 2.3 |
| | 9.9 | $\fallingdotseq 10^{-3}/2$ | 3.3 |
| | 9.99 | $\fallingdotseq 10^{-4}/2$ | 4.3 |
| 塩(aq) ⇨ | 10 | $10^{-7}$ | 7 |
| 強塩基残<br>(aq) | 10.01 | $\fallingdotseq 2\times 10^{-10}$ | 9.7 |
| | 10.1 | $\fallingdotseq 2\times 10^{-11}$ | 10.7 |
| | 11 | $\fallingdotseq 2\times 10^{-12}$ | 11.7 |
| | 15 | $10^{-12}/2$ | 12.3 |

(2)　　CH₃COOH＋NaOH

|   | $v$ | $[\mathrm{H^+}]$ | pH |
|---|---|---|---|
| 弱酸(aq) ⇨ | 0 | $\sqrt{2}\times 10^{-3}$ | 2.9 |
| 弱酸残<br>(aq) | 1 | $9\times 2\times 10^{-5}$ | 3.7 |
| | 5 | $2\times 10^{-5}$ | 4.7 |
| | 9 | $1/9\times 2\times 10^{-5}$ | 5.7 |
| 塩(aq) ⇨ | 10 | $2\times 10^{-9}$ | 8.7 |
| 強塩基残<br>(aq) | 10.01 | $\fallingdotseq 2\times 10^{-10}$ | 9.7 |
| | 10.1 | $\fallingdotseq 2\times 10^{-11}$ | 10.7 |
| | 11 | $\fallingdotseq 2\times 10^{-12}$ | 11.7 |
| | 15 | $10^{-12}/2$ | 12.3 |

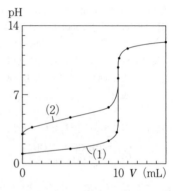

《緩衝溶液》

36　CH₃COOH と CH₃COONa の混合溶液 10 mL がある．濃度はいずれも 0.10 mol/L である．ここに，

(1)　0.10 mol/L の HCl 1 mL　　　(2)　0.10 mol/L の NaOH 1 mL

を加えたときの $[\mathrm{H^+}]$ を求めよ．酢酸の $K_\mathrm{a}=2.0\times 10^{-5}$ mol/L とする．

**解説**　[1] もとの混合液には，弱酸由来の塩 CH₃COONa が $0.1\times 10=1$ m̃mol あります．ここに，強酸 HCl を $0.1\times 1 = 0.1$ mmol 加えると，弱酸 CH₃COOH 遊離反応が $0.1$ mmol 起こります．すなわち，

$$CH_3COONa + HCl \longrightarrow CH_3COOH + NaCl$$

| | | | | |
|---|---|---|---|---|
| ㉅ | 1 | 0.1 | 1 | 0 (mmol) |
| ㉤ | $-0.1$ | $-0.1$ | $+0.1$ | $+0.1$ (mmol) |
| ㉫ | 0.9 | 0 | 1.1 | 0.1 (mmol) |

となり，液は

| CH₃COOH | $1+0.1=1.1$ mmol |
|---|---|
| CH₃COONa | $1-0.1=0.9$ mmol |
| NaCl | 0.1 mmol |

の混合溶液になります．このとき，NaCl の存在は$[H^+]$と無関係でこの溶液は，酸＋塩基で (弱酸残) の溶液とみなせます．そして，CH₃COOH と CH₃COONa の濃度比が $1.1:0.9$ になりますから，

$$K_a = \frac{[CH_3COO^-][H^+]}{[CH_3COOH]} \fallingdotseq \frac{0.9}{1.1} \times [H^+]$$

$$\Rightarrow [H^+] \fallingdotseq \boxed{2.4 \times 10^{-5}}^{(1)}$$

となります．加える前は，CH₃COOH と CH₃COONa の濃度比は $1:1$ であり，$[H^+] \fallingdotseq 2.0 \times 10^{-5}$ でしたから，HCl を加えることによる$[H^+]$の増加量は

$$2.4 \times 10^{-5} - 2.0 \times 10^{-5} = 4 \times 10^{-6} \ (mol/L)$$

にすぎません．一方，HCl が放出した$H^+$は

$$0.1 \times \frac{1}{10+1} \fallingdotseq 9.1 \times 10^{-3} \ (mol/L)$$

だったのですから，そのうちのわずか約 2000 分の 1 しか増えていないことになります．

[2] もとの混合液には弱酸 CH₃COOH が $0.1 \times 10 = 1$ mmol 存在しますから，ここに NaOH を $0.1 \times 1 = 0.1$ mmol 加えると 0.1 mmol 中和反応が起こります．すなわち，

$$CH_3COOH + NaOH \longrightarrow CH_3COONa + H_2O$$

| | | | |
|---|---|---|---|
| ㉅ | 1 | 0.1 | 1 |
| ㉤ | $-0.1$ | $-0.1$ | $+0.1$ |
| ㉫ | 0.9 | 0 | 1.1 |

となり，液は，

| CH₃COOH | $1-0.1=0.9$ mmol |
|---|---|
| CH₃COONa | $1+0.1=1.1$ mmol |

の混合溶液となります．よって，

$$K_a \fallingdotseq \frac{[CH_3COO^-][H^+]}{[CH_3COOH]} \fallingdotseq \frac{1.1}{0.9} \times [H^+]$$

$$\Rightarrow [H^+] \fallingdotseq \boxed{1.6 \times 10^{-5}}^{(2)}$$

となります．この場合も，$[H^+]$ が $4×10^{-6}$ mol/L しか変化していません．このように，$CH_3COOH + CH_3COONa$ のような弱酸とその塩，$NH_3 + NH_4Cl$ のような弱塩基とその塩の混合溶液は，HCl や NaOH を少々加えても，$[H^+]$ や $[OH^-]$ はほとんど変化しません．そこで，これらの溶液は一般に

　　緩衝溶液

と呼ばれています．

## ③ 分配平衡

　オリーブ，なたね，とうもろこし等の実から油をしぼり出すとき，できるだけ多く得るためにヘキサン ($C_6H_{14}$) が使われています．私たちの飲むお茶は，その葉の中に含まれる成分を水(湯)に抽出したものですし，料理でお酒を使うことがあるのも食材料中の油性成分を抽出するためです．このように，ある成分を何らかの溶媒に抽出する操作は，いろいろなところで行われています．

　ところで，たとえば，水とベンゼン(⬡)はほとんど混じり合うことはなく，2層に分かれてしまいますが，ここにエタノール($CH_3CH_2OH$)を加えると，エタノールはどちらの溶媒にもよく溶けるので

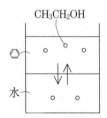

　　　エタノール(水) ⇌ エタノール(⬡)

のように，エタノールが水とベンゼンの2つの層にまたがって出入りする平衡が形成されます．このとき，各層でのエタノールの濃度の間には，平衡定数を $K$ とすると，

$$K = \frac{[エタノール(⬡)]}{[エタノール(水)]} \quad (一定)$$

が成り立ちます．つまり，平衡状態では，エタノールは常に

　　　水と⬡に 1 : $K$ の濃度比で分配される

ことになります．そこで，このような平衡を 分配平衡 と言い，$K$ の値は一般に分配係数と呼ばれることが多いです．

《分配平衡》

37 1 mol/L の物質 A の水溶液が 1 L ある. 今, 水と混じり合うことのない溶媒 S の 1 L を使って, 溶媒 S に A を抽出する. 分配係数 $K$ は

$$K = \frac{[A(S)]}{[A(水)]} = 2$$

であり, 操作は, 次の 2 通りで行うとする.

(1) 1 回 1 L

(2) 0.5 L ずつに分けて, 2 回連続して行う

(1), (2) のそれぞれで, A は溶媒 S 1 L に何 mol 抽出できるか.

解説 1 mol/L の A の水溶液 1 L 中には, A は 1 mol 含まれています.

1 その 1 mol のうちの $x$ mol が溶媒 S に溶けたとすると

A(水) $\rightleftharpoons$ A(S)

1−x        x   (mol)

となります. ここで,

$$K_{(=2)} = \frac{[A(S)]}{[A(水)]}$$

にこれらの量を代入すると, どちらの層も 1 L ですから,

$$2 = \frac{\frac{x}{1}\left(\frac{mol}{L}\right)}{\frac{1-x}{1}\left(\frac{mol}{L}\right)} \Rightarrow x = \frac{2}{3} = 0.666\cdots \Rightarrow \boxed{0.67}\ mol$$

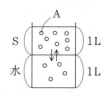

2 1 回めの操作で, $y$ mol の A が 0.5 L の溶媒に溶けたとすると,

$$K_{(=2)} = \frac{\frac{y}{0.5}}{\frac{1-y}{1}} \Rightarrow y = \frac{1}{2}$$

よって, 水層には, $1-y = 1/2$ mol の A が残っています. これをさらに 0.5 L の溶媒 S で抽出したとき, その $z$ mol が溶媒 S に溶けたとすると,

$$K_{(=2)} = \frac{\frac{z}{0.5}}{\frac{0.5-z}{1}} \Rightarrow z = \frac{1}{4}$$

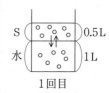

1回目

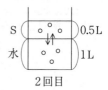

2回目

よって, 合計 $y+z = \frac{3}{4} = \boxed{0.75}$ mol の A が 1 L の溶媒 S に抽出されたことがわかります. (1) と比べてみると, 同じ 1 L の溶媒を使っても, 2 回に分けて抽出すれば, より多くの

溶質を抽出できることがわかりますね．さらに，3回，4回，…と分ける回数を増やせば増やすほど，手間はかかりますが，より多くの溶質を抽出することができます．

## 4 気体の溶解平衡

気体Aが水に溶けて溶解平衡の状態にあるとします．

$$A(気) \rightleftharpoons A(水)$$

この平衡定数を$K$とすると，この平衡状態では

$$\underset{(一定)}{K} = \frac{[\,A(水)\,]}{[\,A(気)\,]}$$

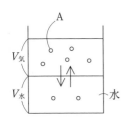

が成り立っています．ここで，[A(水)]は溶解平衡時のAの水中での濃度ですから，Aの水への溶解度(mol/L)でもあります．そこで，この式を変形して，

$$\underset{の溶解度}{Aの水へ} = [\,A(水)\,] = K\,[\,A(気)\,] \qquad \cdots\cdots ①$$

のように表すと，Aの溶解度は，Aの気相での濃度[A(気)](mol/L)に比例することがわかります．

ところで，気体の場合，$PV=nRT$ が成り立ちますから，気体Aの濃度[A(気)]は

$$[\,A(気)\,] = \frac{n_{A(気)}}{V_気} = \frac{P_A}{RT} \qquad \cdots\cdots ②$$

のように，Aの圧力(分圧)に比例します．すなわち

**気体の溶解度(mol)は分圧に比例する，すなわち，押せば押すほどよく溶ける**

▶ 気体の場合，濃度が大きいと，壁に衝突する気体粒子数が増えて，圧力が高くなります．そして圧力は押すイメージの量ですから，私たちにとって理解しやすいですね．

のです．たとえば，1の圧力で$n$ mol溶けるのなら，2倍の圧力では$2n$ mol，3倍の圧力では$3n$ mol溶けます．

ただ，気体の量というのは，1 mol よりも 22.4 L のように体積で表したほうが具体的な量をイメージしやすいので，

**溶解する気体の量を表すにあたって，物質量(mol)よりも体積(L)で表されることが多い**

です．もちろん，気体の体積は圧力や温度によって変

化しますから，**体積で表示するにあたっては，温度と
圧力が明示されなくてはなりません**．一般には，**標準
状態**(0℃，標準大気圧)が使われています．このとき，
1 mol の気体は 22.4 L ですから，溶けた気体の体積は

◀標準大気圧
= 76 cmHg
= 1 atm
= $1.013 \times 10^5$ Pa

   1 の圧力下では  $n \times 22.4$ L
   2 の圧力下では  $2n \times 22.4$ L
   3 の圧力下では  $3n \times 22.4$ L

となり，気体の溶解量を mol でなく L で表しても，
それが分圧に比例することには変わりはありません．

 ただ，実験はたとえば，27℃のもとで圧力を 1，2，
3，……と変えて行われています．そこで，溶解した
気体の量を体積で表すにあたって，**実験している温
度，各圧力での値**にすることがあります．

溶解した気体の量を，
実験温度，実験圧力下
で表した体積

| 実験温度 | 実験圧力 | 溶解した気体の物質量 | | |
|---|---|---|---|---|
| $T$, | 1 | $n$ | $1 \times V = n \times RT$ | $\Rightarrow V = nRT$ |
| $T$, | 2 | $2n$ | $2 \times V' = 2n \times RT$ | $\Rightarrow V' = nRT$ |
| $T$, | 3 | $3n$ | $3 \times V'' = 3n \times RT$ | $\Rightarrow V'' = nRT$ |

同じ値！

 なんと，溶解した気体の量を**各実験下の圧力での体
積で表すと，分圧によらずすべて同じ値となる**のです！
気体の場合，同じ体積でも圧力が 2 倍になると粒子数
が 2 倍含まれているので，体積が同じといっても，そ
こに含まれる粒子数は 2 倍ちがうので気体の溶解度は
分圧に比例するという表現と何も矛盾してはいないの
ですが，よく学んでおかないと必ず頭が混乱してしま
うところです．

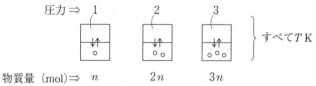

圧力⇒  1   2   3

すべて$T$ K

物質量 (mol)⇒ $n$   $2n$   $3n$

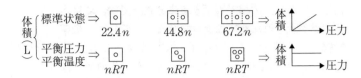

なお，HCl，NH$_3$ のように極めて溶解度が大きい気体では，上記のような簡単な関係式（ヘンリーの法則）は成り立ちません．

---

## ·《ヘンリーの法則を導いた実験》·

**38** ピストン付きのシリンダー内に一定量の水を入れ，さらに気体Aを以下の条件(i), (ii)で入れて，気体の体積の減少量を測定した．

(i) $T$ K，1 atm で $V$ L の気体Aを入れて，$T$ K，1 atm 下に放置すると，気体の体積が $\Delta V_1$ L 減少した．

(ii) $T$ K，2 atm で $V$ L の気体Aを入れて，$T$ K，2 atm 下に放置すると，気体の体積が $\Delta V_2$ L 減少した．

$\Delta V_1$ と $\Delta V_2$ の関係式を記せ．ただし，ヘンリーの法則が成り立ち，また，水の蒸気圧は無視できるものとする．なお，1 atm ＝1.013×10$^5$ Pa．

**解 説**　(i), (ii)の状況を図示すると以下のようになります．

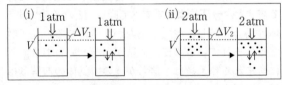

ヘンリーの法則により，(i)で溶解した気体Aが $n$ mol なら，(ii)では $2n$ mol です．そして，それらは，それぞれ $\Delta V_1$，$\Delta V_2$ の体積中の気体です．よって，$PV = nRT$ より

(i) $1 \times \Delta V_1 = nRT$　⇨　$\Delta V_1 = nRT$

(ii) $2 \times \Delta V_2 = 2nRT$　⇨　$\Delta V_2 = nRT$

となりますから，

$$\boxed{\Delta V_1 = \Delta V_2}$$

つまり，溶けた気体の体積は測定している圧力，温度のもとでの値で示すと，分圧にかかわらず常に一定となることがわ

かります. ヘンリーの法則は, 1803年に発表されました. 1803年といえば, ドルトンがようやく原子説にたどりついた頃でヘンリーが気体が小さなツブでできているという考え方を持っていたわけではありません. 溶けた気体の体積は減少した気体の体積であり, それが分圧によらず一定である $\Leftrightarrow \Delta V_1 = \Delta V_2$ を実験事実として発見し, これを発表したのです. ですから, 本来のヘンリーの法則は, この体積についての表現です.

　上記の証明は, 現在私たちの持っている知識をもとに, ヘンリーの実験結果を解釈したものです.

---

**《溶解した気体の量の各種単位, 条件での値》**

39　酸素 $O_2$(分子量 = 32.0)は 27℃, 1 atm(= $1.013 \times 10^5$ Pa)で 1 L の水に対し, 標準状態(0℃, 1 atm)に換算して 27.4 mL 溶解する. 今, 27℃で 2 L の水に 3 atm の酸素ガスが接して, 溶解平衡の状態にある. このとき, 水に溶解している酸素の量を, 以下の条件下で求めよ.

(1)　標準状態に換算した体積(mL)

(2)　物質量(mol)

(3)　質量(g)

(4)　27℃, 1 atm に換算した体積(mL)

(5)　実験条件(27℃, 3 atm)での体積(mL)

---

**解説**　問題文に与えられている溶解度のデータを図示すると次のようになります. このような図をまず描いておくと, 誤りなくこのデータを使うことができます.

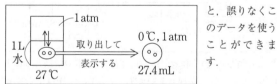

1　今, 上図に比べて, 水は **2** 倍, 圧力は **3** 倍ですから, 溶けているツブの数は 2×3=6 倍 となります. これを標準状態(0℃, 1 atm)で表すと, 図の6倍となりますから

$$27.4 \times 6 = 164.4 \Rightarrow^{(1)} \boxed{164} \text{ mL}$$

2　0℃, 1 atm で 1 mol の気体は 22400 mL ですから, 溶解した $O_2$ の物質量は

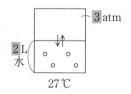

$$\frac{164.4}{22400} = 0.007339\cdots \Rightarrow^{(2)} \boxed{7.34\times10^{-3}} \text{ mol}$$

(3) $O_2$ は 32 g/mol なので，その質量は

$$7.34\times10^{-3}\times32.0 = 0.2348 \Rightarrow^{(3)} \boxed{0.235} \text{ g}$$

気体定数を $R$ とすると，2▶
つの気体について

$$R = \frac{PV}{nT} = \frac{P'V'}{n'T'}$$

が成り立ちます．$n$, $P$ 一定なら

$$V/T = V'/T'$$

また $n$, $T$ 一定なら

$$PV = P'V'$$

が成り立ちます．

(4), (5)

| 0℃, 1 atm | 27℃, 1 atm | 27℃, 3 atm |
|---|---|---|

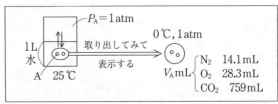

164.4 mL　⇩　$V_{(4)}$ mL　⇩　$V_{(5)}$ mL

$$\frac{V}{T} = \frac{V'}{T'} \qquad PV = P'V'$$

$$\frac{164.4}{273} = \frac{V_{(4)}}{300} \qquad 1\times180.6\cdots = 3\times V_{(5)}$$

$$\qquad\qquad\qquad\qquad V_{(5)} = 60.21\cdots$$

$$V_{(4)} = 180.6\cdots \Rightarrow^{(4)} \boxed{181} \text{ mL} \qquad \Rightarrow^{(5)} \boxed{60.2} \text{ mL}$$

---

**《空気と接している水中に溶けた各気体の量》**

40　25℃，1 atm（$=1.013\times10^5$ Pa）の空気と接している 1 L の水中には，$N_2$，$O_2$，$CO_2$ は標準状態に換算して何 mL 溶解しているか．ただし，空気中の各気体のモル％は，$N_2 = 78.1\%$，$O_2 = 21.0\%$，$CO_2 = 3.30\times10^{-2}$ ％であり，また，25℃，1 atm の下での水への溶解度は，標準状態に換算すると，$N_2 = 14.1$ mL，$O_2 = 28.3$ mL，$CO_2 = 759$ mL である．

---

**解 説**　与えられた溶解度のデータは，以下のような状況での値です．

この図と問題で問われている状況では，水の量はともに 1 L と同じで，分圧が違っています．そして，分圧は全圧×モル分率 より，以下の通りとなります．

$$P_{N_2} = 1\times0.781 = 0.781 \text{ atm}$$

$$P_{O_2} = 1\times0.210 = 0.210 \text{ atm}$$

$$P_{CO_2} = 1\times3.30\times10^{-4} = 3.30\times10^{-4} \text{ atm}$$

よって，1 L に溶解している各気体を取り出して，0℃，1 atm で測定すると，その体積は，

$$V_{N_2} = 14.1\times0.781 = 11.01\cdots \Rightarrow \boxed{11.0} \text{ mL}$$

$$V_{O_2} = 28.3 \times 0.210 = 5.943\cdots \Rightarrow \boxed{5.94}\ \text{mL}$$
$$V_{CO_2} = 759 \times 3.30 \times 10^{-4} = 0.2504\cdots \Rightarrow \boxed{0.250}\ \text{mL}$$

なお，これらを mol/L の単位で表すと，

$$[N_2(水)] = 11.0/22400 = 4.9 \times 10^{-4}\,(\text{mol/L})$$
$$[O_2(水)] = 5.94/22400 = 2.7 \times 10^{-4}\,(\text{mol/L})$$
$$[CO_2(水)] = 0.250/22400 = 1.1 \times 10^{-5}\,(\text{mol/L})$$

であり，意外（？）に多く溶けていることがわかります．

## ┈┈《密閉系での気体の溶解量計算》┈┈

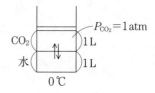

41　0℃，1 atm（$=1.013 \times 10^5$ Pa）で，1 L の $CO_2$ と 1 L の水が接していて溶解平衡にある．今，容器の温度を 20℃ まで上げて，以下の条件下で放置した．以下の，$V$, $P$ を求めよ．

(1)　ピストンを可動にして 1 atm に保つと，$CO_2$ は $V$ L となった．

(2)　ピストンを固定し，気相の体積を 1 L に保つと，$CO_2$ の圧力は $P$ atm となった．

　　なお，$CO_2$ は水 1 L に対し，0℃，1 atm の下での体積を表すと，0℃ では 1.71 L，20℃ では 0.88 L 溶解する．水蒸気圧は無視し，またヘンリーの法則が成り立つとする．

### 解説

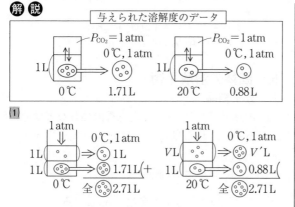

[1]

$CO_2$ は，溶けているか，溶けていないかいずれかですが，溶けている気体も溶けていない気体も，それらの体積を 0℃，1 atm 下においたときの値で考えると，

0℃では ⑳は1.71 L, ⑦は1 L で, 全体は2.71 L

20℃では ⑳は0.88 L, ⑦は$V'$ L で, 全体は2.71 L

です. よって,

$$0.88 + V' = 2.71 \quad \Rightarrow \quad V' = 1.83 \text{ L}$$

ただし, この$V'$は, 不溶の気体を0℃, 1 atmで測定したときの値で, 実際は, 不溶の気体は20℃, 1 atmにおかれて$V$ Lとなっています. そこで, $V/T = V'/T'$より

$$\frac{V}{293} = \frac{1.83}{273} \Rightarrow V = 1.964 \Rightarrow \boxed{1.96} \text{ L}$$

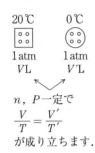

$n$, $P$一定で
$$\frac{V}{T} = \frac{V'}{T'}$$
が成り立ちます.

[2]

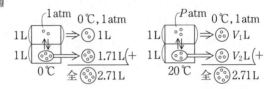

20℃, $P$ atmのもとで不溶の気体の体積は1 Lですが, これを0℃, 1 atm下の体積$V_1$になおすと, $PV/T = P'V'/T'$より

$$\frac{P \times 1}{293} = \frac{1 \times V_1}{273} \Rightarrow V_1 = 0.93 \times P \text{ (L)}$$

$$R = \frac{PV}{nT} = \frac{P'V'}{n'T'}$$
で$n$一定のとき
$$\frac{PV}{T} = \frac{P'V'}{T'}$$
が成り立ちます.

また, 溶解している$CO_2$の体積$V_2$は, 0℃, 1 atm下で表すと

$$V_2 = 0.88 \times P \text{ (L)}$$

です. よって,

$$2.71 = V_1 + V_2 = 0.93P + 0.88P$$
$$P = 1.497\cdots \Rightarrow \boxed{1.5} \text{ atm}$$

## 5 固体の溶解平衡

### (1) 分子結晶

$I_2$(固), ナフタレン(固), 安息香酸(固)などは分子結晶であり, これらは水中には分子のままで溶解します.

$$A(固) \rightleftarrows A(水)$$

そして, このときの平衡定数を$K_0$とすると,

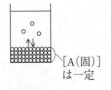

[A(固)]
は一定

$$K_0 = \frac{[A(水)]}{[A(固)]}$$
(一定)

が成り立ちます. ところで, [A(固)]は 結晶中での分子の詰まり度合ですから, これは一定です. そこで, この濃度は平衡定数の中に繰り込み

$$K_0 \times [A(固)] = \underset{(一定)}{K} = [A(水)]$$

と表すことになります. [A(水)]の単位は通常 mol/Lですが, よく溶ける場合は, 水 100 g に 20 g 溶けるというような表現の単位, すなわち g/100g(水) という単位がよく使われます.

　さて, このように分子結晶の場合, 温度を変えないと溶解度は一定なのですが, たとえば, $I_2$ の場合 $I^-$ があると,

$$I_2 + I^- \rightleftharpoons I_3^-$$

の反応が起こって, $I_3^-$ イオンとなっても溶けるため, $I_2$ の全溶解量を増やすことができます. 安息香酸も

$$\bigcirc\!\!\!-COOH \rightleftharpoons \bigcirc\!\!\!-COO^- + H^+$$

の電離平衡がありますから, 分子の形での溶解量は変えられませんが, pH を上げることによって, イオンの形での溶解量を増やすことができるので, 全溶解量を増やすことができます.

---

### 《分子結晶の溶解度》

42 (1) $I_2$(固)の水への溶解度は $10^{-3}$ mol/L である. 0.2 mol/L の KI (aq) へは何 mol/L 溶けるか. ただし, $I^-$ が存在すると, 水中では以下の平衡が存在する.

$$I_2 + I^- \rightleftharpoons I_3^- \qquad 10^3 = \frac{[I_3^-]}{[I_2][I^-]}$$

(2) 安息香酸(固)が水に溶解するとき, 分子形($\bigcirc\!\!\!-COOH$)の溶解度は一定で $S_0$ (mol/L) である. 一方, イオン形($\bigcirc\!\!\!-COO^-$)の溶解度は$[H^+]$によって変化する. 安息香酸の全溶解度を, $S_0$, 電離定数 $K_a$, $[H^+]$で表せ.

---

**解説** 【1】 ここでは, 次の2つの平衡が存在しています.

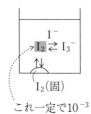

これ一定で$10^{-3}$

$$I_2(固) \rightleftarrows I_2(水) \qquad\qquad 10^{-3} = [\,I_2(水)\,]$$

$$I_2(水) + I^-(水) \rightleftarrows I_3^-(水) \qquad 10^3 = \frac{[\,I_3(水)\,]}{[\,I_2(水)\,][\,I^-(水)\,]}$$

$I_2(固)$が$I_2(水)$となって溶解する量は$10^{-3}\,\mathrm{mol/L}$と一定ですが，$I^-$があると$I_3^-$となって溶けることもできるのでその分溶解度が増加します．今，ヨウ素の全溶解量が$S\,\mathrm{mol/L}$とし，そのうちの$x\,\mathrm{mol/L}$が$I_3^-$になったとすると，

$$\begin{array}{ccc} I_2(水) + & I^-(水) \rightleftarrows & I_3^-(水) \\ S-x & 0.2-x & x \end{array}$$

と表すことができます．ところで，$[\,I_2(水)\,]=S-x=10^{-3}$と決まっていました．そこで，

$$10^3 = \frac{[\,I_3(水)^-\,]}{[\,I_2(水)\,][\,I^-\,]} = \frac{x}{10^{-3}\times(0.2-x)} \ \Rightarrow\ x=0.1$$

となります．これより，ヨウ素の全溶解度$S$は

$$S = 10^{-3} + x = 10^{-3} + 0.1 \overset{(1)}{=} \boxed{0.101}\ \mathrm{mol/L}$$

となり，KIがないときの$10^{-3}\,\mathrm{mol/L}$に比べて，約100倍も溶けることがわかります．

**(2)** この場合も，次の2つの平衡が存在しています．

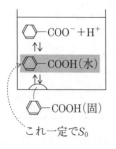

これ一定で$S_0$

$$\bigcirc\!\!-COOH(固) \rightleftarrows \bigcirc\!\!-COOH(水)$$

$$S_0 = [\,\bigcirc\!\!-COOH(水)\,] \qquad\qquad \cdots\cdots①$$

$$\bigcirc\!\!-COOH(水) \rightleftarrows \bigcirc\!\!-COO^-(水) + H^+(水)$$

$$K_a = \frac{[\,\bigcirc\!\!-COO^-(水)\,][\,H^+(水)\,]}{[\,\bigcirc\!\!-COOH(水)\,]} \qquad \cdots\cdots②$$

ここで

$$全溶解度 = [\,\bigcirc\!\!-COOH(水)\,] + [\,\bigcirc\!\!-COO^-(水)\,]$$

と表されます．この第1項は①式より$S_0$，第2項は②と①式より$K_a S_0/[\,H^+(水)\,]$となります．よって，

$$全溶解度 = S_0 + S_0 K_a/[\,H^+\,] = \boxed{S_0\left(1 + \frac{K_a}{[\,H^+\,]}\right)}$$

**易溶性の塩の例**

NaCl, KCl,
$Na_2SO_4$, $MgSO_4$, …
$AgNO_3$, $Ni(NO_3)_2$, …

**難溶性の塩の例**

AgCl
$BaSO_4$, $PbSO_4$…
$Ag_2CrO_4$, …

▶ ## (2) イオン結晶(塩)

イオン結晶(塩)には水によく溶けるものもあれば，わずかしか溶けないものもありますが，いずれにしても，溶けるときは，そのほとんどが陽イオンと陰イオンに分かれて溶けていきます．そこで，たとえば，よ

く溶ける NaCl(固), あまり溶けない $Ag_2CrO_4$(固)の
いずれも, その溶解平衡は

$$NaCl(固) \rightleftharpoons Na^+(水) + Cl^-(水)$$
$$Ag_2CrO_4(固) \rightleftharpoons 2Ag^+(水) + CrO_4^{2-}(水)$$

のように表されます. これらの平衡定数を $K_0$ とする
と,

$$K_0 = \frac{[\,Na^+(水)\,][\,Cl^-(水)\,]}{[\,NaCl(固)\,]}$$

$$K_0 = \frac{[\,Ag^+(水)\,]^2[\,CrO_4^{2-}(水)\,]}{[\,Ag_2CrO_4(固)\,]}$$

と表されますが, ここでも, [ NaCl(固) ],  ◀ (☞ p.83)
[ $Ag_2CrO_4$(固) ]は一定であるため, これらと $K_0$ をか
け合わせたものを新たに $K$ として

$$\begin{aligned} K_0 \times [\,NaCl(固)\,] \\ = \underset{(一定)}{K} = [\,Na^+(水)\,][\,Cl^-(水)\,] \end{aligned}$$

$$\begin{aligned} K_0 \times [\,Ag_2CrO_4(固)\,] \\ = \underset{(一定)}{K} = [\,Ag^+(水)\,]^2[\,CrO_4^{2-}(水)\,] \end{aligned}$$

と書き表されます. ここで, $A^{a+}$ と $B^{b-}$ からなる塩の
化学式を一般に $A_mB_n$, そして水への溶解平衡を

$$A_mB_n \rightleftharpoons mA^{a+} + nB^{b-} \qquad (am=bn)$$

と表すとすると, 平衡定数 $K$ は一般に

$$K = [A^{a+}]^m[B^{b-}]^n$$

と表されます. 今, $A_mB_n$ が $S$ mol/L 溶けて平衡にな
ったとすると, $A_mB_n$ 1 個あたり $A^{a+}$ が $m$ 個, $B^{b-}$ が
$n$ 個生じますから,

$A_mB_n \rightleftharpoons mA^{a+} + nB^{b-}$
全 $-S$     $mS$     $nS$

$$[A^{a+}] = mS, \quad [B^{b-}] = nS$$

となり, これを $K = \sim$ の式に代入しますと,

$$K = (mS)^m \times (nS)^n \Rightarrow S は一定$$

となります. つまり, 分子結晶の場合と同様にイオン
結晶の場合も, 温度が一定なら, 溶解度は一定となり

ます.

　ただ，もし，水中にあらかじめ電解質が溶けていて，それらから $A^{a+}$ または $B^{b-}$ が生じていたときは，そうはなりません．たとえば，塩 AB の溶解平衡

$$AB \rightleftharpoons A^+ + B^- \qquad K = [A^+][B^-] \ (mol/L)^2$$

において，$A^+$ があらかじめ $x$ mol/L 含まれている溶液に AB が $S$ mol/L 溶けて平衡になったとすると

$$[A^+] = x + S \qquad [B^-] = S$$

となりますから，$S$ は次の2次方程式

$$K = (x + S) \times S$$

の解となります．$x = 0$，つまり塩の出すイオンと共通なイオンがないときに比べて，$x \neq 0$ つまり共通なイオンがあるときとでは，$S$ の値は明らかに減少しますね.

**塩（イオン結晶）の溶解度は共通イオンの存在で減る**
のです.

　ところで，それでは共通イオンの存在でどの程度溶解度は影響を受けるのでしょうか．2つの極端な例をもとに考えてみます.

　(i)　$S \gg x$ で，$S + x \fallingdotseq S$ となるとき

$$K = (S + \not{x})S \fallingdotseq S^2 \Rightarrow S \fallingdotseq \sqrt{K}$$

　(ii)　$S \ll x$ で，$S + x \fallingdotseq x$ となるとき

$$K = (\not{S} + x)S \fallingdotseq xS \Rightarrow S \fallingdotseq K/x$$

　(i)は，たとえば純水に対して 10 mol/L ぐらい溶ける塩すなわち，水への溶解度が非常に大きい塩について，共通イオンが $x = 0.1$ 程度入ったような場合です．よく溶ける塩の場合，共通イオンの効果はあるものの，たかが知れているのです.

　(ii)は，たとえば純水に対して $10^{-4}$ mol/L ぐらいしか溶けない塩，すなわち難溶性の塩について，共通イオンが $x = 0.1$ 程度入ったような場合です．この場合，溶解度は $K/x$ となり，まさに共通イオン濃度次第ということになります.

　以上から，塩の溶解度を理論的に扱う場合，通常は

$$K = (S + x) \times S > S^2$$
$$\Rightarrow \sqrt{K} > S$$

$\left( \begin{array}{l} x = 0, \text{つまり共通イオ} \\ \text{ンがないときは } S = \sqrt{K} \\ \text{ですから，共通イオンが} \\ \text{あるときは，その溶解度} \\ \text{は，明らかに減少してい} \\ \text{ます.} \end{array} \right)$

（ i ） 易溶性塩は，共通イオン効果を考えず，水 100 g に○ g 溶けるという単純な扱いをする．

（ ii ） 難溶性塩は，共通イオン効果を重視し，

$$K=[A^{a+}]^m[B^{b-}]^n$$

という式を使って議論する．

ということになっています．この $K$ の値は，**溶解度積**と呼ばれて，$K_{sp}$ と表記されています．

◄solubility product
溶解度 積

--- 《易溶性塩の溶解度－1》 ---

43 右図は KNO₃ の溶解度曲線である．溶解度は水 100 g に対し溶解する KNO₃ の質量（g）の値で示されている．今，50 ℃で 30 質量％の KNO₃ の水溶液 100 g がある．この溶液から KNO₃ の結晶を析出させる．以下の問いに答えよ．

(1) 冷却すると何度から結晶が析出するか．

(2) 50 ℃に保ち水を蒸発させると，溶液が何 g になったときから結晶が析出するか．

(3) 溶液から水を 50 g 蒸発させた後に，0 ℃まで冷却すると，結晶は何 g 得られるか．

溶解度 $\left(\dfrac{g}{100g(水)}\right)$
温度（℃）
109 100 85 64 46 32 22 13
10 20 30 40 50 60

**解 説** 問題に入る前に，溶解度曲線の見方，使い方についてまず述べておきましょう．溶解度曲線は，水 100 g に対し溶ける塩の上限量（g）が温度とともにどう変化するのかを示したものです．これを超えた量は溶けない，あるいは，溶けた状態（過飽和と言います）があったとしても，それは長続きせず，最終的には過剰量は析出することを意味します．したがって，溶液が落ちついた状態（安定な状態）になったとき，溶解度曲線を超えるような濃度になることは決してありません．一方，溶解度曲線より下の領域は，不飽和の状態であり，このような濃度は当然あり得ます．すなわち，塩Aの濃度を［A(水)］，溶解度を $S$ としたとき

［A(水)］$>S$ …過飽和で塩が析出し［A(水)］$=S$ となる

［A(水)］$=S$ …飽和で何も起こらない

［A(水)］$<S$ …不飽和で何も起こらない

ということができます．これを図示すると下図のようになります．

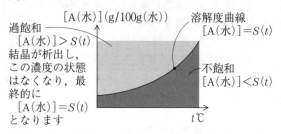

[1] 不飽和な溶液（[A(水)]<$S(t)$）から結晶が析出するようになるのは，温度を下げるか，濃度を上げるかして，飽和状態，つまり溶解度曲線と交わるようにするときです．(1)は温度を下げる方法，(2)は水を蒸発させて濃度を上げる方法です．

溶解度曲線のグラフでは，濃度の単位が g/100g(水)となっています．一方，この問題では，$KNO_3$ の濃度は質量%の単位で与えられているので，まずこの質量%濃度を溶解度の単位に変換しておきましょう．30 質量%の $KNO_3$(aq)の 100 g 中には，

$$KNO_3 \text{ が } 30\,g \text{ と水が } 100-30=70\,g$$

含まれています．もし，水 100 g であったのなら，

$$KNO_3 \text{ が } \quad 30\times\frac{100}{70}=43\,g \text{ 溶けている}$$

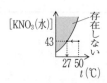

ことになりますから，この溶液の濃度は溶解度と同じ単位で表すと 43 g/100g(水)となります．温度を下げていったとき，結晶が析出するまでは，水中の $KNO_3$，水の量は不変ですので，この濃度のまま推移します．よって，溶解度曲線と[A(水)]=43 との交点の温度が結晶が析出する温度で，それはグラフより[1] 27 ℃です．

[2] 温度を 50 ℃に保って水を蒸発させていくと，$KNO_3$ の濃度は上昇していきます．そして，その濃度が 50 ℃での飽和濃度 85 g/100g(水)に達したときから結晶が析出し始めます．今，このときまでに水を $x$ g 蒸発させたとすると，

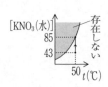

| $KNO_3$ ➡ | 30 | | | = | $\frac{85}{100}$ |
|---|---|---|---|---|---|
| 水 ➡ | 70 | $-x$ | | | |
| | 前 | 後 | | | |

$$\Rightarrow 70-x = 30\times\frac{100}{85}$$

$$x = 34.7 \Rightarrow 35 \text{ g}$$

となります. よって, 溶液の質量は $100-35=\overset{(2)}{\boxed{65}}$ g です.

(3) 水が 50 g 蒸発し, $KNO_3$ が $x$ g 析出したとき, 上澄液は 0 ℃の飽和溶液 13 g/100g(水)の濃度になっています.

$$\begin{array}{c} KNO_3 \blacktriangleright \\ 水 \blacktriangleright \end{array} \begin{array}{|c|c|} 30 & -x \\ \hline 70 & -50 \end{array} = \frac{13}{100}$$
前　　後

$$\Rightarrow 30-x = 20 \times \frac{13}{100}$$

$$x = 27.4 \Rightarrow \overset{(3)}{\boxed{27}} \text{ g}$$

---

### 《易溶性塩の溶解度－2》

44　$Na_2SO_4$ は水溶液から結晶が析出するとき, 32.4 ℃ 以下では $Na_2SO_4 \cdot 10H_2O$ が, 32.4 ℃ 以上では, $Na_2SO_4$ が析出することが知られている.

今, 200 g の水に $Na_2SO_4$ を 90 g 加えて 40 ℃ に保ったところ, 完全に溶けた. この溶液を,

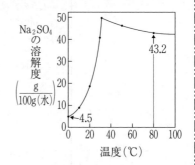

(1) 80 ℃まで温度を上げたとき, (2) 0 ℃まで温度を下げたとき, それぞれ何 g の結晶が析出するか. ただし, 式量は $Na_2SO_4 = 142$, $H_2O = 18$ とする.

**解説** [1]

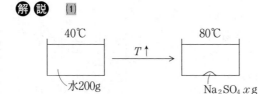

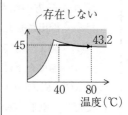

水 200 g に対し $Na_2SO_4$ 90 g が溶けている溶液の濃度は 45 g/100g(水)です. 80 ℃では, この濃度は溶解度 43.2 g/100 g(水)を超えていますから結晶が析出します. 80 ℃ > 32.4

℃ですから，このとき析出するのは $Na_2SO_4$ で，この量を $x$ gとすると，上澄液について以下の関係式が得られます．

$$\begin{array}{c|c|c} Na_2SO_4 \Rightarrow & 90 & -x \\ \hline 水 \Rightarrow & 200 & \end{array} = \frac{43.2}{100} \Rightarrow x = \boxed{3.6}^{(1)} g$$

前　　後

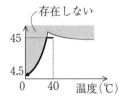

存在しない

45

4.5

0　40　温度(℃)

**2**

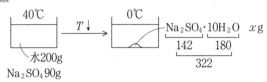

40℃ 　　　$T\downarrow$　　0℃　$Na_2SO_4 \cdot 10H_2O$　$x$ g

水200g　　　　　　　142　　180

$Na_2SO_4$ 90g　　　　　　322

　0℃まで冷却したとき，$45 > 4.5$ (g/100g(水)) となりますから，結晶が析出します．ただし，$0℃ < 32.4℃$ ですからこのときの結晶は $Na_2SO_4 \cdot 10H_2O$ で，析出した $x$ g の結晶の中には，142/322 しか $Na_2SO_4$ が含まれておらず，また水も，180/322 含まれています．上澄液の濃度について式を立てると

$$\begin{array}{c|c|c} Na_2SO_4 \Rightarrow & 90 & -x \times \dfrac{142}{322} \\ \hline 水 \Rightarrow & 200 & -x \times \dfrac{180}{322} \end{array} = \frac{4.5}{100}$$

前　　　後

$$90 - x \times \frac{142}{322} = 9 - x \times \frac{8}{322}$$

$$\Rightarrow \quad x = 81 \times \frac{322}{134} = 194.6\cdots \Rightarrow \boxed{1.9 \times 10^2 \, g}^{(2)}$$

---

**《易溶性塩の溶解度－3》**

**45** 50℃で100gの水に，KCl，$KNO_3$ がともに31g溶解している混合溶液がある．この中から，いずれか一方の結晶のみをできるだけ多く析出させたい．次の(1)，(2)で

(1) 50℃で水を蒸発させる

(2) 温度を下げる

と KCl，$KNO_3$ のいずれが最大何g得られるか．

ただし，KCl，$KNO_3$ の共存によって溶解度には影響がないものとする．

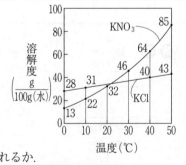

**解説** [1] 水を蒸発させて濃度を 31 g/100g(水)より上げていくと，50 ℃での溶解度は KCl が 43 g/100g(水)，KNO₃ が 85 g/100g(水)であるので，まず KCl が析出してきます．結晶が KCl のみであり，かつ最大限得るためには，KNO₃ が飽和する量まで水を蒸発させればいいですね．このときの水溶液中の水の量を $W_水$ g とすると，溶液は KNO₃ で飽和しているのですから，

$$\frac{KNO_3 \rightarrow 31}{水 \rightarrow W_水} = \frac{85}{100} \Rightarrow W_水 = 36.5\,g$$

そして，このときまでに析出した KCl が $x$ g とすると

$$\frac{KCl \rightarrow 31-x}{水 \rightarrow 36.5} = \frac{43}{100} \Rightarrow x = 15.3 \Rightarrow^{(1)} \boxed{KCl\ が\ 15\ g}$$

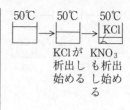

50℃ KCl が析出し始める → 50℃ KNO₃ も析出し始める → 50℃ KCl

[2] 温度を下げると KNO₃ は約 20 ℃，KCl は 10 ℃で飽和します．そこで，まず KNO₃ が析出しますが，KCl が析出せずにかつ結晶量が最大となるのは，温度を 10 ℃まで下げたときです．このとき

$$31 - 22 =^{(2)} \boxed{9\ g\ の\ KNO_3}$$

が得られます．

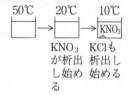

50℃ KNO₃ が析出し始める → 20℃ KCl も析出し始める → 10℃ KNO₃

---

**《難溶性の塩の溶解度》**

46　AgCl の溶解度(mol/L)を，次の(1)～(3)の場合について求めよ．

   (1)　純水　　　　(2)　1 mol/L HCl(aq)　　　(3)　1 mol/L NH₃(aq)

ただし，$K_{sp} = [Ag^+][Cl^-] = 10^{-10}\ (mol/L)^2$

$$K = \frac{[[Ag(NH_3)_2]^+]}{[Ag^+][NH_3]^2} = 10^7\ (mol/L)^{-2}$$

とし，NH₃ の電離平衡は無視し，有効数字 1 桁で答えよ．

**解説** AgCl が $S$ mol/L 解けて平衡状態にあるとします．

[1]　$AgCl(固) \rightleftarrows Ag^+ + Cl^-$
全$-S$　　　$S$　　$S$　　$\Rightarrow$　$\boxed{\begin{array}{l}[Ag^+] = S\\ [Cl^-] = S\end{array}}$

$$K_{sp} = [Ag^+][Cl^-] = S \times S \Rightarrow S = \sqrt{K_{sp}} =^{(1)} \boxed{10^{-5}}\ mol/L$$

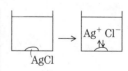

AgCl → Ag⁺ Cl⁻

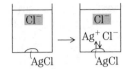

(2) この場合，水中には，HCl 由来の $Cl^-$ がすでに $1\ mol/L$ 含まれています．

$$AgCl(固) \rightleftharpoons Ag^+ + Cl^-$$
全$-S$　　$S$　$1+S$

$\Rightarrow$ $\boxed{\begin{array}{l}[Ag^+]=S\\ [Cl^-]=1+S\end{array}}$

$$K_{sp} = [Ag^+][Cl^-] = S \times (1+S)$$

この $S$ についての 2 次方程式を解けば，$S$ の値が得られます．ただ，$K_{sp}=S(1+S)>S^2$ $\Rightarrow$ $\sqrt{K_{sp}}=10^{-5}>S$ ですから，

$$1+\cancel{S} \fallingdotseq 1$$

と近似できますね．そこで

$$K_{sp}=S\times(1+\cancel{S}) \fallingdotseq S \Rightarrow S = \boxed{10^{-10}}^{(2)} \ll 1 \quad OK$$

となります．共通イオン $Cl^-$ の存在で，AgCl の溶解度が激しく（$10^5$ 分の 1 に）減少していることがわかりますね．

(3)

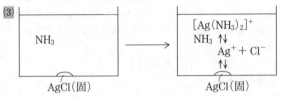

AgCl(固)　　　　　　　　　　AgCl(固)

この場合，水中には $Ag^+$ を錯イオンにする $NH_3$ が存在します．$S'\ mol/L$ が錯イオンになっているとします．

$$AgCl(固) \rightleftharpoons Ag^+ + Cl^-$$
　　　　　　○$-S$　　$S-S'$　　$S$

$$Ag^+ + 2NH_3 \rightleftharpoons [Ag(NH_3)_2]^+$$
$S-S'$　$1-2S'$　　$S'$

$\boxed{\begin{array}{l}[Ag^+]=S-S'\\ [Cl^-]=S\\ [NH_3]=1-2S'\\ [Ag(NH_3)_2]^+=S'\end{array}}$

実際は，$[NH_3]=1-2S'$ ではなく，$NH_3$ の電離反応：
$$NH_3+H_2O$$
$$\rightleftharpoons NH_4^+ + OH^-$$
で $NH_3$ はさらに $0.004\ mol/L$ ぐらい減少しますが，本問での指定により，それは無視します．

$$K_{sp} = [Ag^+][Cl^-] = (S-S') \times S \quad \cdots\cdots① $$

$$K = \frac{[[Ag(NH_3)_2]^+]}{[Ag^+][NH_3]^2} = \frac{S'}{(S-S') \times (1-2S')^2} \quad \cdots\cdots②$$

この ①，② を連立して解けば $S$ が求まります．ただ，それは $S$ についての 4 次方程式になり，解くことは困難です．

ここで，少し冷静になって，状況を見つめてみましょう．まず，溶けた $Ag^+$ は，ほとんどが錯イオンになっているはずですから

$$S' \fallingdotseq S \quad\quad \cdots\cdots③$$

また, NH₃ は錯イオンに使われる量を十分にオーバーするだけ加えられていますから, たぶん

$$[NH_3] = 1 - 2S' \fallingdotseq 1 \quad \cdots\cdots ④$$

と近似できます. ①×② とこの近似 ③, ④ を使うと,

$$K_{sp} \times K = \frac{S \times S'}{(1 - 2S')^2} \fallingdotseq \frac{S^2}{1^2} \Rightarrow S \fallingdotseq \sqrt{K \times K_{sp}}$$
$$= \sqrt{10^{-3}} \fallingdotseq 0.03$$

となります. 実際この値を①に代入すると

$$S - S' = K_{sp}/S \fallingdotseq 3 \times 10^{-9} \quad \text{で} \quad S \fallingdotseq S' \quad \text{OK}$$
$$1 - 2S' = 1 - 0.03 \times 2 \quad \text{で} \quad 1 - 2S' \fallingdotseq 1 \quad \text{OK}$$

です. 少なくとも有効数1桁ならこれで十分でしょう. よって,

$$S = \boxed{0.03}^{(3)} \text{mol/L}$$

純水の場合の溶解度 $10^{-5}$ mol/L の約 3000 倍も溶けたことがわかりますね.

┌───── 《Cl⁻ の Ag⁺ による沈殿滴定》 ─────

47 以下の問の操作で溶液の体積は保存するとする.

(1) 1 mol/L の NaCl(aq) 10 mL に 1 mol/L の AgNO₃(aq) $v$ mL 滴下したときの $[Ag^+]$ を

   (i) $v < 10$,  (ii) $v = 10$,  (iii) $v > 10$

に分けて表せ. ただし, (i), (iii) で $[Ag^+]$ が $10^{-4} \sim 10^{-6}$ の場合は考えない. $K_{sp} = [Ag^+][Cl^-] = 10^{-10}$ (mol/L)²

(2) NaCl(aq) にあらかじめ K₂CrO₄ を加えておくと, あるときから Ag₂CrO₄ の赤色沈殿が生じ始める. そのときが $v = 10$ のときであるためには, 加えておくべき K₂CrO₄ の濃度(mol/L)はいくらでなくてはならないか. $K_{sp} = [Ag^+]^2[CrO_4{}^{2-}] = 2 \times 10^{-11}$ (mol/L)³ とする.

**解説** [1] 2つの液を混ぜると, 溶液の体積が $(10 + v)$ mLとなるため互いに薄め合うことによって, 各イオンの濃度は減少します.

$$[Cl^-] = 1 \times \frac{10}{10 + v} = \frac{10}{10 + v}$$

$$[Ag^+] = 1 \times \frac{v}{10 + v} = \frac{v}{10 + v}$$

さらに, Ag⁺ と Cl⁻ は AgCl となって沈殿します. ただ, 沈殿は完全ではないので, その量を $x$ mol/L としますと,

$$[Cl^-] = \frac{10}{10+v} - x$$

$$[Ag^+] = \frac{v}{10+v} - x$$

となり，この状態で溶解平衡の状態にあるのですから，

$$K_{sp} = [Ag^+][Cl^-] = \left(\frac{10}{10+v} - x\right)\left(\frac{v}{10+v} - x\right)$$

となります．この2次方程式を解けば，$x$ の値が得られます．ただ，こうして $x$ を求めて，それから $[Ag^+]$ を求めるとき，見通しは決して明るくはないですね．

確かに沈殿反応は不完全です．でも，計算にあたってはまず，可能な $Ag^+$ と $Cl^-$ のペアはすべて沈殿し，その後，その液に AgCl が $S$ mol/L 溶けて平衡になったと考えて計算したらどうでしょう．

たとえば，$v=5$ のとき ▶
$(2/3-x)(1/3-x) = 10^{-10}$ の2次方程式を解けば $x$ が求まりますが

『こんなもの公式を使えば簡単に計算できる！』と思う人は，一度試して下さい．

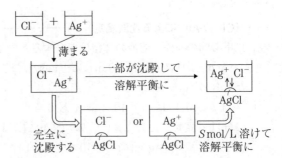

まず，可能な $Ag^+$ と $Cl^-$ のペアがすべて沈殿したとき，

(i) $v<10$ では $Cl^-$ が残りますから

$$[Cl^-]_{残} = \frac{10}{10+v} - \frac{v}{10+v} = \frac{10-v}{10+v}$$

(ii) $v=10$ では，$Ag^+$，$Cl^-$ いずれも 0 となります．

(iii) $v>10$ では $Ag^+$ が残りますから，

$$[Ag^+]_{残} = \frac{v}{10+v} - \frac{10}{10+v} = \frac{v-10}{10+v}$$

ここに AgCl が $S$ mol/L 溶けて平衡になったとすると

(i) $v<10$ では $\quad [Cl^-] = \frac{10-v}{10+v} + S \quad [Ag^+] = S$

(ii) $v=0$ では $\quad [Cl^-] = S \quad [Ag^+] = S$

(iii) $v>10$ では $\quad [Cl^-] = S \quad [Ag^+] = \frac{v-10}{10+v} + S$

となります. これらを, $K_{sp} = [Ag^+][Cl^-]$ に代入します.

（i）$v < 10$ では

$$K_{sp} = \left( \frac{10-v}{10+v} + S \right) \times S$$

の2次方程式を解きます. ただ, 問題文により $[Ag^+] = 10^{-4}$ ～ $10^{-6}$ は除外するのですから $[Cl^-] = 10^{-6} \sim 10^{-4}$ も除外され, この場合は $[Cl^-] > 10^{-4}$ となりますから, $[Ag^+] = S < 10^{-6}$ となり

$$[Cl^-] = \frac{10-v}{10+v} + \cancel{S} \fallingdotseq \frac{10-v}{10+v}$$

と近似されます. よって,

$$[Ag^+] = S = K_{sp}/[Cl^-] = \boxed{\frac{10+v}{10-v} \times 10^{-10}}$$

(ii)では $K_{sp} = S^2 \Rightarrow S = \sqrt{K_{sp}} = \boxed{10^{-5}}$

(iii)では $[Ag^+] > [Cl^-]$ であり, $[Ag^+]$ は $10^{-4} \sim 10^{-6}$ を除外しますから, $[Ag^+] > 10^{-4}$ で $[Cl^-] = S < 10^{-6}$ です. よって,

$$[Ag^+] = \frac{v-10}{10+v} + \cancel{S} \fallingdotseq \boxed{\frac{v-10}{10+v}}$$

のようにして, 近似値を容易に求めることができます. これらより具体的な計算を実行すると, 右表のようになります. そして, $pAg = -\log[Ag^+]$ を縦軸に, $v$ を横軸にグラフで表すと右図のようになります. 強塩基と強酸の中和滴定曲線に似てますね.

[2] 滴定の完了点 $v = 10$ では $[Ag^+] = 10^{-5}$ です. このとき赤色 $Ag_2CrO_4$ が沈殿し始めるのですから,

$$[Ag^+]^2[CrO_4^{2-}] = 2 \times 10^{-11}$$

が成り立っていなくてはなりません. ここで, あらかじめ加えておいた $CrO_4^{2-}$ の濃度を $[CrO_4^{2-}]_0$ とすると, このとき溶液は 10 mL から 20 mL に増加していて濃度は 1/2 になっていますから, $[CrO_4^{2-}] = [CrO_4^{2-}]_0 \times (1/2)$ です. よって

$$K_{sp} = (10^{-5})^2 \times ([CrO_4^{2-}]_0/2) = 2 \times 10^{-11}$$

$$\Rightarrow [CrO_4^{2-}]_0 \overset{(2)}{=} \boxed{0.4} \text{ mol/L}$$

ところで, $CrO_4^{2-}$ は黄色をしていますが, 0.4 mol/L のような大きな濃度であるなら, $v = 10$ mL でたとえ $Ag_2CrO_4$ の赤色沈殿が生じたとしてもその判別は難しく, 沈殿の完了点を知ることはできないでしょう. $v = 10.01$ の点は滴定の終了点をわずか 0.1 % 超えた点ですが, このとき先の計算によ

| $v$ | $[Ag^+]$ | $v$ | $[Ag^+]$ |
|---|---|---|---|
| 0 | 0 | 10.01 | $5 \times 10^{-4}$ |
| 1 | $10^{-10}$ | 10.1 | $5 \times 10^{-3}$ |
| 5 | $3 \times 10^{-10}$ | 11 | $5 \times 10^{-2}$ |
| 9 | $2 \times 10^{-9}$ | 15 | $1/5$ |
| 9.9 | $2 \times 10^{-8}$ | 20 | $1/3$ |
| 9.99 | $2 \times 10^{-7}$ | | |
| 10 | $10^{-5}$ | | |

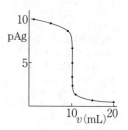

る表中の値より$[Ag^+]=5\times10^{-4}$ です．この時点で $Ag_2CrO_4$ が析出し始めたのなら，

$$[Ag^+]^2[CrO_4^{2-}]=(5\times10^{-4})^2\times([CrO_4^{2-}]_0/2)=2\times10^{-11}$$
$$[CrO_4^{2-}]_0 \fallingdotseq 2\times10^{-4}(mol/L)$$

です．この程度なら，変色を見分けることができそうですね．そこで，一般には $Cl^-$ の $Ag^+$ による沈殿滴定の終点の判定は $CrO_4^{2-}$ を指示薬にして，赤色の $Ag_2CrO_4$ が生じることによって行いますが，滴定の終了点をやや超えたところで変色が起こるぐらいの $CrO_4^{2-}$ の濃度に調整されています．

---
#### 《沈殿によるイオンの分離−1》

48 $CaSO_4$，$BaSO_4$ はいずれも水に難溶であるが，その溶解度積 $K_{sp}$ は $CaSO_4$ が $10^{-5}$ $(mol/L)^2$，$BaSO_4$ が $10^{-10}$ $(mol/L)^2$ と異なっている．この違いを利用して，$Ca^{2+}$，$Ba^{2+}$ の混合液から，一方のイオンを沈殿として分離することができる．今，それぞれ $0.1$ mol/L の $Ca^{2+}$ と $Ba^{2+}$ を含む溶液 $10$ mL に $0.1$ mol/L の $SO_4^{2-}$ を含む水溶液を加えて，純粋な $BaSO_4$ を最大限沈殿として得たい．$0.1$ mol/L の $SO_4^{2-}$ を何 mL 加えればよいか．

**解説**

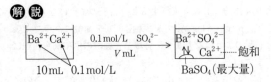

沈殿が生じる条件は ▶
$[Ca^{2+}][SO_4^{2-}]>10^{-5}$
$[Ba^{2+}][SO_4^{2-}]>10^{-10}$
ですから，$[Ca^{2+}]=[Ba^{2+}]=10^{-1}$のとき，$[SO_4^{2-}]$が
$CaSO_4$ では $10^{-4}$ より大
$BaSO_4$ では $10^{-9}$ より大
のときに沈殿が生じます．さて，$SO_4^{2-}$ を加えていったとき $SO_4^{2-}$ の濃度は
$0\to10^{-9}\to10^{-4}\to$と上がっていきますから，まず$BaSO_4$ の沈殿が生じることがわかります．

　$Ba^{2+}$，$Ca^{2+}$ の濃度が同じで，$K_{sp}$ が $BaSO_4(10^{-10})\ll CaSO_4$ $(10^{-5})$ であることより，混合液に $SO_4^{2-}$ を加えるとまず $BaSO_4$ が優先的に沈殿することは明らかでしょう．そして，$BaSO_4$ の沈殿が純粋かつ最大量であるためには，$CaSO_4$ が析出する直前 ⇔ $CaSO_4$ が飽和状態になるまで $SO_4^{2-}$ を加えることになります．

　そのときまでに加える $SO_4^{2-}$ (aq) の溶液の体積をここでは求めるのですが，いきなり求めるのは少し手ごわそうですから，まず，$Ba^{2+}$ と同モルの $SO_4^{2-}$ を加えた場合，つまり $10$ mL 加えたときどうなっているのかあたりから調べてみましょう．このとき，$Ba^{2+}$ と $SO_4^{2-}$ が等モルですから，これらペアがひとまず完全に沈殿し，その後 $S$ mol/L 溶解して平衡状態になったとしますと，

$$[\text{Ba}^{2+}]=S, \quad [\text{SO}_4{}^{2-}]=S$$

となりますから,

$$K_{\text{sp}}=[\text{Ba}^{2+}][\text{SO}_4{}^{2-}]=S^2 \Rightarrow S=\sqrt{K_{\text{sp}}}=10^{-5}$$

です. そして, このとき溶液の体積は, 10 mL から 20 mL,
つまり 2 倍になっていますから, $[\text{Ca}^{2+}]=0.1\times1/2$ です.

　そこで

$$\widetilde{K}_{\text{sp}}=[\text{Ca}^{2+}][\text{SO}_4{}^{2-}]=\frac{0.1}{2}\times10^{-5}<K_{\text{sp}}=10^{-5}$$

ですから, $\text{CaSO}_4$ は不飽和で, まだ沈殿していません. ここ
で, あと 0.1 mol/L の $\text{SO}_4{}^{2-}$ を $\Delta v$ mL 加えたとき $\text{CaSO}_4$ も
飽和状態になるとしましょう. そして, このときの $\text{BaSO}_4$
の溶解度を $S'$ mol/L とすると, $\text{BaSO}_4$ について以下の関係
式が成り立ちます.

$$\text{BaSO}_4 \rightleftarrows \text{Ba}^{2+} + \text{SO}_4{}^{2-}$$

$$全-S' \quad S' \quad 0.1\times\frac{\Delta v}{20+\Delta v}+S'$$

$$K_{\text{sp}}=[\text{Ba}^{2+}][\text{SO}_4{}^{2-}]=S'\times\left(0.1\times\frac{\Delta v}{20+\Delta v}+S'\right)$$
$$=10^{-10} \quad \cdots\cdots①$$

一方, $\text{CaSO}_4$ は飽和していますから, 次式が成り立ちます.

$$K_{\text{sp}}=[\text{Ca}^{2+}][\text{SO}_4{}^{2-}]$$
$$=0.1\times\frac{10}{20+\Delta v}\times\left(0.1\times\frac{\Delta v}{20+\Delta v}+S'\right)$$
$$=10^{-5} \quad \cdots\cdots②$$

ここで, $\Delta v$ はほんの少量で, $20+\Delta v≒20$ と近似できると
予想されるので, まず,

$$[\text{Ca}^{2+}]=0.1\times\frac{10}{20+\Delta v}≒0.1/2$$

これを②式に代入して,

$$[\text{SO}_4{}^{2-}]≒\left(0.1\times\frac{\Delta v}{20}+S'\right)=2\times10^{-4} \quad \cdots\cdots③$$

として, これを①式に代入して

$$[\text{Ba}^{2+}]=S'≒\frac{1}{2}\times10^{-6}$$

さらに, これを③式に代入すると

$$0.1\times\frac{\Delta v}{20}+\frac{1}{2}\times10^{-6}=2\times10^{-4}$$

$$\Delta v≒4\times10^{-2}(\ll20 \quad \text{OK})$$

と求まります. すなわち, 0.1 mol/L の $\text{SO}_4{}^{2-}$ (aq) を

◀過剰な $\text{SO}_4{}^{2-}$ の濃度 ▨ は
0.1 mol/L の $\text{SO}_4{}^{2-}$ (aq) の
$\Delta v$ mL が
$10+10+\Delta v=20+\Delta v$ mL
にうすめられたと考えれば

$$\Delta v \text{(mL)} \longrightarrow 20+\Delta v \text{(mL)}$$

$$0.1\times\frac{\Delta v}{20+\Delta v}\left(\frac{\text{mol}}{\text{L}}\right)$$

と求めることができます

$$V = 10 + \Delta v = \boxed{10.04} \text{ mL}$$

加えたときが，純粋な $BaSO_4$ が最大量得られるときです．
なお，このとき，$Ba^{2+}$ は

$$\frac{\text{残 } Ba^{2+}}{\text{全 } Ba^{2+}} = \frac{1/2 \times 10^{-6} \times 20.04 \text{ (m mol)}}{0.1 \times 10 \text{ (m mol)}} \fallingdotseq 10^{-5}$$

つまり，100000万分の1だけ液中に残っていて，一方，
$Ca^{2+}$ は100％液中に残っているということになります．こう
して，$Ba^{2+}$ と $Ca^{2+}$ の事実上完全な分離に成功したことにな
ります．

---

## 《沈殿によるイオンの分離－2》

49 PbS，ZnS はいずれも難溶性の物質であるが，酸性にするとその溶解
度を上げることができる．しかし，溶解度積 $K_{sp}$ の値が PbS $10^{-28}$ $(\text{mol/L})^2$，
ZnS $10^{-22}$ $(\text{mol/L})^2$ で異なっているので，$[H^+]$ をうまく調整すると2つ
のイオンを分離することができる．

今，いずれも $0.01$ mol/L の $Pb^{2+}$，$Zn^{2+}$ を含む混合溶液に $H_2S$ ガスを飽
和させて，$Pb^{2+}$ の $99.99\%$ 以上を純粋な PbS の沈殿として回収するとす
る．$[H^+]$ はどの範囲にすればよいか．ただし，$H_2S$ を飽和させたとき
$[H_2S] = 0.1$ $(\text{mol/L})$ であり，また，

$$K = \frac{[H^+]^2[S^{2-}]}{[H_2S]} = 10^{-21} \text{ } (\text{mol/L})^2$$

が成り立つものとする．

### 解説

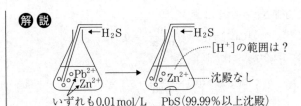

いずれも0.01mol/L　　PbS（99.99％以上沈殿）

$Pb^{2+}$ の $99.99\%$ 以上が沈殿したとき，液中に残っている
$Pb^{2+}$ は

$$0.01 \times 10^{-4} = 10^{-6} \text{ (mol/L)}$$

以下となります．このとき，PbS について溶解平衡の状態
にありますから，

$$K_{sp} = [Pb^{2+}][S^{2-}] = 10^{-28}$$

が成り立っています。$[Pb^{2+}] \leq 10^{-6}$ より

$$[S^{2-}] \geq 10^{-22} \qquad \cdots\cdots①$$

であることが必要です。一方，$[Zn^{2+}]$ が沈殿しないためには，

$$\widetilde{K}_{sp} = [Zn^{2+}][S^{2-}] \leq 10^{-22}$$

であることが必要ですが，$[Zn^{2+}] = 10^{-2}$ ですから

$$[S^{2-}] \leq 10^{-20} \qquad \cdots\cdots②$$

となります。①，②より，

$$10^{-22} \leq [S^{2-}] \leq 10^{-20} \qquad \cdots\cdots③$$

ところで，水中では

$$H_2S \rightleftharpoons 2H^+ + S^{2-}$$

の平衡があり，

$$K = \frac{[H^+]^2[S^{2-}]}{[H_2S]} = 10^{-21}$$

が成り立っています。ただ，本問では $H_2S$ は飽和状態になっており，$[H_2S] = 0.1$ です。そこで

$$[H^+]^2[S^{2-}] = 10^{-22} \qquad \cdots\cdots④$$

が成り立ちます。③，④より，$[H^+]$ の範囲は

$$10^{-2} \leq [H^+]^2 \leq 1$$

$$\boxed{10^{-1} \leq [H^+] \leq 1}$$

となります。つまり，pH 0〜1 の間に保てば，ZnS を沈殿させずに，$Pb^{2+}$ を PbS として 99.99％ 以上回収することができます。

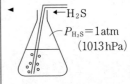

$H_2S$ を通じ続けると三角フラスコ内はほぼ $H_2S$ で満たされ，$P_{H_2S} = 1\,atm$ となります。
そして，$H_2S$ の溶解平衡でヘンリーの法則が成り立ち，

$$[H_2S(水)] = 0.1 \times P_{H_2S}$$

で表されるので，$P_{H_2S} = 1\,atm$ のとき，

$$[H_2S(水)] = 0.1\,mol/L$$

となるのです。

# 第4章 構造の理論

**0** 物質をもたらしている力

**1** 原子核のまわりの電子の様子を知る方法

**2** 電子配置

**3** 原子核の構造

**4** 原子と電子の出入りのしやすさ

**5** 結　合

**6** 物質の構造

**7** 物質の物理的性質

この章まで，たとえば

$$N_2 + 3H_2 \rightleftharpoons 2NH_3$$

のような反応で，熱の出入り（第1章），速度（第2章），平衡（第3章）について学んできました．その際，なぜ窒素という元素の単体は N，$N_3$，$N_4$，……，でなく $N_2$ という分子なのか，なぜ窒素と水素は NH，$NH_2$，……，でなく $NH_3$ という分子式の分子をつくるのかなどは問題にしませんでした．問題にしなかったのは，重要性がないからではありません．そもそも，各元素を構成する原子が，なぜ，またどんな風に結合したり，集まったりしているのかがわかっていたり，またあるときは予想できることは，非常に重要なことです．なぜなら，変化では，常に「何から何へ」が問われていますが，物質の変化を扱う化学では，その物質の始めと終わりの姿をきっちりとらえることができなければ，変化をしっかりととらえることができないからです．

これら物質の構造のしくみを明らかにしたものは，一般に構造の理論と呼ばれています．本章では，この構造の理論について学ぶことにしましょう．

# ⓪ 物質をもたらしている力

> 原子の大きさは，どれくらいでしょうか.

　ちょっと推定してみましょう．まず，1 mol の原子を含む金属，例として，Na, Au の体積を求めてみましょう．まず，原子量の値より

$$Na = 23 \ (g/mol), \quad Au = 197 \ (g/mol)$$

で，また，これらの密度は

$$Na = 0.97 \ (g/cm^3), \quad Au = 19.3 \ (g/cm^3)$$

ですから，1 mol の体積は

$$Na = \frac{23 \ (g/mol)}{0.97 \ (g/cm^3)} = 24 \left(\frac{cm^3}{mol}\right)$$

$$Au = \frac{197 \ (g/mol)}{19.3 \ (g/cm^3)} = 10 \left(\frac{cm^3}{mol}\right)$$

です．ここで，1 mol = $6 \times 10^{23}$ 個ですから，原子1個あたりに割りあてられる体積は

$$Na = \frac{24}{6 \times 10^{23}} = 40 \times 10^{-24} \ cm^3$$

$$Au = \frac{10}{6 \times 10^{23}} = 16 \times 10^{-24} \ cm^3$$

　今，原子が立方体とするならば，その一辺は，

$$Na = \sqrt[3]{40} \times 10^{-8} = 3.4 \times 10^{-8} \ cm$$
$$Au = \sqrt[3]{16} \times 10^{-8} = 2.5 \times 10^{-8} \ cm$$

となります．他の元素について計算しても，ほぼ同程度の値となります．つまり，

### 原子1個の大きさは，$10^{-8}$ cm の桁(オーダー)

と考えておけばよいでしょう．この値は，アボガドロ数を近似的に $10^{24}$ として，その逆数 $10^{-24}$ の三乗根なので，そのように覚えておくと忘れにくいでしょう.

　このことより，原子核とその周辺の電子との距離や，結合している原子間の距離は，ほぼ $10^{-8}$ cm であることがわかりますね.

> $10^{-8}$ cm 程度離れた原子核と電子はどんな
> 力で集まって原子や分子をつくっているので
> しょう.

　物理学の知識によると，ツブ（粒子）の間に働く力と
しては世の中にはたった4種の力しか存在しません.
1つは，地球が太陽のまわりを運動したり物が落下す
るときに働いている**万有引力**です. 2つめは，電気,
磁気による力であり，まとめて**電磁力**と言います. 3
つめは，原子核中で陽子や中性子が結合するときの力
で，**強い力**と呼ばれています. 4番目は中性子が陽子
と電子に変化するようなときに働く力で，**弱い力**と呼
ばれています. これら4つの力の中で，弱い力は $10^{-16}$
cm 以下，強い力は $10^{-13}$ cm 以下でないと働きませ
ん. 一方，万有引力と電磁気力は右に示すように，ど
の距離でも働きます. ですから，原子核と電子が互い
に $10^{-8}$ cm 程度離れて存在しているとき，これら粒
子間に働く力は，強い力，弱い力はなく，**万有引力と
静電引力**です. ここで，陽子と電子が $10^{-8}$ cm 離れ
たときを例にして，具体的に求めてみましょう.

$$万有引力 = G \times \frac{m_1 \times m_2}{r^2}$$

$$静電引力 = k \times \frac{Q_1 \times Q_2}{r^2}$$

$$万有引力 = \frac{6.67 \times 10^{-11} \times (1.67 \times 10^{-27})^2 \times \dfrac{1}{1840}}{(10^{-10})^2}$$

$$= 1.0 \times 10^{-47} \ (\mathrm{N})$$

$$静電引力 = \frac{9.0 \times 10^9 \times (1.6 \times 10^{-19})^2}{(10^{-10})^2}$$

$$= 2.3 \times 10^{-8} \ (\mathrm{N})$$

$\oplus \xrightarrow{10^{-8}\mathrm{cm}} \mathrm{e}^-$

$G = 6.67 \times 10^{-11} (\mathrm{Nm^2/kg^2})$
$m_\oplus = 1.67 \times 10^{-27} \ (\mathrm{kg})$
$m_{\mathrm{e}^-} = m_\oplus \times \dfrac{1}{1840} \ \ (\mathrm{kg})$
$r = 10^{-10} \ (\mathrm{m})$
$k = 9.0 \times 10^9 (\mathrm{Nm^2/C^2})$
$Q_\oplus = Q_{\mathrm{e}^-} = 1.6 \times 10^{-19} \ \mathrm{C}$

　これより，万有引力は静電引力に比べて圧倒的に小
さく，このような原子や分子レベルでは粒子間に作用
する力としては，事実上完全に無視してよい，つまり,
**原子や分子の集団は，電気的な力で集まっている**
と結論することができるのです.

# 1 原子核のまわりの電子の様子を知る方法

> 原子は原子核と電子からなると言います
> が, 原子核のまわりの電子の存在状態はどの
> ようにして知るのでしょうか.

　まず, はっきりさせなくてはならないのは, 原子は
あまりにもスケールが小さいので, たとえ顕微鏡を使
ったとしても, 直接見ることはできないということで
す. あくまで, 理論的に予想をし, その予想を実験を
通じて検証していくしかないのです.

　さて, 原子核と電子の間には電気的な引き合う力が
働いているのは確かです. また, 電子が動きまわって
いることも確かです. 電子が静止すれば, 電気的な引
力によってすべて原子核に吸い込まれてしまうからで
す. 結局原子が一定の大きさを保てるのは, 原子核が
電子を引き寄せる勢いと電子が動きまわって散らばろ
うとする勢いがつり合っているからと考えることがで
きるでしょう.

　今, 陽子と電子それぞれ1個ずつからなる最も簡単
な原子つまりH原子で, 電子は半径 $r$ の円運動をして
いるとして, このつり合いを考えてみましょう. 一般
に, 質量 $m$ の粒子が, 距離 $r$ の所を速度 $v$ で円運動
しているとき, 円の中心方向に引き寄せる力(向心力
といいます)が必要で, その値は,

物理の教科書▶

$$f = m \times \frac{v^2}{r} \qquad \cdots\cdots ①$$

で表されます. この原子の場合, 中心には陽子があ
り, そして陽子と電子の間には静電引力が働いていま
す. (万有引力は無視できましたね.)その値は,

$$f = k \times \frac{e \times e}{r^2} \qquad \cdots\cdots ②$$

で表されます. したがって, ①=② つまり

$$f = m \times \frac{v^2}{r} = k \times \frac{e^2}{r^2}$$

の関係式が成り立っていれば，原子核のまわりを $e^-$ は，どの場所(つまり，$r$ はいくらの値)でもまわり続けることができるはずです．

> このようなモデルが OK であるかどうかは，
> どのようにして検証されるのでしょうか．

一般に，円運動のためには $f = mv^2/r$ で表される向心力が必要です．
今の場合それは ⊕ と $e^-$ の間に働く静電引力が担っています．

電磁波

　1つは，**理論内部で矛盾はないか**で検証されます．実は 1800 年代に，電気・磁気の働きを統一的に論じた電磁気論が完成していきました．それによると，荷電粒子が振動すると電磁波を放出しながらどんどん運動エネルギーを減少させていくことがわかっています．円運動は一種の振動ですから，電子は電磁波を放出しながら，どんどんエネルギーを失って減速し，**アッという間に陽子に吸収されてしまう**のです．つまり，太陽のまわりを地球が万有引力を受けて公転しているようなモデルは，原子の場合使えないという深刻な理論上の問題が円運動モデルには存在します．

　もう1つは，**実験結果で矛盾はないか**で検証されます．それはどんな実験でしょうか．その話をする前に，光について少し説明しておきます．光速は 30 万 km/秒(1秒間に地球を 7 回り半できる速さです)で一定です．一方，光は電磁波の一種で，波でもあるので，波長(km/回)と振動数(回/秒)を持っていて，

　　　　光速 = 波長 × 振動数
　　　　(一定)

の関係があります．光の色の違いは波長または振動数の違いです．そして，この違いはエネルギーの違いでもあります．一般に振動数 $\nu$ を持つ電磁波は，物質に吸収されたとき，

　　　　$h \times \nu$

のエネルギーを与えることがわかっています．

◀ $h$ はプランク定数

さて，花火は加熱したとき比較的低温で光る物質の
例ですが，どんな物質も高温では光り出します．原子
状態から出る光をプリズムに通して波長の違いで分け
てみたら，いったいどんな波長の光が観測されるので
しょうか．まず，理論的予想をしてみましょう．

陽子のまわりを，半径 $r$，速度 $v$ で円運動している
電子の持っているエネルギーは

運動エネルギー，位置エネ ▶
ルギーの求め方を知りたい
人は物理の教科書を見て下
さい．

$$運動エネルギー = \frac{1}{2}mv^2$$

$$位置エネルギー = -\frac{ke^2}{r}$$

で，合計 $E(r)$ としますと

$$E(r) = \frac{1}{2}mv^2 - \frac{ke^2}{r}$$

です．ただ，例の式

$$① = ② \Leftrightarrow m\frac{v^2}{r} = k\frac{e^2}{r^2}$$

より，$mv^2 = ke^2/r$ ですから，これを代入して $m$，$v$
を消去すると，

$$E(r) = -\frac{1}{2} \times \frac{ke^2}{r} = -\frac{R}{r} \quad (R = ke^2/2)$$

と表されます．なんと電子の持つ全エネルギー
は，単に半径 $r$ に反比例するだけなのです．し
たがって，まず H 原子を加熱してエネルギー
を与えて $E(r)$ を大きくし，次にそれを放置す
るとエネルギーが放出されますが，そのとき $r$
が $r_1$ から $r_2$ ($r_1 > r_2$) に変化をしたのなら

$E(r)$ のグラフ。$r_2$，$r_1$ の位置、$E(r_1)$，$E(r_2)$、$\Delta E = h\nu$ の電磁波が出てきます．$e^-$，$\Downarrow$，$\Delta E = h\cdot\nu$

$$\Delta E(r) = E(r_1) - E(r_2) = R\left(\frac{1}{r_2} - \frac{1}{r_1}\right)$$

のエネルギーが放出されます．これは，電磁波として
放出されるのですから，このとき

$$\Delta E(r) = h\nu$$

の関係を持つ振動数の電磁波が放出されることになり
ます．ここで，$r$ はすべての値が OK ですから，ここ

からは，すべての振動数(or 波長)の光が放出される
という予想がたてられます．

　ところが，H 原子の発する光をプリズムの中に通し
てみると，特定の振動数の光しか出ていないことがわ
かったのです．太陽光なら，すべての振動数の光が含
まれているので美しい虹が見られるのですが，H 原子
の出す光は，とびとびの線の並んだものしか得られな
かったのです．

　以上のような，理論内部の矛盾，原子の出す光の情
報との矛盾から，私たちは

　　**原子核のまわりに存在する電子は**
　　**何か特別な状況にある**

と考えるしかないのです．

> 　電子は**ツブ**ですね．**波**でもあると考えたら
> いけないのでしょうか．

　光は電磁**波**で振動数と波長を持っていますが，一方
で，物質に吸収されるときは $h \times \nu$ というエネルギー
を持つかたまりとして働くのですからこれは**ツブ**であ
るとも言えます．このことは，確かに私たちの頭を混
乱させます．**波**は空間を広がっていくイメージです
し，**ツブ**は点のイメージのものだからです．次のよう
に考えたらどうでしょうか．光が真空を進んでいると
き，電場の変動と磁場の変動が互いに原因と結果とな
って**波**として振動していますが，いざ，何かの粒子に
ぶつかり吸収されるときは"変身"なんて感じで態度を
変え，エネルギーの**ツブ**となって吸収されるのだと．
まあ，1人の人間でも友人の中にいるときと，先生の
前にいるときでは態度を使い分けているわけで，極端
な場合，『あいつ二重人格』なんて言われます．光もま
た，そのように情況によって**波**の性質と**ツブ**の性質を
使い分けていると考えるのです．

　さて，通常，**波**として行動している光が粒子と衝突

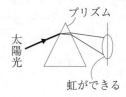

◀プリズムは，波長がちがう
と屈折率がちがうことをを
利用して光を分光するもの
です．

プリズム
太陽光
虹ができる

して吸収されるときは**ツブ**として行動するのならば,通常,**ツブ**として飛びまわって行動している電子が原子核のまわりという極めて狭い空間に捕えられそうになると『**ツブ**の姿でいるとヤバイ』と感じて"変身"し,**波**となったと考えたらどうでしょう.波になってその上で,定常波という特別な("いい子"の)波になりさえすれば,その波は永遠に振動し続けることができます.つまり,原子核に落ち込むということはないのです! しかも,特別な波の持つエネルギーは当然特別な値となりますから,原子を加熱してその後放出される光のエネルギー(or 振動数)がとびとびであることも自然と説明できそうです.実際,このような常識では考えられないことを仮定して理論を組み立てて計算をすると,何と原子スペクトルの情報を完璧に説明することができたのです.その成功を受けて,1926年,ミクロな世界を扱う力学=**量子力学**が誕生しました.この力学は,**ツブ**と考えていたものを**波**として扱うのですから,そもそも人間の感性レベルで異和感があるだけでなく,数学的にも極めて難解であるため,その学習は非常に困難です.ですが,その理論から出てくる結論はすべてミクロレベルの不思議な実験事実を説明することができます.したがって,私たちは,**どの程度量子力学を学ぶかはともかく,それが導く結果を多かれ少なかれ使って,原子や分子の世界のできごとを解釈するしかないのです**.

# 2 電子配置

回転

振動

## 0 ミクロレベルでの粒子の運動の原則

　原子核のまわりの電子の運動，分子の回転運動や振動運動など微粒子がミクロレベルで運動しているとき，その位置や速度などの運動状態を知ることはいろいろな点で困難です．野球の投手が投げるボールの速度を知る機械にスピードガンというのがありますが，それはボールに光(電磁波)を当てて，その反射波をとらえて速度を求めます．しかし，電子のような小さい粒子に当てて反射波を得ようとすると，エネルギーの高い電磁波を当てる必要がありますが，そんなもの当てたら電子の運動状態が変化します．エネルギーの低い電磁波を当てると，うまく反射してきません．所詮，私たちがミクロな世界の粒子の運動の姿を直接にとらえることはできないのです．私たちができるのは，原子や分子を加熱して十分に電磁波を与えたあと，それが冷えていく過程で自然に放出される電磁波を集めて調べるとか，逆にゆっくりと電磁波の波長を変化させながら物質に電磁波を与えて，吸収される電磁波を調べるというようなことです．そして，これらで得られた放出あるいは吸収される電磁波のデータを説明するとき，このようなレベルでは**ツブ**は特別な**波**になったと考えて理論的な扱いをすると，すべてうまく説明ができたのです．人間の感性レベルでは理解しがたいこの量子力学をどう解釈するのかは，今もって議論されているのですが，どう解釈するにしろ，量子力学が示す結果は，今のところ，**私たちが得るミクロ世界の情報をことごとく矛盾なく説明できているという事実の重みは重要です**．そこで，私たちは，原子核のまわりの電子の存在状態については，量子力学が描き出す結果にもとづいて考えていきます．量子力学が描き出す**ミクロレベルでの微粒子の運動の原則**としては，以下の(i)〜(iii)の3点が重要です．

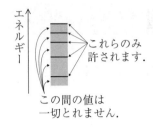

エネルギー ↑

これらのみ
許されます.

この間の値は
一切とれません.

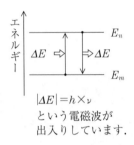

エネルギー ↑

$\Delta E$ ⇨ ⇨$\Delta E$ $E_n$

$E_m$

$|\Delta E|=h\times\nu$
という電磁波が
出入りしています.

### (i) 許されるエネルギーの値は不連続

　一般的には，速度 $v$，距離 $r$ はどんな値でも許される，つまり連続値をとり得るので，粒子の持つ運動エネルギー $(mv^2/2)$，位置のエネルギー $E(r)$ の値は，連続値をとり得ます．しかし，ミクロレベルの運動では，粒子は特別な波動状態しか許されないのですから，エネルギーの値も特別な値しか許されません．つまり，許されるエネルギーは不連続で飛び飛びの値となるのです．

### (ii) エネルギーの増減は電磁波で

　ある粒子のエネルギーが $E_n$ から $E_m$ に変化したとき，$E_n>E_m$ ならエネルギーが出，$E_n<E_m$ ならエネルギーが吸収されますが，これらはすべて，$|\Delta E|$ のエネルギーを持つ電磁波の放出と吸収という形で行われます．

$$|\Delta E|=|E_m-E_n|=h\times\nu$$

### (iii) 1つの波動関数を占められる電子は2個まで

　2つと言いましたが，**2種の電子が1つずつで合計2つ**入るというのがより正確です．『エッ，電子に2種あるって本当ですか？』と問い返す人も多いでしょう．そこで，その証拠を示しておきましょう．皆さんは，小学校の低学年で下敷に鉄くぎをまいて，その裏に磁石をくっつけて動かしてみると鉄くぎがそれにつられて動くのを観察し，磁石と鉄くぎが下敷によって隔てられているにもかかわらず磁石の動きに合わせて鉄くぎが動くことの不思議さを感じましたね．さらに高学年になると，鉄の棒に導線をぐるぐる巻きつけたコイルに電流を流すと磁石ができること，さらにそれらを利用してモーターなどを作ったりしましたね．さて，電流が流れると磁力(場)が発生するという事実は，本当は，

　　『電流が流れていないのにいわゆる

　　永久磁石はなぜ磁力を持つのか』

という疑問を私たちに投げかけていたはずです．原子

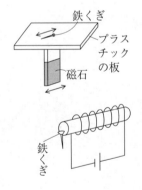

鉄くぎ

プラスチックの板

磁石

鉄くぎ

が原子核と電子からなり，その電子が原子核のまわり
をぐるぐる回転しているから磁力が生じると考えるか
もしれません．でも，その回転方向はランダムですか
ら，それによる磁力は互いにキャンセルし合ってい
て，それからは磁力が生じるとは考えられません．そ
こで，最後に残るのは，電子の自転に2種の回転方向
があり，それによる磁場が（永久）磁石の磁場をもたら
すと考えるしかありません．ただし，許される波動関
数をとれるのは右回りの電子（↑と表します）と左回り
の電子（↓と表します）の1つずつであり，たいていこ
のペアーで1つの波動関数を占める（↓↑となる）ので，
電子の自転による磁場もたいていキャンセルし合って
いて，ほとんどの物質は磁力を示しません．しかし，
（永久）磁石では，何らかの理由で，↑の電子数と↓の
電子数が異なっているため，磁力を示すことができる
のです．

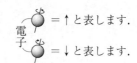

電子　= ↑ と表します.
　　　= ↓ と表します.

　以上のミクロレベルでの微粒子の運動の3つの原則
を考慮しつつ，原子核のまわりの電子の姿をとらえる
ことにしましょう．

## 1　電子殻の構造

### (1)　波動関数

　量子力学によると，原子核のまわりの電子は"特別"
な波のようなふるまいをし，その様子は，3つの整数
値 $n$, $l$, $m$ を変数とする波動関数 $\psi$

$$\psi = f(n,\ l,\ m)$$

で表されます．"特別"というのは，$n$, $l$, $m$ につい
て，

$$\begin{cases} ① & n=1,\ 2,\ 3,\ \cdots\cdots \\ ② & 0 \leqq l \leqq n-1 \\ ③ & |m| \leqq l \end{cases}$$

という条件を満たす波動関数のみが**許される**というこ
とです．具体的には，

**$n=1$ のとき**

$$\begin{cases} \text{①} & n=1, 2, 3\cdots \\ \text{②} & 0 \leq l \leq n-1 \\ \text{③} & |m| \leq l \end{cases}$$

$l$ は, $0 \leq l \leq n-1=0$ なので $l=0$ のみ OK となり, $m$ も $|m| \leq l=0$ なので $m=0$ のみ OK となります. 結局, $n=1$ のとき, $(n, l, m)=(1, 0, 0)$ のみ OK となります.

### n=2 のとき

$0 \leq l \leq 1$ より, $l=0, 1$ が OK です. $l=0$ のときは $m=0$ ですが, $l=1$ のときは $|m| \leq 1$ より $m=-1, 0, +1$ の 3 つが OK となります.

### n=3 のとき

$0 \leq l \leq 2$ より $l=0, 1, 2$ が OK で, $l=0$ のときは $m=0$, $l=1$ のときは $m=-1, 0, +1$, $l=2$ のときは $|m| \leq 2$ より, $m=-2, -1, 0, +1, +2$ の 5 つが OK です.

### n=4 のとき

$l=0, \ m=0$
$l=1, \ m=-1, \ 0, \ +1$
$l=2, \ m=-2, \ -1, \ 0, \ +1, \ +2$
$l=3, \ m=-3, \ -2, \ -1, \ 0, \ +1, \ +2, \ +3$

のようになり, これらをまとめると次表のようになります.

| $n$ | $l$ | $m$ |
|---|---|---|
| 1 | 0 | 0 |
| 2 | 0 | 0 |
| | 1 | $-1, 0, +1$ |
| 3 | 0 | 0 |
| | 1 | $-1, 0, +1$ |
| | 2 | $-2, -1, 0, +1, +2$ |
| 4 | 0 | 0 |
| | 1 | $-1, 0, +1$ |
| | 2 | $-2, -1, 0, +1, +2$ |
| | 3 | $-3, -2, -1, 0, +1, +2, +3$ |

ここで, 以上の結果を理解しやすくするため, 原子核のまわりにいる電子"君"と私たち人間との会話を

考えてみます.

人間：『電子君，電子君．今，君は原子核のまわりの
　　　どこらへんをうろついているの？』

電子：『あの〜，申し訳ないけど，今どのへんにいる
　　　かなんてこと言えないのですよ．なにしろ，こ
　　　んな狭い所は窮屈でね，生きていくのにいろい
　　　ろ制約が多くて，思いきって波のふりをするこ
　　　とにしたんですよ』

人間：『エェッ〜！ 1点に集中しているというイメ
　　　ージのツブである君が，広がっているイメージ
　　　の波になんてなれるの?!』

電子：『だって，光さんだって，通常は電磁波である
　　　と言われるように波として行動しているけど，
　　　いざ僕にどんとぶつかったときは$h\nu$というエ
　　　ネルギーを持つひとツブとなって僕に衝撃を与え
　　　るんですよ．**波である光さんがツブになれるの
　　　なら，逆にツブである僕が時に波になってもい
　　　いじゃないですか**．まあ，ミクロな世界で起こ
　　　っていることを，はるかに巨大なマクロな世界
　　　に住んでいる君たち人間が理解するのは，難し
　　　いとは思うけど．』

人間：『ムムム……．で，その波はどんな波なの？』

電子：『一般には，定常波と呼ばれる永遠に振動でき
　　　る波だよ．言わば，波でしかも"いい子"にして
　　　いる波なら，こんな狭いところでも安心してい
　　　つまでも暮せるんだよ．』

人間：『もう少し具体的にその波のこと教えてくれな
　　　いですか？』

電子：『波を表すには波動関数$\psi$が必要だろ．その波
　　　動関数$\psi$には，3つの整数値，$n$, $l$, $m$が含ま
　　　れていて，

$$\psi = f(n, l, m)$$

　　　のように表されるんだよ．そして，"特別"って
　　　いうのはね，$n$, $l$, $m$にある制限が加わるの

だよ. まず, $n$ は一番偉い数字で, 自然数の1,
2, 3, …のみがOKだよ. 次に, $l$ はその偉い
さん$(n)$から1歩下がって$n-1$以下でないと
いけないが, 0以上はOKとなってるよ. 最後
に$m$は, 前の$l$によって決まり, それを超え
てはいけないが絶対値の範囲内ならOK, つま
り, $|m| \leqq l$ という条件を満たすんだよ.』

人間:『ということは, 許される波動関数は,

　　　$f(1, 0, 0), f(2, 0, 0), f(2, 1, -1), f(2, 1, 0), \cdots$

のようになってるのだね.』

電子:『そのとおり. このような波動関数のいずれか
　　　をとっている限り, 生きていけるってことさ』

人間:『一応, 君がそのような特別な波になったこと
　　　は納得したとして, やはり話をもとにもどす
　　　が, 君が今どこにいるかを知ることは無理だと
　　　しても, ここらへんにいそうだぐらいは教えて
　　　くれてもいいだろう.』

電子:『まあ, 僕がいない所には波がなく, 波の振幅が
　　　大きい所には僕がいることは確かだから, そこら
　　　へんから考えて, 君たち人間がわかりやすいよう
　　　に何かいいアイデアを出して考えてみたら.』

人間:『ウ〜ン……』

## (2) 波イメージから粒（ツブ）イメージへ

　確かに, 原子核のまわりの電子は特別な波のようで
あるとして計算された電子のエネルギーは, 原子の放
出する電磁波の情報（スペクトル）を十分に説明するの
で, 電子を波としてとらえることに文句をつけようが
ありません. しかし, 原子核のまわりに, 実際電子と
いう粒子が存在していることも事実で, 反応や結合に
おいて, その電子が出入りしているのも事実ですか
ら, 電子が波であるというイメージのままでは, 化学
の諸現象を理解することは困難です.

　ところで, 電子は波の挙動をするとは言っても, 波

のない所には電子が存在することはあり得ないし，逆に波の振幅の大きい所は電子がよく活動しているからに他ならないのですから，そこには電子が存在する確率が高いはずです．このような考え方から波動関数を使って，原子核のまわりに電子が存在する確率が計算されました．その結果，まず *n* については 原子核からの平均的な距離が決まり，それはほぼ $n^2$ に比例することがわかりました．

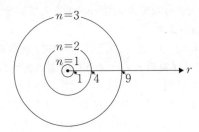

これは，原子核のまわりの電子は平均的には層状に分布していることを意味し，その姿は，次々と殻で囲まれている風であるので電子殻と言い，$n = 1, 2, 3,$ 4…の順に K 殻，L 殻，M 殻，N 殻，……，と呼んでいます．e$^-$ が波動関数 $f(1, 0, 0)$ の状態にあると言うより，K 殻にあると言ったほうがはるかにイメージしやすいですね．

　次に，*l* は *n* で決まった距離のあたりでさらに詳しい電子の存在する確率の高い領域つまり形を決め，そして，*m* はその形の方向を決めていることがわかりました．そして，これらを軌道と呼ぶようになりました．

$$\Psi = f(n, l, m)$$

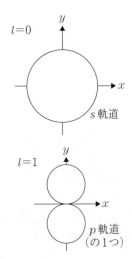

$$\begin{array}{ccc} \Downarrow & \Downarrow & \Downarrow \\ 距離 & 形 & 方向 \\ \Downarrow & \Downarrow & \\ 殻 & 軌道 & \end{array}$$

*l* = 0 のときは $m = 0$ のみ，つまり一方向しかありません．空間的に一方向しかないのは球形(spherical)しかないですね．そこで，s 軌道といいます．

*l* = 1 のときは $m = -1, 0, +1$ の三方向が可能で

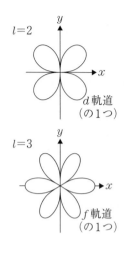

$l=2$

$d$軌道
（の1つ）

$l=3$

$f$軌道
（の1つ）

す．空間的に三方向と言えば，$x$軸，$y$軸，$z$軸の3つですね．つまり，2個付きダンゴのような形のものが三方向にできます．これは互いに垂直（*perpendicular*）なので，**$p$軌道**と言います．

　**$l=2$ のときは** $m=-2$，$-1$，$0$，$+1$，$+2$ の五方向で，主に四つ葉のように散らばった（*diffuse*）形をしていて，**$d$軌道**と言います．

　**$l=3$ のときは** $m=-3\sim+3$ の七方向があり，6つの細い葉のような細かい（*fine*）形をしていますから，**$f$軌道**と言います．

　さて，$l=0$, $1$, $2$, $3$ の形について $s$軌道，$p$軌道，$d$軌道，$f$軌道というように**軌道**と言う言い方をしたことに注目して下さい．一般に軌道というのは，人工衛星やハレー彗（すい）星などが星などのまわりを回るときの一定の経路に使われますね．一方，波動関数から得られた形は，電子の存在確率の高い所を表示したもので，"**電子雲**"などと呼ばれることがあります．その"雲"の形に，あえて軌道という名称を与えると，電子がものすごいスピードで回転した結果，このような形に見えるようになったという風に私たちは感じられるでしょう．そして

　　『電子君，今どうしてるの？』

と問うたとき，たとえば，

　　『波動関数 $\psi = f(3, 1, 0)$ だよ』

でなく

　　『M殻の $s$ 軌道にいるよ』

というような答えが返ってくるのですから

　　『そうか，原子核から $3^2$ ほどの距離のあたりを球状
　　　に見えるように運動してるんだ．』

なんて感じで，電子の様子がとらえられます．つまり，波イメージから再び粒イメージで原子核のまわりの電子の姿をとらえることができます．通常は，このように，K殻，L殻，……の $s$ 軌道，$p$ 軌道……といった粒子イメージでとらえられた姿を電子殻の構造と

くわしい結合の理解のため►には，再び波イメージにもどって考えなくてはならないことがありますが，さしあたっては，K殻，$s$軌道といった粒イメージの言葉を使って，化学結合等に関する多くのことが理解できます．

呼んでいます.

　ここで，電子殻の構造をまとめてみましょう.

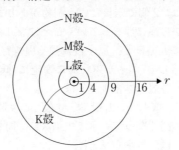

| | $m$ | $m$ | | | |
|---|---|---|---|---|---|
| $n$ $l$ | | $l=0$ | $l=1$ | $l=2$ | $l=3$ |
| K殻 | 1 | 0 | | | |
| L殻 | 2 | 0 | $-1,0,+1$ | | |
| M殻 | 3 | 0 | $-1,0,+1$ | $-2,-1,0,+1,+2$ | |
| N殻 | 4 | 0 | $-1,0,+1$ | $-2,-1,0,+1,+2$ | $-3,-2,-1,0,+1,+2,+3$ |

　　　　$s$軌道　$p$軌道　　$d$軌道　　　　$f$軌道

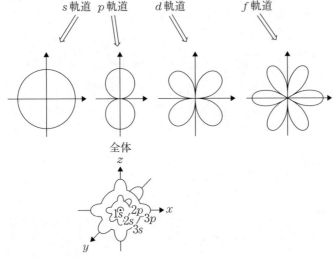

## ② 電子配置

　原子核のまわりの電子は，①で述べた軌道(or 波動
関数)のいずれかであるのなら，どの軌道を選択して

運動しても OK ですが，"High な気分"でない限り，最も"居ごこち"のよい軌道を選択します．ただ，各軌道には，2個で定員という制約がありますから，いい"席"から順に埋まっていくことになります．まず，原子核に近いほど，原子核に強く引き寄せられ（"愛"を強く感じ？）エネルギー的に安定に（低く）なるのですから，各殻のエネルギーは

K殻 ＜ L殻 ＜ M殻 ＜ N殻 ＜ ……

の順に高くなっていきます．次に，同じ殻の各軌道については，エネルギーは

$s$軌道 ＜ $p$軌道 ＜ $d$軌道 ＜ $f$軌道

の順に高くなっていきます．$s$軌道は $spherical$（球形）の $s$ であったのですが，特別の（$special$）の $s$ でもあるともいえそうです．$s$軌道＝特等席が1席，$p$軌道＝1等席が3席，$d$軌道＝2等席が5席，$f$軌道＝3等席が7席のイメージでとらえておきましょう．

以上，N殻までのエネルギー図は以下のようになります．

では，H から順に各元素の電子配置を求めてみましょう．まず H 原子は電子が1つですから，もちろんその1つの電子は K 殻の $s$ 軌道（これを $1s$ 軌道と言います）に入っています．$1s$ 軌道にはもう1つの電子が入れますから，$_2$He の電子配置は $\frac{1s}{\bigcirc}$ となります．$_3$Li の3個目の電子は L 殻に入ります．エネルギーは

$2s<2p$ なので，これは $2s$ のほうに入ります．$_4$Be の
4個目の電子も $2s$ に入ります．次に，$_5$B の5個目の
電子は3つの $2p$ 軌道のうちのどれかに入ります．$_6$C
の6個目の電子は $2p$ 軌道がまだ2つ残っていますか
ら，"相（あい）部屋"を避けてこの残っている $2p$ 軌道
のいずれかに入ります．以下同様にして，$_{18}$Ar までの
電子配置は次のように表記することができます．

| | | K | L | | M | | | s.p.d表示 | K.L.M表示 | 簡易表示 |
|---|---|---|---|---|---|---|---|---|---|---|
| | | s | s | p | s | p | d | | | |
| 1 | H | • | | | | | | $(1s)^1$ | K$^1$ | K$^1$ |
| 2 | He | •• | | | | | | $(1s)^2$ | K$^2$ | K$^2$ |
| 3 | Li | •• | • | | | | | $(1s)^2(2s)^1$ | K$^2$L$^1$ | [He]L$^1$ |
| 4 | Be | •• | •• | | | | | $(1s)^2(2s)^2$ | K$^2$L$^2$ | [He]L$^2$ |
| 5 | B | •• | •• | • | | | | $(1s)^2(2s)^2(2p)^1$ | K$^2$L$^3$ | [He]L$^3$ |
| 6 | C | •• | •• | • • | | | | $(1s)^2(2s)^2(2p)^2$ | K$^2$L$^4$ | [He]L$^4$ |
| 7 | N | •• | •• | • • • | | | | $(1s)^2(2s)^2(2p)^3$ | K$^2$L$^5$ | [He]L$^5$ |
| 8 | O | •• | •• | •• • • | | | | $(1s)^2(2s)^2(2p)^4$ | K$^2$L$^6$ | [He]L$^6$ |
| 9 | F | •• | •• | •• •• • | | | | $(1s)^2(2s)^2(2p)^5$ | K$^2$L$^7$ | [He]L$^7$ |
| 10 | Ne | •• | •• | •• •• •• | | | | $(1s)^2(2s)^2(2p)^6$ | K$^2$L$^8$ | [He]L$^8$ |
| 11 | Na | •• | •• | •• •• •• | • | | | $(1s)^2(2s)^2(2p)^6(3s)^1$ | K$^2$L$^8$M$^1$ | [Ne]M$^1$ |
| 12 | Mg | •• | •• | •• •• •• | •• | | | $(1s)^2(2s)^2(2p)^6(3s)^2$ | K$^2$L$^8$M$^2$ | [Ne]M$^2$ |
| 13 | Al | •• | •• | •• •• •• | •• | • | | $(1s)^2(2s)^2(2p)^6(3s)^2(3p)^1$ | K$^2$L$^8$M$^3$ | [Ne]M$^3$ |
| 14 | Si | •• | •• | •• •• •• | •• | • • | | $(1s)^2(2s)^2(2p)^6(3s)^2(3p)^2$ | K$^2$L$^8$M$^4$ | [Ne]M$^4$ |
| 15 | P | •• | •• | •• •• •• | •• | • • • | | $(1s)^2(2s)^2(2p)^6(3s)^2(3p)^3$ | K$^2$L$^8$M$^5$ | [Ne]M$^5$ |
| 16 | S | •• | •• | •• •• •• | •• | •• • • | | $(1s)^2(2s)^2(2p)^6(3s)^2(3p)^4$ | K$^2$L$^8$M$^6$ | [Ne]M$^6$ |
| 17 | Cl | •• | •• | •• •• •• | •• | •• •• • | | $(1s)^2(2s)^2(2p)^6(3s)^2(3p)^5$ | K$^2$L$^8$M$^7$ | [Ne]M$^7$ |
| 18 | Ar | •• | •• | •• •• •• | •• | •• •• | | $(1s)^2(2s)^2(2p)^6(3s)^2(3p)^6$ | K$^2$L$^8$M$^8$ | [Ne]M$^8$ |

　さて，$_{18}$Ar の次は $_{19}$K です．K の19個の電子のう
ち18個は $_{18}$Ar と同じように配置されますから，これ
を [Ar] と表すことにしましょう．問題は，あと1個
の電子をどこに置くかです．M殻にはまだ $d$ 軌道が5

つあって，全部で 10 個置くだけの空席がありますか
ら，ここに電子を置くのが順当ですね．ところが，実
際には，N 殻の $s$ 軌道（$4s$ 軌道）に電子が置かれます．

$$_{19}\text{K} = [\text{Ar}]\overset{3d}{\bigcirc\bigcirc\bigcirc\bigcirc\bigcirc}\ \overset{4s}{\odot}$$

$_{20}$Ca も，それに続けとばかり，もう 1 つの電子を $4s$
軌道に置きます．

$$_{20}\text{Ca} = [\text{Ar}]\overset{3d}{\bigcirc\bigcirc\bigcirc\bigcirc\bigcirc}\ \overset{4s}{\odot\!\!\odot}$$

『変なことすんな！　どうしてそんなことするんだ』
とついつい声をあらげてしまいそうです．でも，K 君，
Ca 君は，口をそろえて
　『だって，M 殻に残っている空席の $d$ 軌道は 2 等席
　　じゃないですか．N 殻は少し遠いけど，N 殻でも
　　特等席の $s$ 軌道（$s$ 席）なら，やっぱり心が動かさ
　　れるんですよ．』
なんて返事が返ってきます．そう言われると，
　『ムムム……．確かに，$s$ 軌道というのは，
　　*spherical* で *special* で *sweet* で魅力的で，その点，
　　2 等席の $d$ 軌道はいかに内殻にあっても少し見お
　　とりするか』
なんて，納得してしまいそうです．まあ，こんな感じ
でともかく M 殻の空席を残したまま，それより外に
ある N 殻の最も "おいしい" 所の席が先に埋まってし
まうのです．

M殻の2等席（3d）
N殻の特等席（4s）
あなたならどっち選ぶ？

　Ca の次の $_{21}$Sc 以降になると，新しく配置していく
電子は，M 殻の残りの空席（$3d$ 軌道）に配置されてい
きます．

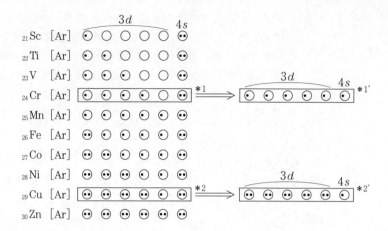

　ただし，$_{24}$Cr と $_{29}$Cu の場合，結局は，＊1，＊2
のような電子配置にはなりません．というのも，＊1，
＊2の電子配置では，Cr では 5 つの d 軌道のうち 1
つだけ空席になっていますし，Cu では 5 つの d 軌道
のうち 1 つの軌道だけ 1 個の電子が配置されているこ
とに見られるように Cr，Cu いずれも，5 つの d 軌道
のうち 1 つだけ異なった電子数になっています．この
アンバランス状態を解消し，すべての d 軌道の配置
電子数をそろえた＊1′，＊2′のような電子配置の方
が安定になるのです．Cu の電子配置が

となって，Cu の最外殻電子が 1 個となっていること
を知っておくことは，Cu の属する族を 11 族と言った
り，$Cu^+$ が存在することとも関係するので，大切なこ
とです．
　$_{30}$Zn の次の $_{31}$Ga 〜 $_{36}$Kr までは，N 殻の p 軌道（4p
軌道）に順に電子が配置されていきます．そして，
$_{37}$Rb，$_{38}$Sr では，4d 軌道に入らず 5s 軌道に入り，そ
して，その次の $_{39}$Y 以降になって，4d 軌道に入って

$_{31}$Ga = $K^2L^8M^{18}N^3$
$_{32}$Ge = $K^2L^8M^{18}N^4$
$_{33}$As = $K^2L^8M^{18}N^5$
$_{34}$Se = $K^2L^8M^{18}N^6$
$_{35}$Br = $K^2L^8M^{18}N^7$
$_{36}$Kr = $K^2L^8M^{18}N^8$

いくということが再び起こります．まあ，とにかく，このようにして，各元素の電子配置が決まっていくわけですが，原子番号とともに電子が満たされていく順は，ほぼ次のようになっていることが知られています．

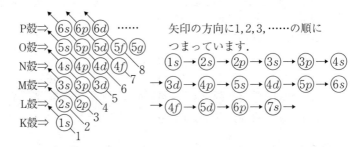

矢印の方向に 1, 2, 3, ……の順につまっています．

## ③ 周期表と電子配置

原子番号とともに電子がどのように配置されていくのかを各軌道のエネルギーの高低（相対的）と合わせて図示すると，以下のようになります．

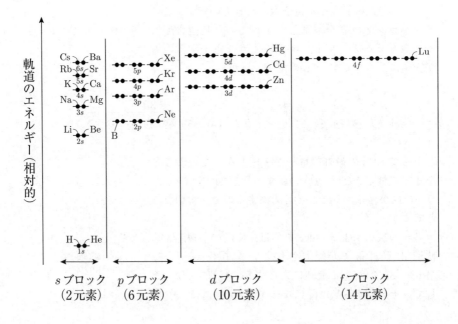

　図より原子番号を 1 つ増やしていくとき，新たに配
置する電子の軌道がどの軌道であるかで，元素を

　**$s$ ブロック**，**$p$ ブロック**，**$d$ ブロック**，**$f$ ブロック**

の 4 つに大別できることがわかります．この分類によ
ると，たとえば $^5$B から $^{10}$Ne は $2p$ ブロックの元素で
Ne は $2p$ ブロックの 6 番目の元素，Zn は $^{21}$Sc から始
まる $3d$ ブロックの 10 番目の元素のように言うこと
ができます．実は，主にこのような新しく配置する電
子の軌道の情報をもとに，あるいは，それがわかるよ
うに作られたのが，私たちが使っている元素の**周期表**
なのです．以下のように，周期表の元素数を数えると
周期表では，この 4 ブロックに分けて元素がならべら
れていることがわかりますね．

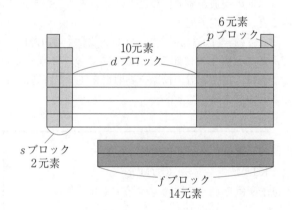

そして，各ブロックの中では番号の小さい軌道のほう
が先に電子が配置されていくのですから

　　$s$ ブロックは　$1s$, $2s$, $3s$, $4s$, $5s$, ……

　　$p$ ブロックは　　　$2p$, $3p$, $4p$, $5p$, ……

　　$d$ ブロックは　　　　　$3d$, $4d$, $5d$, ……

　　$f$ ブロックは　　　　　　　$4f$, $5f$, ……

の順に新しく配置されていく軌道が登場します．よっ
て，それを周期表上に書き込みますと，以下のように
なります．

この図を原子番号順に追っていけば，$3p$軌道が満たされた次は$3d$でなく$4s$軌道に入り，その後に$3d$軌道に入るといったあのややこしいこともしっかりと知ることができます．また，たとえば，Cl は，$3p$ブロックの5番め，つまり$(3p)^5$の電子配置を持ち，それ以前の軌道がすでに満たされていることを考えてみると，その電子配置は

$$Cl = (1s)^2(2s)^2(2p)^6(3s)^2(3p)^5 = K^2L^8M^7$$

であることもすぐに知ることができます．こうして，私たちは，電子配置の情報を周期表を使って容易に知ることができるのです．

---

**《元素の電子配置》**

50  問1  以下の電子配置の元素の元素記号を記せ．

① $K^2L^6$    ② $K^2L^8M^2$    ③ $K^2L^8M^{18}N^2$

問2  以下の元素の電子配置を $Cl = K^2L^8M^7$ のようにして表せ．

㋑ C    ㋺ S    ㋩ Br    ㊁ Fe

---

**解説**  問1  K, L, M 表示で表すと，周期表と新しく配置される殻との関係は，以下のようになります．

よって，①～③の電子配置を持つ元素の位置は上のようになります．周期表上でこれらの位置の元素が何であるかは覚えて

おくしかありません.（適当なゴロ合わせで覚えておいて下さい.下記はその一例です.）

 ① O ② Mg ③ Zn

問2 (イ) C = K²L⁴ (ロ) S = K²L⁸M⁶

  (ハ) Br = K²L⁸M¹⁸N⁷ (ニ) Fe = K²L⁸M$\overbrace{8+6}^{14}$N²

なお，詳しい電子配置は次の通りです.

 (イ) $C = (1s)^2(2s)^2(2p)^2$

 (ロ) $S = (1s)^2(2s)^2(2p)^6(3s)^2(3p)^4$

 (ハ) $Br = (1s)^2(2s)^2(2p)^6(3s)^2(3p)^6(3d)^{10}(4s)^2(4p)^5$

 (ニ) $Fe = (1s)^2(2s)^2(2p)^6(3s)^2(3p)^6(3d)^6(4s)^2$

---

【横列】

第1周期　H（水）　He（平に）

第2周期　Li（リー）　Be（ベ）　B（浴び）　C（し）　N（農）　O　F（夫）　Ne（寝る）

第3周期　Na（名）　Mg（前）　Al（ある）　Si（競）　P（輪）　S（エス号）　Cl（緑）　Ar（あるか）

第4周期　K（斬る）　Ca（か）　Sc（スコッチ）　Ti　V（バ）　Cr（クロ）　Mn（マン）｜Fe（鉄の）　Co（コルト）　Ni（に）　Cu（銅）　Zn（鉛）　Ga（が，）　Ge（かげる）　As（あしたは）　Se（千）　Br（秋）　Kr（楽）

---

【縦列】

| 1族 | 2族 | 11族 | 12族 | 13族 | 14族 | 15族 | 16族 | 17族 | 18族 |
|---|---|---|---|---|---|---|---|---|---|
| | | | | | | | | | He（へん） |
| Li（リッチ） | Be（ベリリと） | オリンピック元素と覚えよう → | | B（ほう） | C（苦） | N（チ） | O（おー） | F（ふっ） | Ne（ね） |
| Na（な） | Mg（マクロ） | | | Al（アルミ） | Si（心） | P（リンと） | S（いよ） | Cl（くっ） | Ar（歩） |
| K（カリウム） | Ca（化） | Cu | Zn（全） | Ga（が） | Ge（げに） | As（密かに） | Se（せい） | Br（周） | Kr（く） |
| Rb（ルビーを） | Sr（する） | Ag | Cd（カードにすぐれてる） | In（イン） | Sn（すん） | Sb（アンチビジネス） | Te（ては） | I（囲温ったかい） | Xe（くせ乱れてる） |
| Cs（せしめてフランスへ） | Ba（バ） | Au | Hg（てる） | Tl（テリ） | Pb（な） | Bi | Po（ポロだゾ） | At | Rn |
| Fr（フランスへ） | Ra（ラ） | | | | | | | | |

# 3 原子核の構造

原子核が陽子と中性子でできてるって本当ですか？

原子が，左図に示すように原子核とそのまわりを運動する電子からなり，原子核が中性子と陽子からなるということは，どの教科書，参考書にも書かれてあるあまりにも知られていることです．でも，ちょっと冷静に考えてみると，原子の大きさは $10^{-8}$ cm 程度，原子核はその $10^4$ 分の 1 の $10^{-12}$ cm 程度であり，そんな小さなものは電子顕微鏡を使っても決して見ることはできません．しかも，その原子核の中が陽子と中性子でできているなんてこと，どうしてわかったんでしょうか．

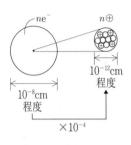

$ne^-$    $n\oplus$

$10^{-12}$cm
程度

$10^{-8}$cm
程度

$\times 10^{-4}$

## 1 原子核の構造が確定するまでの歴史

① 原子のかけら($e^-$)が発見された

1800 年代の後半になると，密閉容器から気体を除去していく機具（真空ポンプ）も改良が進み，真空に近い状態もつくることができるようになりました．ガラス管の両端に電極を封入し，高い電圧をかけて，真空ポンプを使って管内の圧力を下げていくと，突然陰極のほうから陽極に向かって光線（陰極線）が発せられました．いったい，この光線は単なる光でしょうか，それとも，このとき何か質量を持った粒子が飛んでいるのでしょうか．陰極線の途中に羽根車を置くと，それは回りました．これは，光では起こり得ないことなので，陰極線では質量を持った粒子が飛んでいることがわかりました．トムソンさんは，この粒子が何であるかをつきとめるため，ある実験を工夫して，この粒子の持つ電荷 $Q$（クーロン）と質量 $m$(g)の比 $Q/m$ を求めました．ところが，その値は 1.8×10⁸ （クーロン／

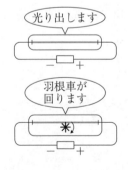

光り出します

羽根車が
回ります

H⁺ 1 mol を考えると
  質量は 1 g
  電気量は 96500 クーロン
よって
$$\frac{Q_{H^+}}{m_{H^+}} = \frac{96500}{1} \fallingdotseq 10^5 \left(\frac{\text{クーロン}}{g}\right)$$

g)という信じられない値だったのです．当時，荷電粒子で知られていた $Q/m$ の最大値は，水素イオンによるもので約 $10^5$（クーロン/g）であり，何とその値の1800倍もの値であったのです．原子は割れることはなく，その中で最も小さな粒子である水素原子がこの粒子で電荷を持って飛んでいるとするのなら，この粒子は水素イオンの1800倍の電荷を持っていなくてはなりません．そんな巨大な電荷を持った粒子が存在するのでしょうか．一方，逆にこの粒子が水素イオンと同じ電荷を持った粒子とするのなら，この粒子は，水素原子の1/1800の質量を持っていることになります．しかし，それでは，世の中で最も小さいはずの水素原子よりはるかに小さな粒子がこの世に存在することになります．どう説明すればよいのか悩んだ末に，彼は**原子が欠けてそのかけらが飛んでいる**のだと考えることにしました．こうして，1800年の原子説以来，原子は割れることはないとしていた考え方が約100年後にやっと打ち破られることになったのです．その後，このかけらの粒子は**電子**（electron）と名付けられることになりました．

② 原子核が発見された

　電子の発見は新たな謎を呼びました．原子自体は電気的に中性です．原子が欠けて質量の小さな負の粒子（e$^-$）が飛び出してくるということは，原子の残りの部分は質量の大半を占めており，また正に帯電していることになります．この質量の大半と正電荷はいったいどのようになっているかという謎です．

　ラジウムなどの放射性元素の放射する $\alpha$ 線を金属の薄い箔（はく）に衝突させて散乱させる実験をしたら，有力な情報が得られるのではとラザフォードさんは考えました．$\alpha$ 線は，水素イオンの4倍の質量を持ち，2倍の電荷を持っています（今でいう $^4_2$He の原子核 $^4_2$He$^{2+}$ です．）このようなプラス電荷を持った粒子を金属の薄い箔に衝突させたとき，原子中の正電荷にぶ

この粒子は
水素イオンの1800倍の
電荷を持っているのか？

$$\frac{Q}{m} = 1.8 \times 10^8$$

この粒子は
水素の1/1800の
質量を持っているのか？
もしそうなら水素より
軽い粒子が存在することになるが…

◀トムソンさんはこの電子の発見等の功績によって，1906年にノーベル物理学賞を受賞しました．

1800年代の後半，キュリー夫人により放射性元素が発見され，それ以降放射線を使った研究が広く行われるようになっていました．

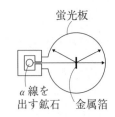

蛍光板

α線を
出す鉱石　金属箔

金属の箔はいかに薄くして
も2000個ぐらいは並んで
おり，もし，原子中に正電
荷と質量が散らばって分布
しているのなら，もっとα
粒子は反射してくるはずで
す.

◀モーズリーさんの研究によ
り

つかればはね返ってくるので，そのはね返りの様子を
調べれば，原子中の正電荷がどのように存在している
かの情報が得られると彼は考えたわけです．具体的に
は，左の図のような装置での実験を考案しました．実
験結果は，これまた衝撃でした．なんと，α粒子のほ
とんどは直進し，この金属箔を通り抜けてしまいまし
た．ただ，ほんの少しだけ大きく曲がり，時には180°
の角度で反射されたのです．この事実を説明するた
め，彼は，原子はほとんどスカスカであり，正電荷と
質量はほんの小さな領域にかたまって存在し，これが
原子の核を形成していると提案したのです．こうし
て，電子の発見に続いて，原子核も発見されることに
なりました.

③　同位体が発見された

　ところで，金属に電子を当てると，金属に固有の振
動数のX線が発生します．この金属に固有なX線が
原子核の正電荷量と関係することが見出され，それに
より原子核の正電荷は水素原子の原子核（陽子）が整
数個集まってできているのではないかと考えられるよ
うになってきました．ただ，それだけでは原子の質量
が原子核を構成する陽子の質量の約2倍あることが説
明できません．原子核中には，陽子以外に電気的に中
性で質量を担う部分があると考える必要がある，それ
がいったい何なのか.

　さて，このころ，正電荷を帯びたネオンイオン($Ne^+$)
の流れに磁場をかけると，その進路が2つに分かれる
ことが見つかりました．これは，ネオンには，質量の
ちがう2種の原子（今でいう同位体）が存在すること
を意味していました．そして，その質量は，水素原子
を1とすると，20と22でした．ネオン原子核の持つ
陽子数が10であることを考えると，原子核の中には，
陽子と同じ程度の質量を持つ中性な粒子（中性子）が，
それぞれ10個，12個含まれていると考えると説明が
つきます．果たして，中性子は存在するのでしょうか.

④ 中性子が発見された

　このように，中性子の存在は強く示唆されていましたが，何しろ，電気的に中性である中性子は電磁波とは全く相互作用しないので，この存在を直接に検出することはできません．1932 年チャドウィックさんは，ベリリウム（Be）に $\alpha$ 線（${}_2^4\text{He}^{2+}$）を衝突させたときに出てくる透過力の強い線が中性子線であると考えると実験がうまく説明できることを示しました．これをもって，中性子の存在が確認され，原子核が陽子と中性子からなることが確定したのです．

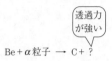

$$\text{Be}+\alpha\text{粒子} \longrightarrow \text{C}+?$$

透過力が強い

$\left.\begin{array}{l}\text{Be}={}_4^9\text{Be}\\ \alpha={}_2^4\text{He}\\ \text{C}={}_6^{12}\text{C}\\ ?=\text{中性子}\end{array}\right\}$ と考えると説明がつきます．

## ② 原子核の構造と原子の元素への分類

　この中性子の発見をもって，今まで，なぞとされてきた元素や原子に関する問題がいくつか解決することになりました．

① まず，元素と原子の違いがはっきりしました．

　たとえば，陽子数が 1 で共通でも，中性子数が 0，1，2 の各原子は違った原子で，もちろん質量も違います．

　しかし，これらが，酸素原子と結合すると，いずれも私たちが水と呼んでいる物質をつくります．つまり，これら 3 つの違った原子は，水の素をつくるという点では共通の性質を示すので，いずれも水素ということができます．このように，物質の元（もと）（素（もと））を構成するという点からすると，陽子数こそが重要で中性子数はいくらでも OK ということになります．そこで，原子を元素に分類するとき，陽子数のみに注目します．すなわち，

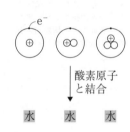

酸素原子と結合

水　　水　　水

　　　　　原子番号＝陽子数

というのは，まさに，原子を元素に分類するときの指標だったのです．このことによって，中性子数も含めると数百以上もある原子が，約 100 種の元素に分類されることになります．結局，元素名とは，陽子数が同じであるという点で分類された原子集団のグループ名

と考えることができます.

$$水素 = \left\{ \left( \oplus \right), \left( \oplus\oplus \right), \left( \oplus\oplus\oplus \right) \right\}$$

② **元素の原子量が，なぜ Cl＝35.5 のように整数値からはるか離れることがあるのかわかりました.**

　1803 年ドルトンさんは，各元素を担う原子は 1 種であり，固有の質量（原子量）をもつと提案しました. 1900 年代に入って原子の内部構造がわかってきて，遂に**陽子の数**が原子の**性質**を決め，

**質量数＝陽子の数＋中性子の数**

が原子の**質量**をほぼ決めることがわかるに伴い，陽子の数 = $x$，中性子の数 = $y$ の元素 A の原子は

質量の目安→ $\boxed{x+y}$

原子番号→ $\boxed{x}$ **A**

と表すことになりました. この表式で表すと，たとえば塩素は 2 種の原子 $^{35}_{17}\mathrm{Cl}$，$^{37}_{17}\mathrm{Cl}$ で構成されており，その存在比が 約 3：1 であるので，その平均質量が約

$$\frac{35 \times 3 + 37}{4} = 35.5$$

となるというふうにして，各元素の原子量が説明されるようになりました.

　さて，このようにして原子核の構成状態が明らかになってくると，新たななぞとまた人類にとって危機もおとずれるようになりました. なぞとは，ではなぜ原子核という狭い空間の中に電気的に見ればものすごく反発し合う陽子が多数存在できるのか. また，中性子と陽子はどんな力で結合しているのかということです. それを解決するアイデアを出したのが，日本人初のノーベル賞を受賞した湯川秀樹さんです. 彼は，電子でもなく陽子でも中性子でもない，ちょうどその中間の質量を持つ粒子＝中間子を媒介にして原子核内の粒子は結合していると提案しました. その中間子が戦後宇宙線より発見され，素粒子論が新たな展開をとげ

現在 $^{12}$C 原子 1 個の相対質量を 12 と約束していますから，各原子の 1 個の相対質量はほぼ質量数と等しくなります. 実際は，原子核中の結合エネルギーに関係して質量欠損がありますから，各原子の 1 個の相対質量は質量数とは少し異なっています.

ることになりました．一方，キュリー夫人の研究以来，放射性元素の崩壊に関する研究が進んでいたのですが，中性子の発見後，中性子を原子核に打ち込むことによって，人工的に放射性元素をつくり出してその分裂を連続的に行わせると，大量のエネルギーを取り出せることがわかったのです．これを平和利用に使うと原子力発電になるのですが，一方で，これを破壊に使うと原子爆弾という恐怖の兵器になってしまいます．人類が，原子核についての知識を持ったことは，一方で，私たちがこれを悪用することに対する強い意志を持つことが必要である時代になったことを意味するのです．

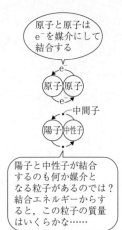

原子と原子は $e^-$ を媒介にして結合する

中間子

陽子と中性子が結合するのも何か媒介となる粒子があるのでは？結合エネルギーからすると，この粒子の質量はいくらかな……

---

《元素の原子量》

51 問1 元素 C，Ar，K の各原子量を，以下の表をもとに有効数字 4 桁で求めよ．

| | 存在比(%) | 相対質量 | | 存在比(%) | 相対質量 | | 存在比(%) | 相対質量 |
|---|---|---|---|---|---|---|---|---|
| $^{12}_{6}C$ | 98.892 | 12.000 | $^{36}_{18}Ar$ | 0.337 | 35.968 | $^{39}_{19}K$ | 93.258 | 38.964 |
| $^{13}_{6}C$ | 1.108 | 13.003 | $^{38}_{18}Ar$ | 0.063 | 37.963 | $^{40}_{19}K$ | 0.012 | 39.964 |
| | | | $^{40}_{18}Ar$ | 99.600 | 39.962 | $^{41}_{19}K$ | 6.730 | 40.962 |

問2 問1の元素の原子量を，原子の相対質量＝質量数と仮定して有効数字 4 桁で求めよ．

---

**解 説** 元素の原子量は，それを構成する同位体の相対質量の平均値（期待値）です．したがって，同位体 1，2，……，$n$ の相対質量を $M_1$，$M_2$，……，$M_n$，その存在比（モル分率）を $x_1$，$x_2$，……$x_n$ で表すとすると，各元素の原子量 $\overline{M}$ は，

$$\overline{M} = M_1 \times x_1 + M_2 \times x_2 + \cdots\cdots + M_n \times x_n = \sum_{i=1}^{n} M_i \times x_i$$

のようにして求めることができます．それを各元素ごとに実行すればいいだけのことですが……．

問1 ☆ $\overline{M}_C = 12.000 \times 0.98892 + 13.003 \times 0.01108$

$\fallingdotseq 11.867 + 0.144 = 12.011 \Rightarrow \boxed{12.01}$

実際，$\overline{M} = \sum M_i \times x_i$ に具体値をそのまま代入して計算を実行す

ると，かなり大変な計算になりますね．ここで，この値の仮平均を 12 としましょう．そうすると，この仮平均 12 よりも 1.003 大きいものが 0.01108 の割合存在するのですから，この仮平均に比べての過剰分を平均化して仮平均に足し合わせると

$$\overline{M}_C = 12 + 1.003 \times 0.01108$$
$$= 12 + 0.011\cdots \Rightarrow \boxed{12.01}$$

と求められます．このような仮平均を使うほうがかなり楽ですね．以下では，この仮平均を使う方法で計算してみます．

☆ Ar $^{40}$Ar がほとんどですから，この相対質量 39.962 を仮平均としてみます．

4と近似できます　　2と近似できます

$$\overline{M}_{Ar} = 39.962 - 3.994 \times 0.00337 - 1.999 \times 0.00063$$
$$\fallingdotseq 39.962 - 0.0135 - 0.00126 \Rightarrow \boxed{39.95}$$

通常，原子番号の大きいほうが原子量は大きくなりますが，$_{18}$Ar と $_{19}$K のようにそれが逆転している場合があります．これは，同位体比率が関係しています．

☆ K $^{39}$K が最も多いので，これの相対質量 38.964 を仮平均とします．

2と近似できます

$$\overline{M}_K = 38.964 + 1.000 \times 0.00012 + 1.998 \times 0.0673$$
$$\fallingdotseq 38.964 + 0.00012 + 0.1346 \Rightarrow \boxed{39.10}$$

**問2** 同位体の相対質量＝質量数と近似して，また，仮平均を使って，各元素の原子量を求めてみると，

☆ $\overline{M}_C \fallingdotseq 12 + 1 \times 0.01108 \Rightarrow \boxed{12.01}$

☆ $\overline{M}_{Ar} \fallingdotseq 40 - 4 \times 0.00337 - 2 \times 0.00063 \Rightarrow \boxed{39.99}$

☆ $\overline{M}_K \fallingdotseq 39 + 1 \times 0.00012 + 2 \times 0.0673 \Rightarrow \boxed{39.13}$

のようになります．有効数字 4 桁目の数字は問 2 の近似を使うと少し問題になることがわかりますね．

┌─── **《同位体を区別したときの分子の種類，存在確率》** ───

52 塩素の同位体は $^{35}$Cl，$^{37}$Cl の 2 種があるが，これらの存在確率はそれぞれ $p$，$1-p$ であったとする．以下の分子は，Cl の同位体を区別した場合，何種類あるか．また，それらの存在確率をそれぞれ $p$ を使って表せ．ただし，O，B，C については，同位体は区別しない．

(1) $Cl_2O$ （Cl—O—Cl）

(2) $BCl_3$ （Cl—B，上にCl，下にCl　正三角形）

(3) $CCl_4$ （C の上下左右に Cl　正四面体）

**解 説**　これら分子は、$^{35}$Cl, $^{37}$Cl が確率 $p$ と $1-p$ で無限個含まれている袋の中から、それらを以下の a, b, ……の位置に順に置いていってつくり上げられたものと考えてみましょう.

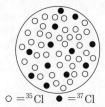

○ $= {}^{35}$Cl　● $= {}^{37}$Cl

が無限個含まれている袋の中から、玉（○ or ●）を取り出して分子をつくる. という操作を考えます.

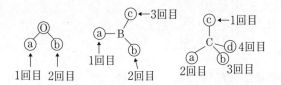

ここで、$^{35}$Cl $= \mathbf{1}$, $^{37}$Cl $= \mathbf{2}$ で表してみると、**1**, **2** の玉の出方は、以下のように表されます.

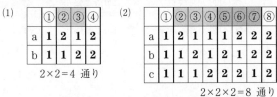

(1)

|   | ① | ② | ③ | ④ |
|---|---|---|---|---|
| a | **1** | **2** | **1** | **2** |
| b | **1** | **1** | **2** | **2** |

2×2=4 通り

(2)

|   | ① | ② | ③ | ④ | ⑤ | ⑥ | ⑦ | ⑧ |
|---|---|---|---|---|---|---|---|---|
| a | **1** | **2** | **1** | **1** | **1** | **2** | **2** | **2** |
| b | **1** | **1** | **2** | **1** | **2** | **1** | **2** | **2** |
| c | **1** | **1** | **1** | **2** | **2** | **2** | **1** | **2** |

2×2×2=8 通り

(3)

|   | ① | ② | ③ | ④ | ⑤ | ⑥ | ⑦ | ⑧ | ⑨ | ⑩ | ⑪ | ⑫ | ⑬ | ⑭ | ⑮ | ⑯ |
|---|---|---|---|---|---|---|---|---|---|---|---|---|---|---|---|---|
| a | **1** | **2** | **1** | **1** | **1** | **1** | **1** | **1** | **2** | **2** | **2** | **1** | **2** | **2** | **2** | **2** |
| b | **1** | **1** | **2** | **1** | **1** | **1** | **2** | **2** | **1** | **1** | **2** | **2** | **1** | **2** | **2** | **2** |
| c | **1** | **1** | **1** | **2** | **1** | **2** | **1** | **2** | **1** | **2** | **1** | **2** | **2** | **1** | **2** | **2** |
| d | **1** | **1** | **1** | **1** | **2** | **2** | **2** | **1** | **2** | **1** | **1** | **2** | **2** | **2** | **1** | **2** |

2×2×2×2=16 通り

そして、それらについての存在確率は、たとえば(1)では

　① $p \times p$　　② $p \times (1-p)$　　③ $(1-p) \times p$
　④ $(1-p)^2$　計 1

となります. ところで、②と③の2つは操作としては違いますが、分子としては、180°回転で重なり合いますから同じものです.

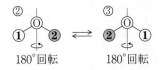

②　　　　　　③

180°回転　　180°回転

よって，(1)の場合，取り出す操作としては4種ありますが，生じた分子の種類としては3種しかありません．そこで

| | $^{35}$Cl | $^{37}$Cl | 確率 | 備考 操作番号 |
|---|---|---|---|---|
| | 2個 | 0個 | $p^2$ | ① |
| 3種 | 1個 | 1個 | $2p(1-p)$ | ②，③ |
| | 0個 | 2個 | $(1-p)^2$ | ④ |

(2)の場合，(②，③，④)の3つ，(⑤，⑥，⑦)の3つはそれぞれ120°回転で互いに重なり合うため同じ分子になります．

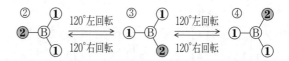

よって，

| | $^{35}$Cl | $^{37}$Cl | 確率 | 備考 操作番号 |
|---|---|---|---|---|
| | 3個 | 0個 | $p^3$ | ① |
| | 2個 | 1個 | $3p^2(1-p)$ | ②，③，④ |
| 4種 | 1個 | 2個 | $3p(1-p)^2$ | ⑤，⑥，⑦ |
| | 0個 | 3個 | $(1-p)^3$ | ⑧ |

(3)の場合，(②，③，④，⑤)の4つ，(⑥，⑦，⑧，⑨，⑩，⑪)の6つ，(⑫，⑬，⑭，⑮)の4つがそれぞれ同じ分子となります．よって

| | $^{35}$Cl | $^{37}$Cl | 確率 | 備考 操作番号 |
|---|---|---|---|---|
| | 4個 | 0個 | $p^4$ | ① |
| | 3個 | 1個 | $4p^3(1-p)$ | ②，③，④，⑤ |
| 5種 | 2個 | 2個 | $6p^2(1-p)^2$ | ⑥，⑦，⑧，⑨，⑩，⑪ |
| | 1個 | 3個 | $4p(1-p)^3$ | ⑫，⑬，⑭，⑮ |
| | 0個 | 4個 | $(1-p)^4$ | ⑯ |

$1 = {}_4C_0$ ▶
$4 = {}_4C_1$ ▶
$6 = {}_4C_2$ ▶
$4 = {}_4C_3$ ▶
$1 = {}_4C_4$ ▶

---

**《放射性同位体の崩壊》**

53 **問1** 原子核の不安定な原子は，常に固有の崩壊率で崩壊していく．したがって，これらが崩壊して半分になるまでの時間は，初期量にかかわらず常に一定である．この半分になるまでの時間を半減期という．半減期の $n$ 倍の時間がたったとき，最初の何分の1にまで減少しているか．

**問2** 宇宙線によって大気中で生成する中性子は，窒素の原子核と衝突して，極微量の放射性のある $^{14}C$ を一定量生じさせている．この $^{14}C$（半減期 $5.6 \times 10^3$ 年）は，大気中で $CO_2$ となり，光合成によって植物の中に取り込まれるが，植物が生きている間は代謝によって放出されるので体内濃度は一定となる．しかし，枯死すると外から供給されないので，$^{14}C$ の体内濃度は減少し続ける．今，ある古い木材の $^{14}C$ の濃度を測定してみると，現在の木材の $1/4$ であった．この古い木材は何年前に枯死したものと推定されるか．

---

**解説** **問1** 陽子数と中性子数のバランスの悪い不安定な原子核はいずれ崩壊して，より安定な原子核となります．1つの粒子について，その崩壊がいつ起こるのかを予想することはできませんが，いつの時点でも，ある一定時間内に崩壊する確率は決まっています．今，各原子核が崩壊する確率が $1/2$ となる時間は半減期と呼ばれますが，この時間がたつと，多数の放射性の原子核の中のその半分が崩壊していることになります．したがって，ここからさらに半減期の時がたつと，さらに $1/2$ になりますから，初めから見ると，放射性の原子核の粒子数は $1/2 \times 1/2 = (1/2)^2$ になっています．同様に考えれば，半減期の $n$ 倍の時がたてば

$$\underbrace{1/2 \times 1/2 \times \cdots \cdots \times 1/2}_{n\text{個}} = \boxed{\left(\frac{1}{2}\right)^n}$$

となっています．

**問2** 問題文にあるように，植物が生きていて光合成と代謝を繰り返しているときは，$^{14}C$ の濃度は一定です．そして，枯死した時点から半減期 $5.6 \times 10^3$ 年で減少していきます．今，この古い木材の $^{14}C$ の濃度は，現在の木材の $1/4 = (1/2) \times (1/2)$ であるということは，半減期 $\times 2$ 倍の昔に枯死したことになります．よって，この古い木材は $5.6 \times 10^3 \times 2 = \boxed{1.1 \times 10^4\text{年前}}$ のものと推定できます．

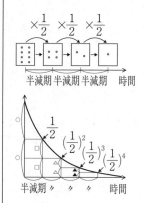

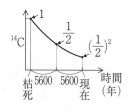

# 4 原子と電子の出入りのしやすさ

## ⓪ 原子の基本性格(キャラクター)

> 原子が"社会生活"するにあたって彼の行動
> を決定づける性格って何でしょうか.

原子が"社会生活"するというのは,もちろん,他の原子と密着して"暮ら"す(つまり結合する)ことです.ただ密着するといっても,原子核が融合するわけではなく,あくまで各原子の主に最外殻の電子をやりとりしていて原子どうしが離れなくなっているにすぎません.このとき,この密着の姿(結合の姿)がどのようになっているかは,結局,やりとりしている電子に対し,各原子がどんな"想い"を持っているかによるでしょう.すなわち,原子が"社会生活"をするときに彼らの行動を決める基本性格とは,出入りする電子について

**自分の電子と相手の電子**

にどれだけの"想い(執着心?)"を持っているかです.

まず,自分の電子に対する"想い"の強さは各原子から,1つの電子を取り去って1価の陽イオンにするとき,どれぐらいエネルギーが必要であるかで評価できるでしょう.このエネルギーを**イオン化エネルギー**と言います.ここではこれを $I_A$ で表します.

◀ Ionization energy

$$A^+(陽イオン,気) + e^-(気)$$
$$\uparrow I_A \Rightarrow$$
$$A(原子,気)$$

もちろん,$I_A$ が大きければ大きいほど電子を取り去るのは困難で,A原子さんの自分の電子に対する執着心は大きいです.

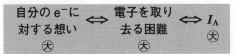

一方,相手の電子に対する"想い"は,各原子が電子1つを得て陰イオンになったとき,どれぐらい"喜び"を爆発させるか,すなわちどれぐらいエネルギーを放

出したかで評価できるでしょう．この放出されるエネルギーを 電子親和力 と言います．ここではこれを $E_A$ で表します．

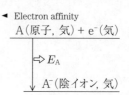
◄ Electron affinity
$$A(原子, 気) + e^-(気)$$
$$\Downarrow E_A$$
$$A^-(陰イオン, 気)$$

$E_A$ が大きければ大きいほど，エネルギーを放出してより安定な状態（陰イオン）となるのですから，A 原子の"電子さん大好き"という"想い"は強いということができます．

> 相手の e⁻に 対する想い ⇔ 電子の 入りやすさ ⇔ $E_A$
> ⦻ 　　　　⦻ 　　　⦻

## ① イオン化エネルギー（…僕の電子取るな！の度合）

　原子の違いは，まずは原子核中の陽子数の違いにあるのですから，イオン化エネルギーのデータを陽子数（原子番号）の順に並べてみて，それをグラフにしてみましょう．

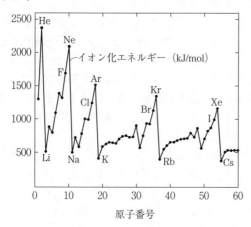

> 　このグラフから，イオン化エネルギーと原子番号との関係について，どんな特徴が読み取れますか？

　**1. 全体的**では，周期的に変動します．

**2.** 同一周期では，ほぼ原子番号とともに増加します．

**3.** 同一族では，原子番号とともに減少します．

**4.** 3～11(or12)族では，ほぼ一定です．

**5.** 細かく見ると，2族，15族，12族で小さな極大となります．

ぐらいでしょうか．皆さんは，いくつぐらい見つけることができましたか．

> これらの特徴は，説明されることなく，ただ，事実として受け入れるしかないのでしょうか？

原子A

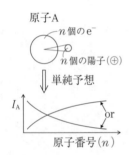

原子では，その中心に $n$ 個の陽子があり，同数の電子がそのまわりに存在しているという情報だけからすると，陽子数が増えるとともに，イオン化エネルギーは，単調に増加または減少すると予想されるでしょう．ところが，実際は，たとえば，原子番号10($_{10}$Ne)と11($_{11}$Na)で，突然，極大から極小へ急落するというようなことが起こっています．これは，原子核のまわりの電子が，ただ何の構造もなく散らばっているとするならば，絶対に説明することはできません．ここは，原子核のまわりの電子は量子力学的な制約下におかれていて，具体的には，K殻，L殻，……，と言われる電子殻に配置されていることを使って考える必要があります．また，原子核方向に，電気的な引力で引きつけられている電子を引き離していくのですから，そのときに必要なエネルギー $I_A$ は，静電引力を表す式；

$$f = k \times \frac{Q_+ \times e}{r^2}$$

とともに増大すると考えられます．以下で，電子配置とこの式をもとに，上記の特徴の説明を試みましょう．

原子 A の原子核には $n$ 個の陽子，内殻には $m$ 個の電子そして，最外殻には $(n-m)$ 個の電子があるとしましょう．

► $Q_+$ は原子中心で有効に機能している核電荷（有効核電荷）

► (例)$_{11}$Na = K$^2$L$^8$M$^1$
$\begin{cases} 陽子数 = n = 11 \\ 内殻電子数 \\ \quad = m = 2+8 = 10 \\ 最外殻電子数 = 1 \end{cases}$

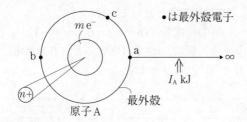

最外殻電子より原子の内側をながめると，原子核の
プラス電荷は"こっちおいで"していますが，内殻の電
子は"あちいって"しています．ところで，内殻の $m$
個の電子は散らばって存在していますが，その中心は
原子の中心と一致します．そこでまとめると，最外殻
の電子は原子の中心から $(n-m)$ 個のプラス電荷が
"こっちおいで"しているように"感じる"でしょう．そ
こで，原子Ａを下右図のように近似的に表してみま
す．

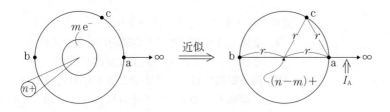

ところで，最外殻の電子間にも，お互い"あっちい
って"の気持ちがあります．ただ上図の電子ｂと電子
ａ間の距離は原子核と電子ａとの距離の２倍もありま
すから，"あっちいって"の声は小さくなっています．
また，電子ａに対する電子ｃの反発力は電子ａを取り
去る方向へ分解して考えるとかなり小さくなっていま
す．このように最外殻電子による"あっちいって"の声
は，内殻の電子に比べて小さく，約 1/4 〜 1/2 程度
だと推定されます．この値を $\alpha$ で表すとすると，結
局，最外殻電子１つが感じる"こっちおいで"の電荷量

◀電気的反発力は(距離)² に
反比例しますから，この場
合 1/4 になります．

◀

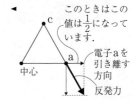

このときはこの
値は $\frac{1}{2}$ になって
います．

電子ａを
引き離す
方向

反発力

（これを**有効核電荷**と言います）は

$$有効核電荷 = (n-m) - \alpha(n-m-1)$$

となります．仮に，$\alpha = 0.3$ とすると，有効核電荷は，以下のように計算されます

| | | | | | |
|---|---|---|---|---|---|
| $_3$Li = $K^2L^1$ | は | 1 | $_{11}$Na = $K^2L^8M^1$ | は | 1 |
| $_4$Be = $K^2L^2$ | は | $2 - 0.3 = 1.7$ | $_{12}$Mg = $K^2L^8M^2$ | は | 1.7 |
| $_5$B = $K^2L^3$ | は | $3 - 0.3 \times 2 = 2.4$ | $_{13}$Al = $K^2L^8M^3$ | は | 2.4 |
| $_6$C = $K^2L^4$ | は | $4 - 0.3 \times 3 = 3.1$ | $_{14}$Si = $K^2L^8M^4$ | は | 3.1 |
| $_7$N = $K^2L^5$ | は | $5 - 0.3 \times 4 = 3.8$ | $_{15}$P = $K^2L^8M^5$ | は | 3.8 |
| $_8$O = $K^2L^6$ | は | $6 - 0.3 \times 5 = 4.5$ | $_{16}$S = $K^2L^8M^6$ | は | 4.5 |
| $_9$F = $K^2L^7$ | は | $7 - 0.3 \times 6 = 5.2$ | $_{17}$Cl = $K^2L^8M^7$ | は | 5.2 |
| $_{10}$Ne = $K^2L^8$ | は | $8 - 0.3 \times 7 = 5.9$ | $_{18}$Ar = $K^2L^8M^8$ | は | 5.9 |

もちろんのことですが，

有効核電荷 ⟺ 原子中心よりの引きつけ ⟺ イオン化エネルギー($I_A$)
（大）　　　　　　（大）　　　　　　　（大）

の関係があります．そこで，表より

**1.** **全体**では有効核電荷が周期的に変動するので，それにつれて $I_A$ も周期的に変動します．

**2.** **同一周期**では，原子番号とともに有効核電荷が増加するので，$I_A$ もそれにつれて増加します．

**3.** **同族**では有効核電荷は同じですが，原子番号とともに最外殻がどんどん外になって，最外殻電子に対する原子中心からの引力が弱まっていくので，$I_A$ は減少していきます．

［例］第4周期の3族～12族の電子配置

3族　$_{21}$Sc = $K^2L^8M^9N^2$
⋮
11族　$_{29}$Cu = $K^2L^8M^{18}N^1$
12族　$_{30}$Zn = $K^2L^8M^{18}N^2$

**4.** **3族～11族（12族）**元素の電子配置は，通常最外殻電子は2個（たまに1個）でしたね．そこで有効核電荷も主に2となります．よって，原子番号とともに $I_A$ はほとんど動きません．

**5.** 2族，15族，12族で小さな極大があるのは，さらに詳しい電子配置（$s$, $p$, $d$, …軌道によ

るもの)をもとにしないと説明はできません.
これらの元素の電子配置が, 電子間の反発が
少なく相対的に安定なものであるからです
が, 元素の性質を考えるにあたって, このこ
とはそれほど重要なことではないので, ここ
ではこれ以上深く立ち入らないことにしま
す.

以下の元素は, $I_A$ の値が小さな
極大にある元素です.
相対的に安定な電子配置の特徴
が読み取れますか?

例
　　　　　　　1s　2s　　2p
2族 $_4$Be = ⊙　⊙　○○○
5族 $_7$N = ⊙　⊙　○○○
　　　　　　　　　　　3d　　　4s　4p
12族 $_{30}$Zn = [Ar]⊙⊙⊙⊙⊙　⊙　○○○

## 2　電子親和力(…もらった電子おいしい! の度合)

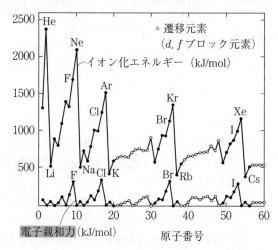

電子親和力(kJ/mol)　　　原子番号

このグラフから, 電子親和力の特徴, イオ
ン化エネルギーとの大小関係などについてど
んなことが読み取れますか.

**1.** なんと, 電子親和力($E_A$)はどの元素のイオン化
　　エネルギー($I_B$)よりも小さい($E_A < I_B$)ですね!
**2.** 18族, 2族の一部は, $E_A$ はゼロです.
**3.** 17族は, 極大値で特に大きく目立ってますね.
これぐらいでしょうか.

これらの特徴はどう説明されるのでしょうか.

**1.** $E_A \ll I_B$. これは，A，Bがいずれの元素である
かにかかわらず成り立っていますから，電子配
置とは関係しないでしょう．元素にかかわらず，
原子から$e^-$を取り去る過程と，原子に$e^-$を与
える**過程の違いそのもの**の中にエネルギー変化
がこれほど違うことがらが含まれていると考え
られます．

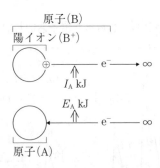

上図を見ればわかるように，原子から$e^-$を取り
去っていく過程では**最低でも⊕と⊖による引力
が存在する**場で，それに逆らって$e^-$を引き離し
ています．一方，原子に$e^-$を与えていく過程で
は，原子はそもそも電気的には中性ですから，
**原子と$e^-$の間にはほとんど引力も反発力も働い
ていません**．そして，力が働いていない所で粒
子が移動しても，エネルギー変化はありません．
このようなことから $E_A \ll I_B$ が成り立つと考え
られます．たとえて言うなら，イオン化エネル
ギーは原子が"生きていく"のに必要なパン($e^-$)を
奪われるとき，必死になってそれを阻止しよう
とするときのエネルギーです．一方，電子親和
力は，電気的には中性であり，すでに"満腹"し
ている原子が，デザート($e^-$)を食べて少し喜ん
でいるときの喜び度を表すエネルギーですか
ら，イオン化エネルギーに比べるとたかが知れ
ているのです．

エネルギー(仕事) ▶
　＝力×動いた距離
力＝0 ならエネルギーも0
です．

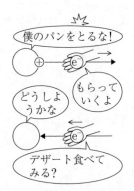

**2.** 上で述べたように，原子は電気的に中性ですから，これに $e^-$ を近づけても，本来粒子間に電気的な力は働かないので，電子親和力はそもそもゼロであるはずです．この点から考えると，18族，2族の一部でこれらがゼロであるのは，むしろ"正常"な姿ということができます．

**3.** しかし，18族，2族以外の元素の電子親和力は正です．これは，多くの原子では原子と $e^-$ の間に引力が生じていて，$e^-$ を受けとって陰イオンになることによってより安定になることを意味します．なぜ，電気的に中性である原子と $e^-$ の間に引力が生じるのでしょうか．これを知るには，電子配置の詳しい情報が必要でしょう．ここで，電子親和力の特に大きい F 原子の電子配置について考えてみましょう．

電子親和力が
ほぼ0の元素の
電子配置．

$1s$
He ⊙
$2s$
Be ⊙ ⊙
$2p$
N ⊙ ⊙ ⊙ ⊙ ⊙
Ne ⊙ ⊙ ⊙ ⊙ ⊙

完全に電子の分布
が球対称です．

$$_9F = K^2L^7 = \overset{1s}{⊙}\ \overset{2s}{⊙}\ \overset{2p}{\overbrace{⊙⊙⊙}}$$

$x\ y\ z$

$p$ 軌道のみ
空間表示
してみよう

確かに，F 原子は陽子数は9で電子数も9で，電気的に中性です．しかし，L 殻の $p$ 軌道を見ますと，$p$ 軌道の $z$ 方向には，$x$, $y$ 方向の1/2しか電子は入っていません．つまり，電子は完全には球対称には分布しておらず，$x$, $y$ 方向は $\delta-$，$z$ 方向が $\delta+$ になっていると考えられます．このため，$e^-$ が F 原子に近づくと，$z$ 方向の $\delta+$ と $e^-$ が引き合って安定なイオン $F^-$ に向かっていくと考えられます．同様なことは，F 以外の多くの元素でも起こるため，電子親和力が正となると考えられます．なお，特に17族元素の原子は電子1つを得ることによって，バランスのよい電子配置になるため，電子親和力が特に大きくなるのでしょう．

# 5 結 合

## 0 結合生成条件

原子でいるとき と 分子となるとき

でどちらがエネルギー的に安定でしょうか?

議論を簡単にするため,今,各電子はそれぞれの位置で静止しており,各粒子の間には,陽子⊕と電子$e^-$間の静電引力,⊕と⊕,$e^-$と$e^-$間の静電反発力のみが働いていると考えます.⊕と$e^-$の電気量の絶対値は同じですから,これら粒子間を引き離すのに必要なエネルギーは,単に粒子間の距離に反比例します.ここで,⊕と$e^-$が距離$r$離れているのを無限($\infty$)に引き離すエネルギーを1とします.そうすると,2個の原子を完全に⊕と$e^-$に引き離すのに必要なエネルギーは 1+1=2 です.一方,分子を完全に⊕と$e^-$にバラすときのエネルギーは,下図で粒子の a,b,c を順に引き離していく過程を考えれば

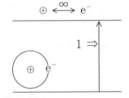

$$E_{a-b}-E_{a-c}+E_{a-d}+E_{b-c}-E_{b-d}+E_{c-d}$$
$$=1-\frac{1}{2}+\frac{1}{3}+1-\frac{1}{2}+1$$
$$=2\frac{1}{3}$$

となります.これらをエネルギー図で表すと,以下のようになります.

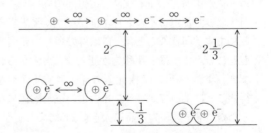

実際は，$e^-$ は運動しておりさまざまな位置がとれますが，電子の位置を工夫しさえすれば，原子でいるよりも分子でいるほうが，より安定になりうることは，この計算より確かでしょう．これが，原子は単独でいるのではなく結合状態に向かっていく理由です．

> 電子配置から見て，原子が結合できるのはどのようなときでしょうか？

　2つの原子を接近させていくと，まずは最外殻の軌道どうしが連結し，さらに最外殻と内殻の軌道どうし，そして内殻の軌道どうしまで連結しますね．軌道が連結すれば，その軌道にある電子は相互乗り入れが可能になり，2つの原子核にまたがって運動することができます．しかし，ここで，ミクロな世界では，1つの軌道には2個の電子しか入れないという制限があったことを再確認しましょう．この制限（1軌道の定員は2）からすると，連結する軌道をA○，B○で表し，連結した軌道をA○Bで表したとき

☞ p.156

$$A⦙ \quad ⦙B \longrightarrow A⦙⦙B \quad …定員オーバー$$
$$A⦙ \quad ⦿B \longrightarrow A⦙⦿B \quad …定員オーバー$$

ブーブー

のような軌道の連結は定員オーバーになりますから結合をもたらしません．結局，結合が生じうるのは，

Ⅰ. $A⦿$ + $⦿B \longrightarrow A⦙B$
Ⅱ. $A⦙$ + $○B \longrightarrow A⦿B$
Ⅲ. $A⦿$ + $○B \longrightarrow A⦿B$

の3通りの軌道の連結の場合だけだということがわかります．これらの中で，Ⅱ型は⦙の提供性が強く，かつ○の⦙を受けとる能力が大きいときに生じ配位結合と言いますが，Ⅰ型の結合に比べると結合力は弱いです．また，Ⅲ型の結合は，共有している電子が1つしかないという点で結合力はかなり弱いです．したがって，原子間が結合する基本型はⅠ型です．

ところで，A ⊙ のような対を形成していない電子 ⟺ <mark>不対電子</mark>は，主に最外殻に存在しました．したがって，原子間は，主に最外殻の不対電子どうしが出会い，電子対をつくるときに結合すると考えることができます．こうした結合を一般に<mark>共有結合</mark>と言いますが，以上の考察からわかることは，

<mark>原子間の結合はすべて共有結合から始まる</mark>

ということでしょう．

[例外] $d$ ブロックの元素 ▶ では内殻 $d$ 軌道に不対電子を持っていることが多いです．

## ① 結合の種類

> A ⊙ ＋ ⊙ B ⟶ A ⊙ B    …このあと何が起こる？

今，Na 原子と Cl 原子でどんな結合が生じるか考えてみましょう．これらの原子の電子配置は

$$_{11}\text{Na} = \text{K}^2\text{L}^8\text{M}^1 = [\text{Ne}] \quad \overset{3s}{⊙} \quad \overset{3p}{○○○}$$
$$_{17}\text{Cl} = \text{K}^2\text{L}^8\text{M}^7 = [\text{Ne}] \quad ⊙ \quad ⊙⊙⊙$$

でしたね．この最外殻の $s$ 軌道と 3 つの $p$ 軌道の電子配置のみを以下のように表示することにしましょう．

いずれも，不対電子が 1 つあります．したがって，Na と Na，Cl と Cl，Na と Cl の間では，A ⊙＋⊙ B ⟶ A ⊙ B のようにして共有結合が生じ $\text{Na}_2$，$\text{Cl}_2$，NaCl 分子ができることがわかります．

実際，これら分子はすべて存在します．ただし，$\text{Cl}_2$

分子は常温で存在しますが，$Na_2$，NaCl 分子は高温で
ないと存在しません.

　まず，$Na_2$ 分子は，常温にすると下図のような集合
体になります.

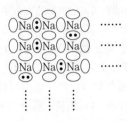

　この集合体には，Na◯Na のような軌道，すなわち電
子は入っていませんが連結された軌道が多数ありま
す. そして，Na は自分の電子に対しても相手の電子
に対してもその"想い"は他元素に比べて淡白でした.
そこで，共有された電子対は各原子に強く束縛されて
はいませんので，次々と空の軌道を渡り歩くことにな
るのです. すなわち，==共有結合が特定の場所に固定さ
れずに，次々と移っていく==のです. その結果，この固
体の中には，もはや $Na_2$ 分子と呼べるものは存在しな
くなり，多数の Na 原子が固体中を動き回る電子(**自
由電子**)で全体としてつなぎとめられていると見なさ
れる状態になります. このような結合は金属中で見ら
れるので，==金属結合==といいます.

　次に，NaCl 分子について考えてみましょう. 共有
結合したとはいうものの，Na 原子と Cl 原子とでは，
共有した電子対に対する"想い"は圧倒的に違います.
Na は"淡泊"なのに Cl は"濃い"ですね. そこで，共有
電子対は大きく Cl 側に引き寄せられて，Na はかな
り正に，また Cl はかなり負に帯電($\overset{\delta+}{Na}$ $\overset{\delta-}{Cl}$)していま
す. さて，このように強く分極した分子は，分子間で
強く引き合うため，少し温度を下げるとどんどん集ま
って，$\overset{\delta+}{Na}$ と $\overset{\delta-}{Cl}$ が交互に並んだ固体となります.

◀Na のイオン化エネルギー，
電子親和力いずれも他元素
に比べて小さかったですね

$\overset{\delta+}{Na}$ は $\overset{\delta-}{Cl}$ に取り囲まれてさらに電子を失っていきます.

こうなると, $\overset{\delta+}{Na}$ はいくつもの $\overset{\delta-}{Cl}$ に取り囲まれてしまうため(よってたかってむしりとられるため?)さらに電子を失って, 事実上 Na$^+$ のようになり, 一方 $\overset{\delta-}{Cl}$ は Cl$^-$ のようになってしまいます. ここまでくると Na$^+$ と Cl$^-$ からなると見なせるため, この固体はイオン性物質,そして固体中の結合は**イオン結合**と呼ばれています.

　以上, Na と Cl を例にして, 共有結合で始まった結合が元素間の個性が反映して, 場合によっては, 金属結合, イオン結合と呼ばれる結合に変ぼうしていく様子を述べましたが, 通常私たちはここであげた,

**共有結合**, **金属結合**, **イオン結合**

の3種類を原子間の基本結合と考えています.

## ② 結合の種類の判定法

　共有した電子対に対する"想い"の強さが, 結合が最終的に何結合になるかを決める大きな要因でした. この"想い"の強さは, 共有電子対を自らの側に引き込んで自らを電気的に陰性にしようとするものですから, **電気陰性度**と呼ばれます.

　この電気陰性度を使うと, A⦿B 結合が最終的には何結合に向かうのかは, 以下のように判断されます.

　①　電気陰性度が**いずれも大きい**とき…共有電子対が特定の原子間に強く束縛されるので**共有結合**のままとなります.

　②　電気陰性度が**いずれも小さい**とき…共有電子対に対する引きつけが弱いので, 共有電子は自由電子となって金属結合となります.

　③　電気陰性度が, **一方が大きく他方が小さいとき**

…共有電子対が事実上一方の側に引き寄せられて陽イオンと陰イオンとなってイオン結合となります.

$$A\overset{\cdot}{} + \overset{\cdot}{}B \longrightarrow A\overset{\cdot\cdot}{\colon}B \begin{cases} \chi_A\,\chi_B \\ \text{大 大} \longrightarrow \text{共有結合} \\ \text{小 小} \longrightarrow \text{金属結合} \\ \text{大と小} \longrightarrow \text{イオン結合} \end{cases}$$

電気陰性度 ⇒ $\chi_A$ $\chi_B$

ところで，金属元素の単体($A\overset{\cdot\cdot}{\colon}A$)は金属結合，非金属元素の単体($A\overset{\cdot\cdot}{\colon}A$)は共有結合でできていることを考えると

◀18族は結合はしませんので除きます.

　　　電気陰性度⑨　は金属元素
　　　電気陰性度⑨　は非金属元素

と考えることができます. そして，周期表では，金属元素(M)と非金属元素(X)は2分されていますから，物質を構成する元素の周期表上での位置より，各物質中に含まれる結合の種類を推定することができるのです.

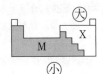

X−X′…共有結合
M−M′…金属結合
M−X…イオン結合

---

《結合の種類の推定》

54　下表の空欄に(1)〜(8)の物質中の結合として該当する所に〇を記入せよ.

| | (1) | (2) | (3) | (4) | (5) | (6) | (7) | (8) |
|---|---|---|---|---|---|---|---|---|
| | Ca | $Cl_2$ | $H_2$ | $CaCl_2$ | HCl | $NH_3$ | $NH_4Cl$ | $[Cu(NH_3)_4]SO_4$ |
| 共有結合 | | | | | | | | |
| 金属結合 | | | | | | | | |
| イオン結合 | | | | | | | | |
| 配位結合 | | | | | | | | |

**解説** (1)〜(8)の物質を構成する元素の周期表上での位置と金属元素(M), 非金属元素(X)の区別は下図の通りです.

**X−X′…共有結合, M−M′…金属結合, M−X…イオン結合**の推定法からすると, 単体あるいは二元素化合物の結合は,

[1] Ca−Ca … 金属結合　　　[2] Cl−Cl … 共有結合
[3] H−H … 共有結合　　　　[4] Ca−Cl … イオン結合
[5] H−Cl … 共有結合　　　　[6] N−H … 共有結合

と推定することができます.

[7] $NH_4Cl$ は構成元素 H, N, Cl がすべて非金属元素ですから, まず共有結合は必ずあると考えてよいでしょう. ただ, この化合物は, $NH_3$ と HCl の反応:

$$NH_3 + HCl \longrightarrow NH_4Cl$$

で生じます. このとき HCl から放出される $H^+$ が $NH_3$ の非共有電子対に渡されて $NH_4^+$ が生じます. ⊙$NH_3$ と $H^+$ との反応は配位結合を生じる反応なので, NH_4^+ 中には配位結合が 1 本含まれていると考えられます. (ただし, 一度この結合が生じると, もとの N−H の共有結合と区別することはできなくなりますが……). さらに, こうして生じた $NH_4^+$ と $Cl^-$ はイオン結合で結合していると考えることができます. したがって $NH_4Cl$ には, 共有結合, 配位結合, イオン結合の 3 種が含まれています. 非金属元素のみでできた化合物であるのにイオン結合が含まれているのは, $NH_4Cl$, $(NH_4)_2SO_4$ など主にアンモニウム塩であるので, これを例外物質として記憶しておきましょう.

[8] これは見るからに複雑な化合物ですね. ただし, [ ], ( )のようなかたまりがわかる表示がありますから, それをたよりに結合を推定しましょう. $NH_3$ は共有結合でできた分子です. 仮にこれを取り除くと, 化学式は $CuSO_4$ となります. S−O 結合は共有結合, そして, Cu と $SO_4$ は金属元素と非金属元素間の結合ですからイオン結合でしょう. このとき銅は $Cu^{2+}$ となっていると考えられます. そこで, $Cu^{2+}$ と (⊙$NH_3$)との

$H_3N$⊙ + ○$H^+$

↓

$H_3N$⊙$H^+$ ⇔ $(NH_4^+)$

$(H_3N \rightarrow H^+)$

結合は配位結合ということになります.

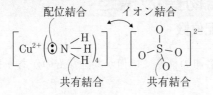

配位結合　　　イオン結合

共有結合　　　　共有結合

|  | Ca | $Cl_2$ | $H_2$ | $CaCl_2$ | HCl | $NH_3$ | $NH_4Cl$ | $[Cu(NH_3)_4]SO_4$ |
|---|---|---|---|---|---|---|---|---|
| 共有結合 |  | ○ | ○ |  | ○ | ○ | ○ | ○ |
| 金属結合 | ○ |  |  |  |  |  |  |  |
| イオン結合 |  |  |  | ○ |  |  | ○ | ○ |
| 配位結合 |  |  |  |  |  |  | ○ | ○ |

## 3 電気陰性度

　電気陰性度とは, 共有した電子対を自らのほうに引き寄せる勢いの尺度です. そして, 共有した電子の1つは自分のものでもう1つは相手のものです. したがって, 電気陰性度は

　　自分の電子に対する"想い"を表したイオン化エネルギー$(I_A)$

　　相手の電子に対する"想い"を表した電子親和力$(E_A)$

の和$(I_A+E_A)$に比例する量で評価できます. ところで, 一般に電子親和力はイオン化エネルギーより圧倒的に小さい値でした$(I_A \gg E_A)$. そこで, 結局, 電気陰性度$(\chi_A)$は, 周期表上や原子番号とともにほぼイオン化エネルギー$(I_A)$と同じ傾向で変化します.

$$\chi_A \Longleftrightarrow I_A+E_A \fallingdotseq I_A$$
　　　大　　　大　　大

　ただし, 18族は不対電子を持たず, また共有結合することはまずありませんから, 電気陰性度の値は考えません. よって, $I_A$の最大はHeですが$\chi_A$の最大はFです.

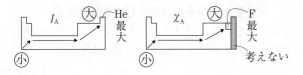

# 6 物質の構造

## ⓪ 配位数

以下の①〜④の各組の構造には何か共通なものがあります. それは何でしょう.

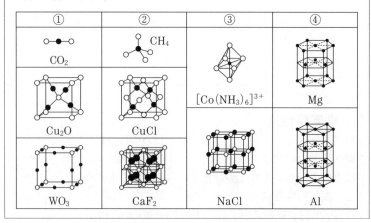

| ① | ② | ③ | ④ |
|---|---|---|---|
| $CO_2$ | $CH_4$ | $[Co(NH_3)_6]^{3+}$ | Mg |
| $Cu_2O$ | CuCl | | |
| $WO_3$ | $CaF_2$ | NaCl | Al |

これらは, 分子, 錯イオン, イオン結晶, 金属結晶などいろいろなものの構造で, それらを構成する結合の種類もさまざまです. しかし, ①〜④の各グループ内で見ると, ●の最近接にある粒子数はそれぞれ

① 2個　② 4個　③ 6個　④ 12個

であり, それらについては共通です. このような, 1つの原子のまわりの最近接にある原子の数は **配位数** と呼ばれています. どんな複雑な構造でも, 1つの原子に注目するとその最近接にある原子数は最大でも12であり, またその位置もごく限られています. したがって, あらかじめ, どんな配位数と形があるのかを知っておけば, 構造の理解に大いに役立ちます.

**配位数を学びそれに注目して構造を見る**

という習慣を身につけましょう. では, 主な配位数とまわりの原子の位置を次に示してみましょう.

配位数は配位結合とは関係▶なく, 1つの原子の最近接の原子数を考えたものです.

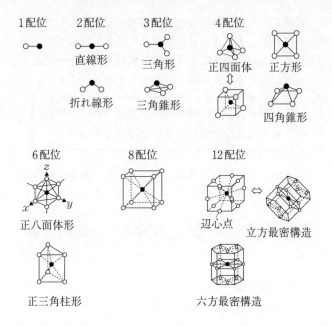

いかに複雑な構造でも，結局はこれらのユニットの組み合わせにすぎないのです．

◀ たとえば

$CaF_2$　は　と

> $A\bigodot$ ＋ $\bigodot B \longrightarrow A\bigodot B$ 　のようにして
> 結合ができることからすると，配位数は最大
> いくつと予想されますか？

通常，結合に関与するのは各原子の最外殻の $s$ 軌道と 3 つの $p$ 軌道の計 4 つの軌道です．このことからすると，1 つの原子のまわりには，以下のように最大で 4 つの原子しか来ることはできません．

しかし，実際はそれより多い 6，8，12 配位が存在します．それは，金属結晶では自由電子がより有効に

働けるよう多数の軌道の連結が可能な構造をめざすようになること，またイオン結晶では生じた陽イオンを陰イオンがより密に集まって静電的エネルギーがより安定になれるように結びつこうとするからです．

他に配位数が4より大きく▶なる場合として，$d$軌道が結合に参加することが関係している場合もあります．

> 同じ大きさの球状の玉をできるだけ密につめたとき配位数はいくつになりますか？

　まず，台の上に玉（◉とします）を1つ置き，そのまわりにツメて順に並べて置いてみましょう．

1つ目　2つ目　3つ目　4つ目　5つ目　6つ目

全部で6つ置けました．では，その上のくぼみに，また1つずつ置いてみましょう．

7つ目　　8つ目　　9つ目

このように，上にあと3つ，◉に接触させて置くことができます．このことは，下の面についても同様ですから，結局あと3つ，つまり計12個の玉を◉に接触させることができます．これが，最もスキ間の少ない⇔最密の詰め方です．つまり，**玉を最密に詰めると12配位となります**．

> 　AとBが交互に並んだ構造をした化合物 $A_aB_b$ があります．Aの配位数を $C_A$，Bの配位数を $C_B$ とすると，$C_A$，$C_B$，$a$，$b$ の間にはどんな関係式が成り立ちますか？

　　AとBが交互に並んだ構造とは，たとえば

のような構造です．ここで

　　Aのまわりに B が $C_A$ 個あるのは A が結合手を
　　$C_A$ 本出しているからで，同様に B のまわりに $C_B$
　　個の A があるのは B が $C_B$ 本結合手を出している
　　から

と考えてみましょう．今，$A_a B_b \times N$ 個分の物質があっ
たとすれば，

　　A の結合手の総数 $= C_A \times a \times N$（本）
　　B の結合手の総数 $= C_B \times b \times N$（本）

ですが，この2つの総数は等しくなくてはなりませ
ん．そこで，

$$C_A \times a \times N = C_B \times b \times N$$
$$\Downarrow$$
$$\boxed{C_A \times a = C_B \times b}$$

が成り立つことになります．この関係式は，イオン結
晶の構造を考えるときに重要になります．

⇓握手して結合

> 　　1つの原子の最近接の原子は，できるだけ
> 反発をさけるように配置するとすれば，配位
> 数が 2，3，4，6，8，12 のときどんな形とな
> りますか．

　　以下のような形になるでしょう．

| 2配位 | 3配位 | 4配位 | 6配位 | 8配位 | 12配位 |
|---|---|---|---|---|---|

直線形　　正三角形　　正四面体形　　正八面体形　　立方体形

実際は，2配位で折れ線形があるように，必ずしもこのようになるわけではありません．軌道の形やその他も関係して形が決まるからです．しかし，第一近似的には，このように反発をさけるようにして形ができ上がっていくと考えておくと，おおよその形がイメージできるでしょう．

> 半径の違う2種の球状の玉があります．小さい玉のまわりに大きい玉を，3配位-正三角形，4配位-正四面体形，6配位-正八面体形，8配位-立方体形，12配位に置いたとき，小さい玉が大きい玉と接触が可能な球の半径比；$(r_小/r_大)$の条件を求めて下さい．

計算の仕方は，いろいろあると思います．ここでは大きい玉と小さい玉だけでなく，大きい玉どうしも接触しているときの半径比$((r_小/r_大)_{n配位})$をまず求めてみましょう．半径比は，玉の中心を通る断面図を考えると求めやすいでしょう．以下で大きい玉の半径を1として$r_小$を求めます．

3配位 正三角形

正三角形の垂線の2/3
$=\sqrt{3}\times 2/3$

よって
$r_小=\sqrt{3}\times 2/3-1\fallingdotseq 0.15$
$(r_小/r_大)_{3配位}\fallingdotseq 0.15$

4配位 正四面体形

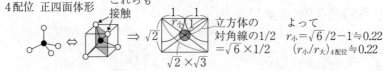

立方体の対角線の1/2
$=\sqrt{6}\times 1/2$

よって
$r_小=\sqrt{6}/2-1\fallingdotseq 0.22$
$(r_小/r_大)_{4配位}\fallingdotseq 0.22$

6配位　正八面体形

 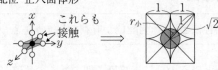

よって
$r_小 = \sqrt{2} - 1 \fallingdotseq 0.41$
$(r_小/r_大)_{6配位} \fallingdotseq 0.41$

8配位　立方体形

 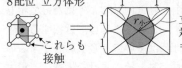

立方体の
対角線の1/2
$= 2\sqrt{3} \times 1/2 = \sqrt{3}$

よって
$r_小 = \sqrt{3} - 1 \fallingdotseq 0.73$
$(r_小/r_大)_{8配位} \fallingdotseq 0.73$

12配位

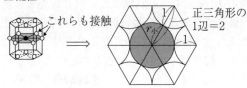

正三角形の
1辺 = 2

よって
$r_小 = 2 - 1 = 1$
$(r_小/r_大)_{12配位} = 1$

　さて，以上で求めた半径比 $(r_小/r_大)_{n配位}$ は大きい玉と小さい玉，大きい玉と大きい玉すべてが接触しているときの値です．実際の半径比 $r_小/r_大$ が，$(r_小/r_大)_{n配位}$ の値より小さければ小さい玉は大きい玉と接触できず，大きい玉と大きい玉のみが接触しています．逆に大きければ，大きい玉と大きい玉は離れて，大きい玉と小さい玉のみが接触することになります．したがって，大きい玉と小さい玉が接触できる半径比 $r_小/r_大$ は $(r_小/r_大)_{n配位}$ の値以上のときということになります．

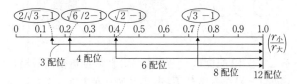

このような接触条件は，イオン結晶の構造を考えるとき重要な意味を持ってきます．

## 1 金属結晶

金属結合にとって, 何配位が有利でしょうか?

　金属結合というのは, 近接原子間で多くの軌道が連結し, それらの連結した軌道を一部の電子が次々と乗り継いで結晶中を自由に動き回れるようになって生じたものと考えられます. ということは, 近接する原子間の軌道の連結が多ければ多いほど金属結合をするのに都合がよくなるはずです. そのような構造は, 最大の配位数の12配位で, それはまた, 同じ球を最も密に詰めた構造でもあるので最密構造とも言われています. ただし, 金属元素にも個性がありますから, 12配位より少し配位数の小さい8配位(体心立方)になることもあり得るでしょう. 実際, **金属結晶**の約80%は, **12配位か8配位**です.

　12配位は2通りあります. それを表示して下さい.

　12配位では, 1つの原子のまわりの同一平面上に6つ原子が接しています(⇒**図1**). そして, その平面の上と下にさらに3個ずつの原子が接しているのですが, その各3個の位置は2通りあります(⇒**図2, 3**)

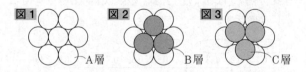

図1 ——A層　図2 ——B層　図3 ——C層

そこで, 12配位は, 上下の各3個の位置が同じ場合(**図4**)と異なる場合(**図5**)の2通りができることになります.

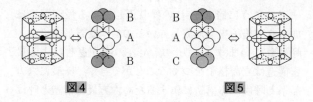

次図は，**図4**，**図5** それぞれが繰り返された様子を示す図です.

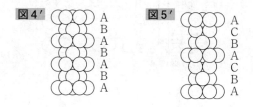

ところで，実際の最密構造ではA, B, C層は下図のように原子が次つぎと並んでいて，このような層が積み重ねられてできています．今，A, B, C層の繰り返しでできた最密構造の各層から順に1個, 6個, 6個, 1個取り出して$z$軸を傾け，また$z$軸を軸にして回転させると**面心立方格子**であることがわかります.

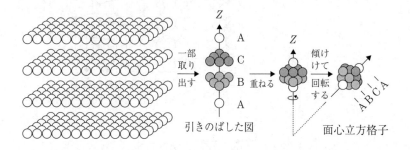

このように層 A, B, C の繰り返しによる最密構造は面心立方格子をも形成しているので, **立方**最密構造と呼ばれています. 一方, 層 A, B の繰り返しによる最密構造は立方格子をつくることができず, 一般に六方晶系と呼ばれる構造に属するため**六方**最密構造と呼ばれています.

C 層を使わず, 空間を対▶
等に扱っていないので等方
性を持つ立方格子を形成す
ることはできません.

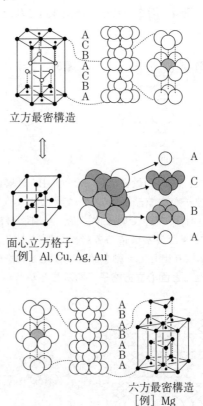

立方最密構造

面心立方格子
［例］Al, Cu, Ag, Au

六方最密構造
［例］Mg

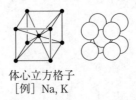

体心立方格子
［例］Na, K

┌─── 《単位格子に関する基本計算》 ─────────────┐
│ 55  Na，Mg，Al の結晶はそれぞれ，体心立方格子，六方最密構造，立方
│     最密構造を形成している．原子は半径 $r$ cm の球でこれらが接触して結
│     晶ができているとみなし，また原子量を $M$，アボガドロ定数を $N_A$（個/
│     mol）として，以下の量を求めよ．
│     ①  密度（g/cm³）
│     ②  充填率
│     ③  1 cm³ あたりの原子数（個/cm³）
└────────────────────────────────────┘

**解 説**　単位格子の繰り返しで結晶ができ上がっていると考えています．したがって，単位格子の質量を $x$(g)，体積を $y$(cm³)，格子内原子数を $n$(個)，……とすると，単位格子が $N$ 個集まった結晶は $x×N$ (g)，$y×N$ (cm³)，$n×N$ (個)，……であって，結晶でのこれらの量間の比，たとえば g/cm³ の値はすべて，単位格子での値と一致します．

$$\overset{x}{\underset{y}{\boxed{\bigcirc}}} \xrightarrow{N個} \overset{X=x×N}{\underset{Y=y×N}{\bigcirc}} \Rightarrow \left(\frac{X}{Y}\right)=\frac{x×N}{y×N}=\left(\frac{x}{y}\right)$$

単位格子　　　　結晶　　　　　　結晶　　　　単位格子

そこで，結晶に関する①〜③のような比の値（g/cm³，cm³/cm³，個/cm³）は，単位格子に関する比の値を求めることによって知ることができます．

　さて，六方最密構造と立方最密構造は，最密状に並んだ原子層の重ね方は異なりますが，最密に原子が詰められているという点では同じです．2 つの構造でのこれら①〜③のような比の値は一致します．ところで，立方最密構造は面心立方格子をも構成しています．そして，立方体を使った幾何計算は楽です．そこで，Mg，Al はいずれも面心立方格子で計算した値が，そのまま使えます．以下で，単位格子について，原子数 $n$(個)，質量 $x$(g)，体積 $y$(cm³) とします．

◀ 立方は ABC ABC……
　 六方は AB AB……

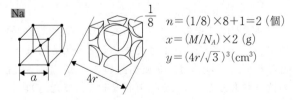

Na

$$n=(1/8)×8+1=2 \text{ (個)}$$
$$x=(M/N_A)×2 \text{ (g)}$$
$$y=(4r/\sqrt{3})^3 \text{(cm³)}$$

◀ 立方体の一辺を $a$ cm とすると
　 対角線 $=\sqrt{3}\,a=4r$
　 　　$a=4r/\sqrt{3}$

① 密度 $(g/cm^3) = \dfrac{x}{y} = \dfrac{(M/N_A)\times 2}{(4\,r/\sqrt{3}\,)^3} = \boxed{\dfrac{3\sqrt{3}\,M}{32\,N_A r^3}}\left(\dfrac{g}{cm^3}\right)$

② 充填率 $\left(\dfrac{cm^3(原子)}{cm^3(全)}\right) = \dfrac{原子の体積 \times n}{y} = \dfrac{(4\,\pi r^3/3)\times 2}{(4\,r/\sqrt{3}\,)^3}$

$= \boxed{\dfrac{\sqrt{3}\,\pi}{8}} = 0.68$

③ $1\,cm^3$ あたりの原子数 $\left(\dfrac{個}{cm^3}\right) = \dfrac{n}{y} = \dfrac{2}{(4\,r/\sqrt{3}\,)^3}$

$= \boxed{\dfrac{3\sqrt{3}}{32\,r^3}}\left(\dfrac{個}{cm^3}\right)$

**Al** (**Mg**の①〜③は Alの値で流用できます)

立方体の一辺を $a$ cm とす▶
ると
対角線 $= \sqrt{2}\,a = 4\,r$
$a = 4\,r/\sqrt{2}$

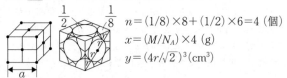

$n = (1/8)\times 8 + (1/2)\times 6 = 4$ (個)
$x = (M/N_A)\times 4$ (g)
$y = (4r/\sqrt{2}\,)^3 (cm^3)$

① $\dfrac{(M/N_A)\times 4}{(4\,r/\sqrt{2}\,)^3} = \boxed{\dfrac{\sqrt{2}\,M}{8\,N_A r^3}}\left(\dfrac{g}{cm^3}\right)$

② $\dfrac{(4\,\pi r^3/3)\times 4}{(4\,r/\sqrt{2}\,)^3} = \boxed{\dfrac{\sqrt{2}\,\pi}{6}} = 0.74$

③ $\dfrac{4}{(4\,r/\sqrt{2}\,)^3} = \boxed{\dfrac{\sqrt{2}}{8\,r^3}}\left(\dfrac{個}{cm^3}\right)$

## 2 イオン結晶

> $Al_2O_3$ の結晶で $Al^{3+}$,$O^{2-}$ の配位数はいくら
> ですか？

$Al^{3+}$ の配位数を $C_{Al^{3+}}$,$O^{2-}$ の配位数を $C_{O^{2-}}$ とすると,
p.201 より

$$C_{Al^{3+}}\times 2 = C_{O^{2-}}\times 3$$

$C_{Al^{3+}}\times 2 = C_{O^{2-}}\times 3$ ▶
12
9
6 $\Longrightarrow$ 4
3

の関係式が成り立ちます. この式より, $C_{Al^{3+}}$ は3の倍
数12,9,6,3のいずれかであることがわかります.
ところで, 12配位は, 金属結晶のように, 同じ半径
の粒子が集まるときしかあり得ません. また, 9配位

は空間的な対称性が悪いのであり得ないでしょう. さ
らに, 3 配位は, 共有結合をつくったときの結合手の
数ですからイオン結晶である $Al_2O_3$ では考えられない
でしょう. 以上より, $C_{Al^{3+}}$ は 6 配位であり, したがっ
て $C_{O^{2-}}$ は 4 配位と決まります. すなわち, $Al_2O_3$ の結
晶では, $Al^{3+}$ の最近接にある $O^{2-}$ は 6 個で, $O^{2-}$ の最
近接にある $Al^{3+}$ は 4 個と決まります.

もっとも, 6 配位には, 一般に 2 通りがあり, 一方,
4 配位にも 3 通りがありますから, それらのうちのど
れかはここで決めることはできません. でも, 化学式
(組成式) $Al_2O_3$ を見ただけで, $Al^{3+}$ のまわりの $O^{2-}$ の
数, $O^{2-}$ のまわりの $Al^{3+}$ の数が決められるなんてスゴ
イと思いませんか.

以下で組成式が AB 型, $AB_2$ 型, $AB_3$ 型のイオン結
晶の主な構造を示しておきます.

◀ $Al_2O_3$ の結晶構造は何種類
か存在しますが, ルビーや
サファイヤなどでは, $O^{2-}$
が六方最密構造を形成し,
その 6 つの $O^{2-}$ で囲まれた
穴 (正八面体孔) の 3 ヶ所の
うちの 2 ヶ所に $Al^{3+}$ が入
っているとみなせる構造を
しています.

| 配位数 | (4, 4) | (6, 6) | (8, 8) |
|---|---|---|---|
| AB | | | |
| 例 | CuCl, CdS, ZnS | NaCl, KCl, CaO | CsCl, $NH_4Cl$ |

| 配位数 | (4, 2) | (6, 3) | (8, 4) |
|---|---|---|---|
| $AB_2$ | | | |
| 例 | $Ag_2O$, $Cu_2O$ | $TiO_2$, $PbO_2$, $MnO_2$ | $CaF_2$, $CdF_2$ |

| 配位数 | (6, 2) |
|---|---|
| $AB_3$ | |
| 例 | $ReO_3$, $WO_3$ |

イオン結合にとって, 何配位が有利でしょう
か?

イオン結合は, 陽イオンと陰イオンが静電気力で引
き合って得られるエネルギー的な安定性に支えられて
います. したがって, 陽イオンと陰イオンが互いに

① **できるだけ近くに⇔接触するまで近づく**

② **できるだけまわりに多く⇔配位数を上げる**

**大球と小球が接触できる条件**

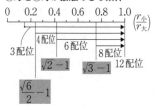

の2つの条件が満された構造をとると考えられます。ただ，すでに p.203 で検討したように，陽イオンと陰イオンが接触できるには，イオン半径の比 $r_小/r_大$ がある一定値以上でなくてはならないという制約があります。

たとえば8配位の場合，$r_小/r_大 \geq \sqrt{3-1}=0.73\cdots$ でしたね。そこで，$r_{Cs^+}=0.169$ nm，$r_{Cl^-}=0.181$ nm の場合，$r_{Cs^+}/r_{Cl^-}=0.169/0.181=0.934 > \sqrt{3-1}$ なので，$Cs^+$ と $Cl^-$ は接触しながら8配位の構造をとって最も安定な結晶がつくれます。

一方 $r_{Na^+}=0.095$ nm，$r_{Cl^-}=0.181$ nm の場合，$r_{Na^+}/r_{Cl^-}=0.095/0.181=0.52 < \sqrt{3-1}$ となるので，もし $Na^+$ と $Cl^-$ が8配位の構造をとるとしたら，$Na^+$ と $Cl^-$ は接触できず，つまり ① の条件を満たすことができません。6配位の構造なら接触条件は $r_小/r_大 \geq \sqrt{2-1}=0.41\cdots$ なので，$Na^+$ と $Cl^-$ は接触でき，① の条件を満たすことができます。このように $r_小/r_大$ によっては ① と ② の条件が矛盾することがあります。このようなとき，たいていは，① の条件つまり陽イオンと陰イオンが互いに接触できることが優先されます。その結果，イオン結晶では

**陽陰イオンの接触ができるものの中で**

**配位数ができるだけ大きい構造**

が選ばれます。

ただ，金属と非金属でできた化合物なので一応イオン結晶に分類されているとはいえ，電気陰性度の差が小さくて，**結合に共有結合性がかなり含まれていると考えられる場合には，むしろ配位数の小さい構造**が好まれます。たとえば，CuCl は4配位の構造をとっています。

┌─・─《NaCl型構造での1つのイオンのまわりのイオンの配置》─・─┐

56　NaCl型の結晶において，1つのイオンの第1近接，第2近接，第3
　　近接，第4近接，第5近接には，どの符号(同か異か)のイオンが,何個存
　　在するか.

└─────────────────────────────────────┘

**解説**　NaCl結晶の単位格子の==中心にあるイオンに注目す==
==る==と，その左右，前後，上下の計6ケ所に異符号のイオンが存
在します．そして，これが最も近くにあるイオンですから，ま
ずは，第1近接は**異符号**で**6個**であることがわかります．ま
ず，この距離を1としましょう．

第2近接は距離$\sqrt{2}$の**同符号**のイオンです．これは辺心点に
あります．立方体の辺は12本ありますから，辺心点は**12個**
あります．

第3近接は距離$\sqrt{3}$の**異符号**のイオンです．これは頂点にあ
ります．立方体の頂点は**8個**あります．

さてここまでは，なんとか図を見て数え上げれば求めること
ができますが，第4近接，第5近接となるとちょっときついで
すね．そこで，少し数学的に扱ってみましょう．

今，1つのイオンの空間座標を$(0, 0, 0)$とすると，そのま
わりにあるイオンの座標は$(n, m, l)$$(n, m, l$は整数値$)$で表
されます．そして，この中心のイオンから座標$(n, m, l)$のイ
オンまでの距離$r$は

$$r=\sqrt{n^2+m^2+l^2}$$

で表されます．第1近接，第2近接，……のイオンの数は結
局，$n^2+m^2+l^2$の値の中で小さい順を満たす$(n, m, l)$のセッ
トの数ということになります．また，同符号か異符号かは，$n$
$+m+l$が偶数なら同，奇数なら異となります．

**第1近接**　$n^2+m^2+l^2=1$

$(\pm1, 0, 0), (0, \pm1, 0), (0, 0, \pm1)$

$2\times3=$**6個**

$n+m+l=\pm1$　…　奇数 ⇔ **異符号**

**第2近接**　$n^2+m^2+l^2=2$

$(\pm1, \pm1, 0), (\pm1, 0, \pm1), (0, \pm1, \pm1)$

$2\times2\times3=$**12個**

$n+m+l=2, 0, -2$　…　偶数 ⇔ **同符号**

**第3近接**　$n^2+m^2+l^2=3$

$(\pm1, \pm1, \pm1)$　$2\times2\times2=$**8個**

◀これは配位数そのものです
ね．

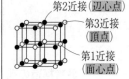

第2近接（辺心点）
第3近接
（頂点）
第1近接
（面心点）

$$n+m+l=\pm 3, \pm 1 \quad \cdots \quad \text{奇数} \Leftrightarrow \textbf{異符号}$$

第4近接 $n^2+m^2+l^2=4$

$(\pm 2, 0, 0), (0, \pm 2, 0), (0, 0, \pm 2)$

$2\times 3=\textbf{6}$ 個

$$n+m+l=\pm 2 \quad \cdots \quad \text{偶数} \Leftrightarrow \textbf{同符号}$$

第5近接 $n^2+m^2+l^2=5$

$(\pm 2, \pm 1, 0)$ など6種 $3!\times 2\times 2=\textbf{24}$ 個

$$n+m+l=\pm 3, \pm 1 \quad \cdots \quad \text{奇数} \Leftrightarrow \textbf{異符号}$$

まとめると

|  | 第1 | 第2 | 第3 | 第4 | 第5 |
|---|---|---|---|---|---|
| 距離 | 1 | $\sqrt{2}$ | $\sqrt{3}$ | $\sqrt{4}=2$ | $\sqrt{5}$ |
| 符号 | 異 | 同 | 異 | 同 | 異 |
| 個数 | 6 | 12 | 8 | 6 | 24 |

---

## 《最密構造の孔とイオン結晶の構造》

57　次の３つの単位格子には何か共通点がある．それに注目して，３つの格子の関係を述べよ．

図1　　　　　　　　図2　　　　　　　　図3

 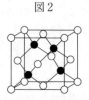 

**解 説**　○のみに注目すると面心立方格子をつくっています．そこで，これら結晶は面心立方格子上に並べられた○がつくる穴(孔)の中に●がはめ込まれてできているものと考えることができます．では何が違うのでしょうか．面心立方格子には，4つの原子で囲まれた正四面体孔が，1/8小立方体の中心に8ケ所あります．また，6つの原子で囲まれた正八面体孔が単位格子の中心と辺心点12ケ所にあります．

（正四面体孔）

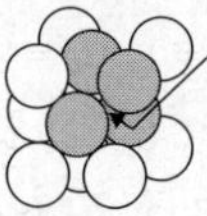

各頂点と面心の位置にある
計4つの原子で囲まれた穴，
各頂点から対角線の1/4の所
にあります．（この立方体の
1/8の小立方体の中心）

（正八面体孔）

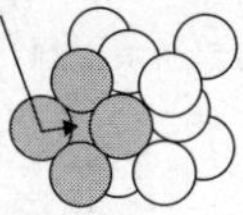

6つの原子で
囲まれた穴，
辺心と体心に
あります．

そこで，●の位置は

図1　正四面体孔のすべてに

図2　正四面体孔の1つおきで半分に

図3　正八面体孔のすべてに

入っている点が違うのです．なお，○と●の個数比は

図1　○：● = $(1/8) \times 8 + (1/2) \times 6$ ：$1 \times 8 = 1：2$

図2　○：● = $(1/8) \times 8 + (1/2) \times 6$ ：$1 \times 4 = 1：1$

図3　○：● = $(1/8) \times 8 + (1/2) \times 6$ ：$1 + (1/4) \times 12 = 1：1$

となります．

## ③　共有結合による分子，結晶

共有結合の場合，配位数はどうなりますか？

共有結合は，

$$A\odot + \odot B \longrightarrow A \odot B$$

のようにして生じます．したがって，A原子のまわり
に存在する原子数つまり配位数は，A原子が何個の不
対電子を用意できるかで決まります．ここで，第2周
期の非金属元素の電子配置についてそれがどうなって
いたかを確認してみましょう．

◀共有結合は通常非金属元素
の間で生じますね．

| | K殻 | L殻 | | 不対電子数 | |
|---|---|---|---|---|---|
| | $1s$ | $2s$ | $2p$ | 基底状態 | $s$から$p$に励起 |
| ₅B | ⊙ | ⊙ | ⊙○○ | 1 | 3 |
| ₆C | ⊙ | ⊙ | ⊙○○ | 2 | 4 |
| ₇N | ⊙ | ⊙ | ⊙⊙⊙ | 3 | 3 |
| ₈O | ⊙ | ⊙ | ⊙⊙⊙ | 2 | 2 |
| ₉F | ⊙ | ⊙ | ⊙⊙⊙ | 1 | 1 |
| ₁₀Ne | ⊙ | ⊙ | ⊙⊙⊙ | 0 | 0 |

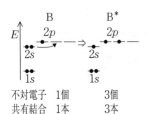

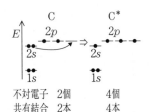

各原子の最も安定な状態(基底状態)では, 不対電子数は B＝1, C＝2, N＝3, …… となっています. これからは, 結合原子数(⇔配位数)は B＝1, C＝2, N＝3, …… と予想されます. しかし, もし, $2s$ 軌道の電子1個を $2p$ 軌道に移動させたら(エネルギーが必要ですが), 不対電子数は B では1から3に, C では2から4に増加させることができ, それにともなって, それぞれ共有結合を2本ずつ増やすことができます. この共有結合数が2本も増えることによって安定になれるエネルギーは $2s$ 軌道から $2p$ 軌道に電子を移動させたときに必要だったエネルーを十分に上まわるため, B 原子と C 原子は通常この励起状態で他原子と結合します.

以上をもとに, B～F の各原子が他原子と結合するときの L 殻の軌道の様子を模式的に表すと, 以下のようになります.

そこで, これら原子と H 原子(H⊙)との共有結合でできた化合物は

となります.

さて, これら水素化合物はこれ以上他原子と共有結合はできませんが, $BH_3$ には空の軌道があり, また $NH_3$, $H_2O$, HF には共有結合していない電子対(非共有電子対)がありますから, 配位結合ならできます.

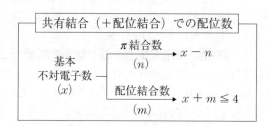

　このような配位結合まで含めると，結局，最外殻の
$s$ 軌道と 3 つの $p$ 軌道をすべて使いきって他原子と結
合したときが配位数が最大となり，それは 4 となりま
す．一方，二重結合や三重結合ができると配位数は減
少していきます．

```
┌─────────────────────────────────────┐
│  共有結合（＋配位結合）での配位数        │
│                                        │
│              π結合数 ──→ x − n          │
│  基本         (n)                       │
│  不対電子数 ─                            │
│  (x)         配位結合数 ──→ x + m ≦ 4   │
│              (m)                        │
└─────────────────────────────────────┘
```

◀ π 結合とは多重結合で付
加反応を受けうる 2 本め，
3 本めの結合のことです．
二重結合では 1 つ，三重結
合では 2 つあります．

> 共有結合の結合角は何度ですか？

　共有結合は主に非金属元素間で生じ，そのときに使
われる軌道は主に最外殻の $s$ 軌道と $p$ 軌道です．たと
えば硫黄原子ではその最外殻は

$$3s \qquad 3p_x \qquad 3p_y \qquad 3p_z$$

となっていて，$3p_y$，$3p_z$ 軌道が不対電子を持ってい
るので，この 2 つの軌道が共有結合に使われます．
今，H 原子（$\overset{1s}{\odot}$）と結合して $H_2S$ 分子を形成したとし
ましょう．右図のように，H 原子は $y$ 軸と $z$ 軸方向か
ら近づいてきて，軌道を共有して共有結合をつくりま
すから，$\overset{H}{\underset{S-H}{|}}$ の結合角は 90° と予想されます．これ
は，実測値 92° とほぼ一致しています（角度が少し 90°
より大きくなったのは，H が $\delta+$ となっていて，その

反発によると考えればよいでしょう). 同じ族の Se, Te の場合は結合角の実測値も 90°であり, 上記の予想と一致しています. そして, 非金属元素の場合, 不対電子はたいてい $p$ 軌道にありますから, ここで

**共有結合の結合角は基本的に 90°**

と結論することができます.

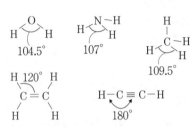

H-O-H
104.5°

H-N-H, H
107°

H-C-H, H, H
109.5°

H 120° H
C = C
H    H

H-C ≡ C-H
180°

ただ, 実測値がこのような予想による結合角 90°より大きくなることがあります. たとえば, $H_2O = 104.5°$, $NH_3 = 107°$, $CH_4 = 109.5°$であり, また, $CH_2 = CH_2$ では 120°, $CH ≡ CH$ では 180°です. これはどうしてでしょうか.

実は, **$s$ 軌道が結合に関与すると結合角が 90°以上になる**のです. $s$ 軌道は $p$ 軌道よりエネルギー的に安定で魅力的であり, もしそれが使えるのなら, 結合相手はそれを使って結合しようとします. しかも, $s$ 軌道は球形(spherical)ですから, 結合相手はどこからでも近づくことができます. その結果, 4 方向, 3 方向, 2 方向から原子が一度に来ても公平に分割して使用することができるのです.

4 方向のとき   正四面体の頂点から中心へ
3 方向のとき   正三角形の頂点から中心へ
2 方向のとき   左, 右から中心へ

4分割    3分割    2分割

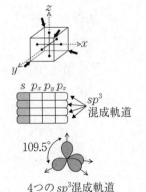

$s\ p_x\ p_y\ p_z$

$sp^3$ 混成軌道

109.5°

4つの $sp^3$ 混成軌道

ただし, **$s$ 軌道に 4 方向から近づいたとき** $s$ 軌道は 1/4 しか利用できませんから, 残りの3/4は $p$ 軌道から調達しなくてはなりません. そして, 正四面体の頂点から中心へ向かう方向は $p_x$, $p_y$, $p_z$ 軌道いずれとも等距離にあります. そこで, 結局, $s$, $p_x$, $p_y$, $p_z$

すべての軌道を 4 等分してそれぞれを 1/4 ずつ使うようになります．このようにしてすべての軌道が 1/4 ずつ使われているこれら 4 つの軌道は，**$sp^3$ 混成軌道**と呼ばれています．もちろん，この 4 つの軌道は正四面体の頂点方向を向いており，これらと結合したときは，**109.5° の結合角**となります．C, Si 等の原子が通常，正四面体構造の共有結合つくるのは，このようにして説明されます．

　次に，**$s$ 軌道に 3 方向から近づいたとき**は $s$ 軌道の 1/3 が利用できますから，残りの 2/3 を $p$ 軌道から調達します．ところで，正三角形の頂点から中心へ向かう方向は同一平面上です．したがって，たとえば，$x$－$y$ 平面にある軌道 $p_x$, $p_y$ 軌道を 3 等分して，それらを 1/3 ずつ使うことになります．このようにして，$s$, $p_x$, $p_y$ 軌道それぞれが 1/3 ずつ使われているこれら 3 つの軌道は **$sp^2$ 混成軌道**と呼ばれています．これらは，正三角形の頂点方向に向いており，これらと

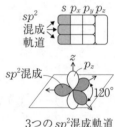

3 つの $sp^2$ 混成軌道と $p_z$ 軌道

結合したときは，**120° の結合角**となります．$\underset{H}{\overset{H}{>}}C=C\underset{H}{\overset{H}{<}}$ 分子での結合角が 120° となることは，このようにして説明されます．

　最後に，**$s$ 軌道に 2 方向から近づいたとき**は $s$ 軌道の 1/2 が利用できます．そして，その左，右からの方向は同一直線上でのことですから，たとえば，$p_x$ 軌道を 2 等分してそれらを 1/2 ずつ使うようになります．$s$, $p_x$ 軌道がそれぞれ 1/2 ずつ使われているこれら 2 つの軌道は，**$sp$ 混成軌道**と呼ばれています．この 2 つの軌道は，もちろん左，右反対の方向を向いており，これらと結合したときは **180° の結合角**となります．H－C≡C－H 分子が直線形であるのはこのようにして説明されます．

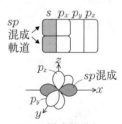

2 つの $sp$ 混成軌道と $p_y$, $p_z$ 軌道

> 混成されなかった *p* 軌道が不対電子の場合，それはどのようにして結合するのでしょうか？

　次図のように，互いに平行に並んで軌道を連結させて結合します．

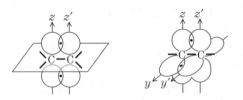

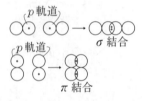

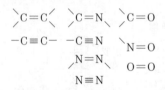

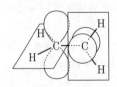

炭素－炭素二重結合のまわりの回転障害．回転は *p* 軌道の重なり合いを阻止し，π 結合を切断します．

　このような *p* 軌道の横並びによる軌道の連結の仕方は通常の軌道の連結方式に比べて効率が悪いので，結合によって得られる安定性は，たいてい通常の共有結合に比べて小さくて，反応性に富んでいます．そこで，通常の共有結合を σ 結合 というのに対し，*p* 軌道の横並びによるこのゆるい共有結合を π 結合 と言って区別しています（たとえば，炭素間の二重結合は，1 本は σ 結合で，もう 1 本は π 結合です．そして，π 結合のみが反応性に富んでいて付加などを受けやすいです．）この *p* 軌道の横並びによるというきわどい連結は，原子が大きくなるとうまくできません．結局 π 結合 は，主に 原子半径の小さい第 2 周期の C, N, O という限られた元素間で生じる ことになります．

　ところで，π 結合は弱い弱いとマイナーなことばかり書いてきましたが，それでも C–C を軸にして回転が起こると *p* 軌道の連結が切れ，弱いなりにもあった安定性が失われます．やはり，それは避けたいですね．そこで，二重結合，三重結合では，通常の温度では C–C を軸にした回転は起こりません．$CH_2 = CH_2$，

$C_6H_6$(ベンゼン)が安定した平面分子を形成するのは,
このためです. なお, ベンゼンのように $\pi$ 結合が連
続してつながりますと, この $\pi$ 結合も結構安定にな
ります.

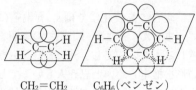

CH₂＝CH₂        $C_6H_6$(ベンゼン)

---

**《$\pi$ 結合と分子の形》**

58 以下の分子の形を推定せよ.

① O＝C＝O        ② CH₂＝C＝CH₂

---

**解説** ① 二重結合の1本は $\sigma$ 結合, もう1本は $\pi$ 結
合です. したがって, 炭素原子は $sp$ 混成軌道をつくって,
以下のように結合していると考えられます.

π結合

O－C－O の結合角は180°で分子は直線形ですが, 2つの $\pi$
結合は互いに90°をなしています.

② まん中の炭素原子は $CO_2$ と同様に $sp$ 混成軌道をつくっ
ていて, C－C－C の結合角は180°です. 一方, 両端の炭素
原子は, $\sigma$ 結合が3本で $\pi$ 結合が1本ですから, $sp^2$ 混成軌
道をつくっています. そして, $\pi$ 結合は以下のようにできて
います.

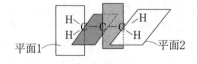

平面1                            平面2

2つの $\pi$ 結合は互いに90°をなしますから, CH₂でできる2
つの平面(図中の平面1と平面2)もまた直交しています.

> $s$, $p$ 軌道を使わないで，共有結合の角が
> 推定できますか？

確かに，現在の高校化学では $s$, $p$ 軌道について教えられていません．そこで，上記での説明を受け入れ難いと感じる人もいるでしょう．また，もう少し簡便に分子の形を推定したいと思う人もいるでしょう．

現在の高校化学では，共有結合や配位結合をつくるとき，必ず電子は対になっている，いわば"独身"でなく"夫婦"をつくっていることは学びます．では，各原子のまわりの各"夫婦"の間はどうなっているのでしょうか．たぶん，お互い距離をおいて"ストレスがたまらない"ようにして暮らしているでしょう．つまり，

**電子対間の反発が最小になるように広がっている**

のではないかと推定されます．

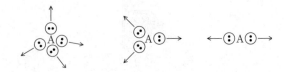

ところで，結合には二重結合(A😶)，三重結合

(A😶)もありました．これらの結合では，電子対が同じ方向に集まっています．あたかも，二世帯，三世帯が同じ家で暮らしている，二世帯，三世帯住宅のようです．そこで，おじいさんおばあさんの世帯と若夫婦の間には，それなりのケンカもあるでしょう．しかし，それでも同じ家で暮らしているのですから，電子対間の反発を扱うときには考えなくてよいでしょう．そこで，結局，電子対は以下の3通りの方向に広がっていると推定することができます．

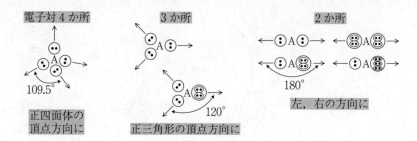

電子対 4 か所　　　　3 か所　　　　　　2 か所

109.5°

正四面体の
頂点方向に

120°

正三角形の頂点方向に

180°

左, 右の方向に

　この推定法では，$H_2S$ のときの結合角 90°は説明で
きませんし，この推定法の理論的根拠は十分とは言え
ません. しかし，それでも，現在の高校化学の範囲で
分子のおおよその形を推定することができるので，有
用な方法といえます.

┌─────《電子対反発則による分子，イオンの形の推定》─────┐

59　1つの原子の各電子対はお互いに反発が最小になるような方向に存在
すると仮定して，以下の①〜③の各分子，イオンの形を推定せよ.

①　$CH_4$，$NH_3$，$H_2O$

②　$CO_2$，$SO_2$，$SO_3$

③　$CO_3{}^{2-}$，$SO_3{}^{2-}$，$SO_4{}^{2-}$

└─────────────────────────────────────────┘

**解説**　まず，(i)

H⦿，⦿C̈⦿，⦿N̈⦿，⦿Ö⦿ (or ⦿Ö⦿)，⦿S̈⦿

の電子配置をもとに，各原子間を結合させて各分子の電子式を
完成させます. 次に，

(ii)中心にある原子の電子対の存在する位置が

　　**4 か所のときは…電子対は正四面体の頂点方向**

　　**3 か所のときは…電子対は正三角形の頂点方向**

　　**2 か所のときは…電子対は左右の方向**

に向いていると考えて電子対の位置を確定します. そして，

(iii)その電子対の向こうに結合原子を配置させます. ただし，

(iv)分子の形は，電子対でなく原子核の中心を結んで判定します.

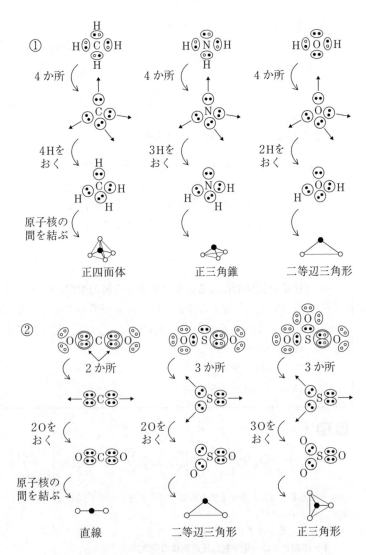

SO₂ を構造式で書くと，O←S=O となり，S と O 間の結合は一本は二重結合で，一本は配位結合となっていて，原子間の距離はちがうように見えます．でも，実際は

$$O \leftarrow S = O \quad \longleftrightarrow \quad O = S \rightarrow O$$

のようにどちらの結合も同等になっていて，S と O 間の距離はどちらも同じ長さです．SO₃ についても同様です．

③

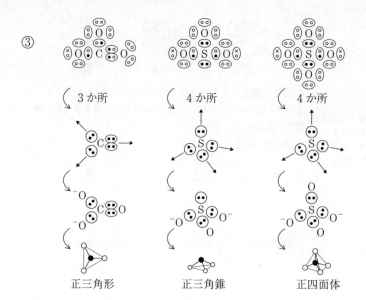

3か所　　　4か所　　　4か所

正三角形　　　正三角錐　　　正四面体

---

**《ダイヤモンドと黒鉛の結晶構造》**

60　ダイヤモンド，黒鉛は次図のように炭素原子が並んでいる．これら結晶の密度($g/cm^3$)を求めよ．ただし，炭素の原子量$=12$，アボガドロ定数$=6.0×10^{23}$(個/mol)，$\sqrt{3}=1.7$ として計算せよ．

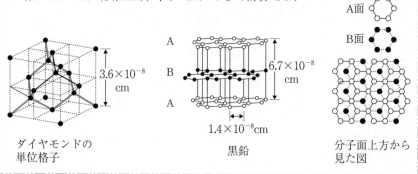

ダイヤモンドの
単位格子

$3.6×10^{-8}$cm

黒鉛

$6.7×10^{-8}$cm

$1.4×10^{-8}$cm

A面

B面

分子面上方から
見た図

---

**解説**　**ダイヤモンド**　ダイヤモンドの構造は，通常正四面体構造のつながりがよくわかるように右図のように表されます．ただ，正四面体の中心と頂点の関係は立方体の中心と1つおきの頂点の関係でもあったので，ダイヤモンドは立方格子をも構成しています．具体的には，

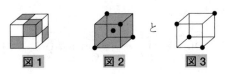

**図1** **図2** と **図3**

4配位は8配位の半分で▶
す. したがって, 8配位の
体心立方格子の各原子のま
わりの半分の原子を抜き去
った構造がダイヤモンド構
造と考えることもできま
す.

の**図2**と**図3**の2つの構造が交互に並んだ構造と考えること
もでき, これら2つの小立方体が4個ずつ, 計8個で単位格子
**図1**を形成しています.

単位格子**図1**内には,

$$(1/8) \times 8 + (1/2) \times 6 + 1 \times 4 = 8 \text{ 個}$$

のC原子が含まれています. よって,

$$d_{ダイヤモンド} = \frac{\frac{12}{6.0 \times 10^{23}} \times 8}{(3.6 \times 10^{-8})^3} = 3.42 \cdots \Rightarrow \boxed{3.4} \text{ g/cm}^3$$

**黒鉛** 繰り返し単位のとり方はいろいろあり得ますが, ここ
では, A-B-Aよりなる正六角柱で考えてみましょう.

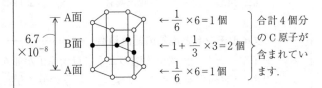

$6.7 \times 10^{-8}$

A面 $\leftarrow \frac{1}{6} \times 6 = 1 \text{ 個}$

B面 $\leftarrow 1 + \frac{1}{3} \times 3 = 2 \text{ 個}$

A面 $\leftarrow \frac{1}{6} \times 6 = 1 \text{ 個}$

$\left.\begin{array}{l}\end{array}\right\}$ 合計4個分
のC原子が
含まれてい
ます.

$1.4 \times 10^{-8} \times \frac{\sqrt{3}}{2}$

$1.4 \times 10^{-8} \text{ cm}$

底面積は, 一辺 $1.4 \times 10^{-8}$ cm の正三角形**6**個分なので,

$$\frac{1}{2} \times (1.4 \times 10^{-8}) \times (1.4 \times 10^{-8}) \times \frac{\sqrt{3}}{2} \times \textbf{6}$$

$$= \frac{3\sqrt{3}}{2} \times (1.4)^2 \times 10^{-16} \text{ cm}^2$$

以上より,

$$d\left(\frac{\text{g}}{\text{cm}^3}\right) = \frac{\frac{12}{6.0 \times 10^{23}} \times 4}{\frac{3\sqrt{3}}{2} \times (1.4)^2 \times 10^{-16} \times 6.7 \times 10^{-8}}$$

$$= 2.30 \cdots \Rightarrow \boxed{2.3} \text{ g/cm}^3$$

## 4　分子間に働く引力と分子結晶

たとえば，

$$
\mathrm{H} \overset{\bullet}{\odot}\ \overset{\bullet}{\odot} \mathrm{H} \qquad
\mathrm{H}\overset{\bullet}{\odot}\ \overset{\bullet}{\odot}\overset{\text{H}}{\underset{\text{H}}{\text{C}}}\overset{\bullet}{\odot}\ \overset{\bullet}{\odot}\mathrm{H}
\longrightarrow
\mathrm{H}\overset{\bullet}{\odot}\overset{\text{H}}{\underset{\text{H}}{\text{C}}}\overset{\bullet}{\odot}\mathrm{H}
$$

$$
\downarrow
$$

$$
\mathrm{H}\overset{\bullet}{\odot}\mathrm{H}
$$

のようにして生じた $H_2$，$CH_4$ のような分子には不対
電子は全くありませんから，$H_2$ 分子と $H_2$ 分子，$CH_4$
分子と $CH_4$ 分子が互いに接近したとき，新たな共有
結合が生じるということはあり得ません．つまり，$H_2$
分子間，$CH_4$ 分子間に引力が働くことはないと考えら
れます．でも，$H_2$ は $-253\,℃$，$CH_4$ は $-162\,℃$ まで温
度を下げると液体になります．これは，$H_2$ 分子間，
$CH_4$ 分子間にも何らかの引力が働いていることを示し
ています．

> 　分子間の引力はどのようにして生じるので
> しょうか．

　今，仮に私たちが原子核のまわりを運動している電
子の動きさえ見えるすばらしい目を持っていて，水素
原子の動きを観察したとしましょう．左図の I の位置

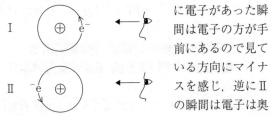

に電子があった瞬
間は電子の方が手
前にあるので見て
いる方向にマイナ
スを感じ，逆に II
の瞬間は電子は奥
側にあるのでプラスを感じるでしょう．つまり，電子
が原子核を 1 回転するごとに，見ている方向は電気的
には，　－＋のチラつきを感じるはずです．このこと

226

は，分子においても言えます．すなわち，分子の表面
もまた各瞬間をとらえてみれば，すべての場所で電気
的なチラつきを持っています．ある分子  の
ある瞬間の＋－のチラつきの様子を仮に次のように表
すことにしましょう．

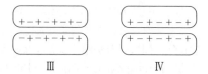

そして，この分子に同じ分子が接近したとしましょう．

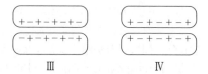

このとき接近した表面の＋－のチラつきがⅢの場合な
ら，＋と－が分子間で向き合っていますから，その瞬
間，分子間に引力が生じますね．一方，Ⅳの場合な
ら，＋と＋，－と－が向き合っていますから，その瞬
間，分子間に反発力が生じます．実際は，引力が生じ
ていてエネルギー的に安定なⅢのような状態のほう
が，電子にとって"居ごこち"がよいですから，Ⅲのほ
うが実現しやすくなります．すなわち，このようにし
て，分子間に引力が生じるのです．
　このような機構で分子間に引力が生じるのですから，このタイプの引力は
　①　分子間の接触部分（面積）が大きいほど
　②　電子数が大きいほど（分子量が大きいほど）
大きくなります．
　ここで，②について少し説明します；分子表面にで
きる瞬間の＋－のチラつきは，電子の運動によって生
じます．ですから，電子数が多い分子ほど，引力が生じ
る回数が多くなり，分子間に働く力も強くなります．ただ，

$$電子数 \underset{(\text{大})}{=} 陽子数 \underset{(\text{大})}{\Leftrightarrow} 分子量$$

の関係があり，そして，電子数より分子量のほうが日常的によく使う数値ですから一般にこのタイプの引力は分子量とともに強くなるというのです．

さて，分子が集まって結晶をつくるとき，①の効果が大きな意味を持ちます．すなわち，接触面積ができるだけ大きくなるよう分子が配列します．Ar，$CH_4$ など球形またはそれに近い形をした場合，最密構造（最大の配位数 12）の面心立方格子の結晶をつくります．$I_2$ のような棒状分子，$C_6H_6$ のような平面分子など球状ではないが，それなりに対称性のある分子の場合，立方格子でなく直方体や平行六面体の格子にはなるものの，その分子の中心は，面心立方格子と同様に，頂点と面の中心に位置していることが多いです．

Ar，$CH_4$

Ar，$CH_4$の結晶

もちろん，分子の形が非常に複雑な場合は，結晶構造も非常に複雑です．ただ，それでも，できるだけ接触面積が大きくなるような構造をとっていることは確実です．

さらに，ポリエチレン($\text{-CH}_2-\text{CH}_2\text{-}_n$)のような高分子化合物になると，これらの液体状態から温度を下げていって徐々に固化していったとき，小さな結晶領域と非結晶領域が入り乱れたようなものができます．

温度
下げる →

非結晶領域

結晶領域

液体

このような固体には，はっきりした融点はありません．

---

## 《CO₂ の結晶構造》

61 CO₂ の結晶は右図のような単位格子を有している．CO₂ 分子の中心の炭素原子の配列は面心立方格子型をとっている．分子軸は立方体の体対角線方向を向いている．

CO₂ の分子量を $M$，アボガドロ定数を $N_A$(個/mol)，単位格子1辺の長さを $a$ cm として，この結晶の密度(g/cm³)を求めよ．

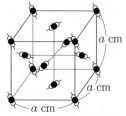

頂点8個，面心で向きあう2個×3
はそれぞれ同じ方向を向いています．
それは対角線方向です．

このような線がありますがこれは軸の方向です．

---

**解説** CO₂ 分子は直線形で，その『分子軸は立方体の体対角線方向を向いている』と与えられています．しかし，これらの情報だけでは，各頂点，各面心点にある CO₂ の何分の1が単位格子内に含まれているかを知るのは難しいでしょう．ただ，C 原子は面心立方格子点上に配列しているのですから，単位格子内に C 原子は

$$(1/8) \times 8 + (1/2) \times 6 = 4 \,(個)$$

含まれていることは確かです．これより，単位格子内に O 原子は $4 \times 2 = 8$ (個) 含まれているはずです．なぜなら，単位格子内は構造の繰り返し単位ですから，

**単位格子内での C と O の原子数比は必ず分子式**
**CO₂ と同じ 1 : 2 になっていなくてはならない**

からです．すなわち，CO₂ 分子がどの方向を向いていようと，単位格子内であるかぎり CO₂ 分子は，4 個分が単位格子内に含まれていることになるわけです．よって

$$\text{CO}_2 \text{の分子} \atop \text{結晶の密度} = \dfrac{\dfrac{M}{N_A} \times 4}{a^3} = \boxed{\dfrac{4M}{N_A a^3}} \left(\dfrac{\text{g}}{\text{cm}^3}\right)$$

> 分子間に働く引力として別のタイプのもの
> はありますか.

　HCl 分子を例に考えてみましょう. この分子の共有
電子は 2 つの原子核のまわりを運動していましたね.
ただ, 電気陰性度は $\overset{3.2}{Cl} > \overset{2.2}{H}$ なので, どうしても, 共
有された電子は Cl 原子側に存在しがちです. その結
果, H 原子は少しプラス($\delta+$)に帯電し, 一方 Cl 原子
は少しマイナス($\delta-$)に帯電しています. この様子を

$$\overset{\delta+}{H} - \overset{\delta-}{Cl} \quad \Rightarrow \quad \boxed{\delta+ \ \delta-}$$

と表してみることにしましょう. 今, $\boxed{\delta+ \ \delta-}$ 分子が
互いに接近したとき, もちろん接触した箇所で, 瞬間
チラチラ型の引力(瞬間極性型引力)が生じますが, も
し分子間が

のように並んだとすると, 分子間に新たに $\delta+$ と $\delta-$
による引力(永久極性型引力)がつけ加わります.
　ただし, このようにうまく並べるのは温度があまり
高くなくて, 分子の回転が激しくないときです. つま
り,
　　==温度が高いと, このタイプの引力は小さくなって==
==いきます==.
　さらに, 温度が低くても, $CH_4$, $CO_2$ のように分子
全体を見渡したとき
　　==$\delta+$ の中心と $\delta-$ の中心が一致するときは, 結局==
==このタイプの引力は分子間に生じません==.

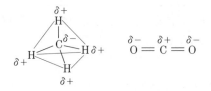

そして，このタイプの引力が分子間で可能かどうか

p.312〜314 ☞

は，物質を溶媒に溶かすとき，それが溶けるかどうか
を判断するのにとても重要な意味を持ちます．そこ
で，分子全体で見たとき

δ+とδ−の中心が一致**しない**分子を<mark>極性</mark>分子

δ+とδ−の中心が一致**する**分子を<mark>無極性</mark>分子

と言って，分子を極性によって2分することがよく行
われます．

---

《分子の極性の有無の判定》

62 次の(1)〜(10)の分子で，極性分子の番号を記せ．

(1) HF　　(2) $H_2O$　　(3) $NH_3$　　(4) $CH_4$　　(5) $BH_3$

(6) $CH_3-CH_3$　　(7) $CH_2=CH_2$　　(8) $CH\equiv CH$

(9) $CO_2$　　(10) $SO_2$

---

**解説**　これらの分子は，2つの元素による化合物です．異
なる元素が結合した場合，各結合にはδ+とδ−の分極が生じ
ます．この分極が，分子全体で見渡したとき残るのか消えるの
かは，分子の形によります．ですから，分子の極性の有無を判
定するには，分子の形を推定する力が必要です．分子の形を推
定する方法として，すでに2つあることを学びました．ここで

p.220〜 ☞

は，簡便な電子式と電子対反発則にもとづいて形を推定し，極
性の有無を判定しましょう．

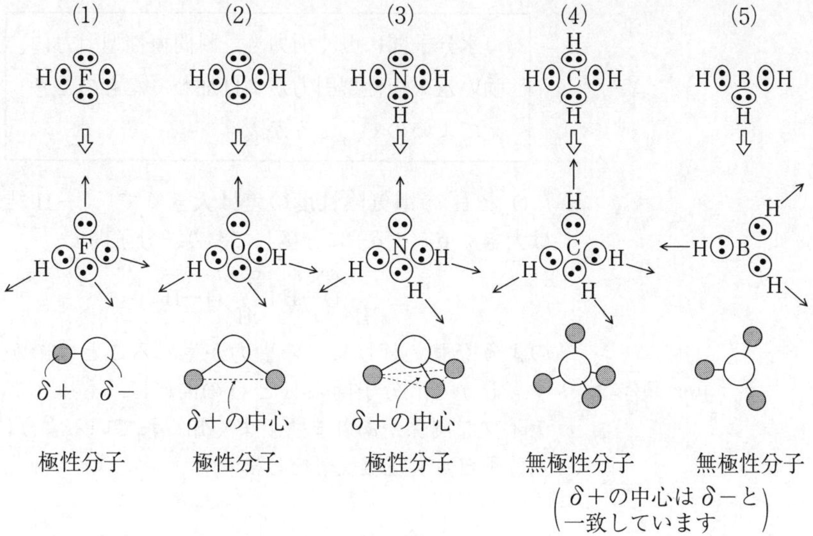

(1)　　　(2)　　　(3)　　　(4)　　　(5)

H:F:　　H:O:H　　H:N:H　　H:C:H　　H:B:H

⇩　　⇩　　⇩　　⇩　　⇩

極性分子　　極性分子　　極性分子　　無極性分子　　無極性分子

δ＋　δ−　　δ＋の中心　　δ＋の中心　　（δ＋の中心はδ−と一致しています）

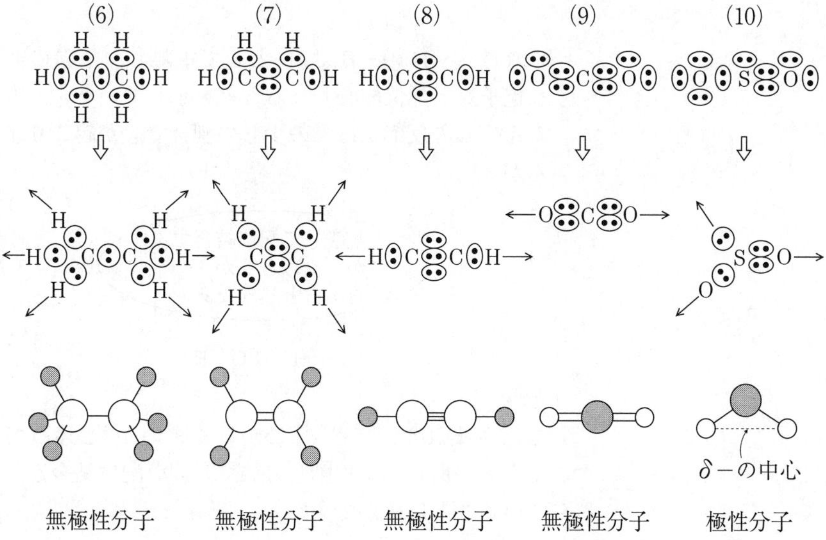

(6)　　　(7)　　　(8)　　　(9)　　　(10)

⇩　　⇩　　⇩　　⇩　　⇩

無極性分子　　無極性分子　　無極性分子　　無極性分子　　極性分子

δ−の中心

答　(1), (2), (3), (10)

> 水分子間に働く引力も，瞬間極性型引力に
> 強い永久極性型引力がつけ加わったものと考
> えてよいのでしょうか．

$\overset{3.4}{O}$ と $\overset{2.2}{H}$ の電気陰性度の差は大きくて，O−H 結合
は大きく $\delta+$ と $\delta-$ に分極しており，分子間で

$$\underset{H}{\overset{\delta-\ \ \delta+}{\diagup O-H}} \quad \Leftrightarrow \quad \underset{H}{\overset{\delta-\ \ \delta+}{\diagup O-H}}$$

のような強い極性による引力が生じることは確かで
active：活発な ▶ す．しかし，分子間の H と O の間には，もっとアク
ティブな関係があります．よく知られているように，
水分子自身も電離反応をします．

$$\underset{H}{\diagup}O-\boxed{H} \Longrightarrow \boxed{\cdot}O\diagdown{}^{H}_{H} \rightleftharpoons \underset{H}{\diagup}O^- \quad H-\overset{+}{O}\diagdown{}^{H}_{H}$$

これは $\overset{\delta+}{-H}$ の −H は $H^+$ として電離し，酸素の非共
有電子対と配位結合しうることを示しています．もち
ろん，この反応はほんの少しの割合でしか起こりませ
んが，

> 電離して配位結合する
> か，やめとくか…
> ちょっと迷うなあ…

$$O-\boxed{H} \quad \boxed{\cdot}O-H$$

ではさまれた −H が「行こか行くまいか」と迷ってい
て，そのあたりを振動していて，弱い配位結合が生じ
ていることは確かです．

$$\underset{H}{\diagup}O\boxed{\cdot}^- \leftarrow H^+ \rightarrow \boxed{\cdot}O\diagdown{}^{H}_{H}$$

このようなタイプの引力も加わることによって，水分

子間には $\delta+$ と $\delta-$ の極性から予想される以上の引力が生じています.

　このようなことは, 電気陰性度が大きく, また提供性の強い非共有電子対(⦂)を持っている元素(具体的にはF, O, N)の間でHがはさまれたときに生じます.

$$\overset{\delta-}{X}-\overset{\delta+}{H}\cdots\overset{\delta-}{⦂Y}-$$
$$(\ X,\ Y : F,\ O,\ N\ )$$
$$\Downarrow$$

水素結合は$\overbrace{ホン}$とうに強い!

このような結合は, 一般に**水素結合**と呼ばれています.

　水素結合は, 共有結合よりは弱いですが, 通常の分子間に働く引力よりは強いので, 分子が集合するときは, これがあれば目立った働きをします. 生命をはぐくむ水, 生命を構成するタンパク質, DNA等の立体構造を支えるのに, 水素結合は決定的な役割を果たしています.

水素結合
水の結晶
●O ○H

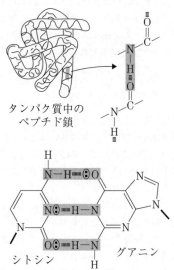

タンパク質中の
ペプチド鎖

DNAの二重ラセン内の核酸塩基
グアニンとシトシン間の水素結合

シトシン　グアニン

## 《氷の構造》

63　$1.013 \times 10^5$ Pa, 0℃における氷の結晶において
は, 12個の酸素原子は右図のように配置している.
水分子どうしが水素原子と酸素原子の水素結合を
介して結びつき, 酸素原子の配置は正四面体形で
ある. ただし, 右図の構造における酸素原子の配
置は, 同様な正四面体形結合で構成される①ダイヤ
モンドの構造とは異なっている.

●は酸素原子を表
し, 水素原子は酸
素原子を結ぶ線上
にあるがここでは
省略している.

(1)　氷の融解エンタルピーは 6.0 kJ/mol であり, 水素結合(O…H)の結合エ
ンタルピーは 23 kJ/mol である. 融解で必要な熱がすべて水素結合の切断
に費やされるとして, 0℃の水では氷の水素結合の何%が切られているか.

(2)　氷が水に浮く理由を, 構造の観点から 50 ～ 100 字で述べよ.

(3)　ダイヤモンドの構造(下線部①)を図示せよ. 書き方は上図になら
い, 12個の黒丸原子を用いること. その際, 6個の黒丸原子からでき
る環の構造に着目せよ.

(東京大)

**解 説**　[1]　1つの酸素原子のまわりには4本の水素結合が
あります. 1本の水素結合は2個の酸素原子によって成り立っ
ていますから, 水分子1個あたり2本の水素結合ということに
なります. そこで, $H_2O$ 1 mol あたり, 氷では 2 mol の水素結
合があり, これをすべて切るとなると, $23 \times 2 = 46$ (kJ)必要で
す. 融解において必要だったのは 6 kJ であるので,

$$\frac{6}{46} \times 100 = 13.0 \cdots \Rightarrow \boxed{13} \%$$

の水素結合が切れたことになります.

[2]　[解答例]氷は4配位のすき間の多い構造ですが, 融解する
と, その構造の一部がこわれて, そのすき間に水分子が落ち込
み, 体積が減少します. その結果, 氷より水のほうが重くなっ
て氷が水に浮くことになります.

[3]　与えられた図を上から見ると正六角形に見えますが, この
ような構造は一般に六方晶系と言われます. 6員環の構造には
いす型 と 舟型 の2通りがあります. ダイヤ
モンドは立方晶系ですから, 空間的に等方的であり, すべてい
す型になっていなくてはならないはずです. よって, 舟型のと
ころを直して, 左図のように描けばよいでしょう.

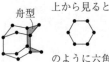

舟型　　上から見ると

のように六角
形の穴が空い
た構造になっ
ています.

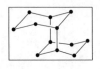

# 7 物質の物理的性質

> ある物質の性質が物理的性質と化学的性質のいずれであるか判別する簡単な方法はないですか.

　たとえば，ここに金属の銅のかたまりがあったとします．これをハンマーでたたくと板状にすることができ，なべを作ったりすることができます.

　これは銅に展性，延性があるからですが，銅のかたまりもなべも化学式で表すといずれも Cu であり，化学式は変化していません．このように，化学式の変化をともなわない展性，延性のような物質の性質を物理的性質といいます.

　一方，銅片を濃硫酸の中に加えて加熱して反応させたあと，冷却しながら水を適当量加えて放置すると青い結晶が得られます.

　このとき

$$Cu + 2\,H_2SO_4 \longrightarrow CuSO_4 + SO_2 + 2\,H_2O$$
$$CuSO_4 + 5\,H_2O \longrightarrow CuSO_4 \cdot 5\,H_2O$$

のような反応式で表される変化が起こっています．この $Cu \longrightarrow CuSO_4 \cdot 5\,H_2O$ のような，化学式が変化する物質の性質を化学的性質といいます.

　　化学式不変 … 物理的性質
　　化学式変化 … 化学的性質

　物理的性質としては，電気伝導性，熱伝導性，融点・沸点・硬さ・色などがあります.

物質

物質

電流計

光る？ Yes or No

針ふれる？
Yes or No

# 1 電気伝導性…電位差に対する応答

物質の両端に電位差を与えたとき，電気が流れるにはその物質内を荷電粒子が移動可の状態になくてはなりません.

そもそも物質は原子からなり，その原子は荷電粒子である原子核と電子からなるのですから，すべての物質は荷電粒子を持っています. ただ，固体状態では原子核は位置を変えられません. 電子もまた，結合に関与していないものは1つの原子核のまわりを運動し，結合に関与しているものは2つの原子核のまわりを運動していますから物質内を動き回ることはできません. したがって，固体物質は通常電気伝導性はほとんどありません. 例外が，まず金属結晶の場合で，結晶全体に連結した軌道を自由に移動できる自由電子が存在するからです. もう一つの例外は，黒鉛です. 黒鉛では，炭素原子の有する4つの価電子のうち3つは隣り合う炭素原子との共有結合に使われていて，それが連続して六角網目状の平面分子ができています. そして，残り1つの価電子がこの平面の上下面で連なった軌道の中を自由に移動できるので，この面に沿って大きな電気伝導性を示すことができます.

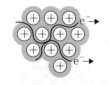

金属結晶の中では，電気伝▶
導性は，11族が最も大きく，さらにその中では
　　Ag＞Cu＞Au
の順です.

イオン結晶は陽イオンと陰イオンを有しますが固体状態ではこれらが移動不可の状態なので，電気伝導性を示すことはできません. しかし，融解したり，水に溶解したりすると，これらイオンが移動可の状態になり電気を流すことができるようになります.

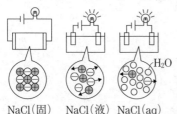

NaCl（固）　NaCl（液）　NaCl（aq）

# 2 熱伝導性 … 温度差に対する応答

物質の一端に高温の物質を接触させ，他端に低温の物質を接触させると，必ず熱が高温から低温に流れていきます. しかし，物質によって流れる速度は異なります. その違いは何からくるのでしょうか.

そもそも，温度とは物質を構成する粒子の平均運動

高温　───熱───→　低温

物質

エネルギーの大きさを表していて，高温はそれが大きく，低温はそれが小さい状態でした．しかし，粒子の持つ運動エネルギーは衝突を通じて自由に交換されるので，物質の中に高温部分と低温部分があったとしても，最終的にはどの場所の粒子も，ある運動エネルギーを持つ確率は同じようになります．つまり，**熱の伝導というのは，運動エネルギーの分配で不公平があるとき，それが公平になっていくときの運動エネルギーの流れ**と考えることができます．ただし，この運動エネルギーの流れは主に粒子間の衝突を通じて行われるため，それがうまくできるかどうかが熱伝導性の大きさと大いに関係があります．

◀もちろん運動エネルギー大の領域から小の領域への流れ.

まず，ダイヤモンドを考えてみましょう．これは右図のような強い共有結合のネットワークができていましたね．したがって，今このトップにある原子を揺すると，その振動はこのネットに伝わり一気に遠くまで伝わることができそうです．実際，ダイヤモンドは熱伝導率が最大の物質です．

これを揺するとそれは一気に伝わります.

次に，金属結晶も自由電子によるネットワークが固体全体にはりめぐらされていて，自由電子が運動エネルギーを遠くまで運ぶことができるため熱伝導性は大きいです．

一方，分子結晶の場合，分子間は弱い分子間力（ファンデルワールス力）のみでつながっていますから，1つの分子の振動は隣りの分子へ伝わることがうまくいきません．そこで熱伝導性は小さいのです．これらが液体，さらに気体になると，ますます衝突回数が少なくなり，さらに運動エネルギーを有効に伝えられる衝突も少なくなるので，熱伝導性は小さくなります．気体や液体の場合，下部の加熱を続けると下部の体積が大きくなって軽くなり，浮き上がっていきます．一方，上部の冷たい部分は沈んできます．これが繰り返されることで温度がだんだん均一になっていきます．すなわち，対流による熱の移動が重要になってきます．

熱伝導率 J/(秒·K·m)
（300K において）

| ダイヤモンド | 900 |
|---|---|
| Ag | 427 |
| Cu | 398 |
| Au | 315 |
| Si | 148 |
| MgO | 60 |
| $H_2O$ | 0.6 |
| ポリエチレン | 0.2 |
| $CCl_4$ | 0.1 |
| $O_2$ | 0.03 |

### ③ 融点, 沸点…温度による揺さぶりに対しての強さ

物質を構成する粒子間の結合を一部切れば液体に, 全部切れば気体になります. したがって,

構成粒子間の
結合 or 引力 ⊛ ⇔ 沸点, 融点 ⊛

という関係があります.

金属結晶 第4周期～第6周期の金属単体の融点をグラフで表すと, 左図のようになります. **遷移元素** (3～11族)の融点はほぼ 1000 ℃ を超えています. 一方, 典型元素の融点は 1000 ℃ 以下です. これは, 典型元素は最外殻の電子のみが価電子であるのに対し, 遷移元素では内殻の $d$ 軌道にも不対電子があったりして, これらもまた金属結合に参加するため金属結

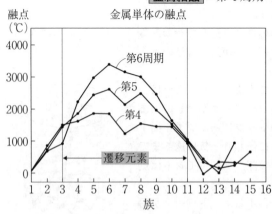

融点
(℃)　　　金属単体の融点

合が強くなったからと考えられます.

典型元素の金属単体の融点は 1000 ℃ より低いですが, たとえば, 第3周期では Na(98 ℃)<Mg(650 ℃)<Al(660 ℃)と原子番号とともに高くなっています. これは, この順に価電子数が増えて金属結合が強くなっていったからと考えられます. 1族においては, Li (181 ℃)>Na(98 ℃)>K(64 ℃)>Rb(39 ℃)>Cs(29 ℃)と原子番号とともに低くなっています. これは, 価電子は1個で同じですが, 原子半径がこの順に大きくなって, 結合が弱くなっていったからと考えられます.

| Li 181 | 融点(℃) | |
|---|---|---|
| Na 98 | Mg 650 | Al 660 |
| K 64 | | |
| Rb 39 | | |
| Cs 29 | | |

共有結合の結晶 共有結合のみからなる結晶＝共有結合の結晶はダイヤモンド, Si, 水晶(SiO₂)などほんの少ししかありません. ダイヤモンドは 2000 ℃ 以

上にするとグラファイトに変化するので，その融点は高いが不明です．Si は約 1400 ℃，$SiO_2$ は約 1700 ℃です．いずれも，1000 ℃の高融点物質ということができます．

**イオン結晶**　距離 $r$ 離れた $m+$ イオンと $n-$ イオンに働く引力 $f$ は

$$f = k \times \frac{m \times n}{r^2} \ \Rightarrow \ \underset{\text{⑤}}{f} \Leftrightarrow \underset{\text{⑤}}{m \times n}, \ \underset{\text{⑨}}{r}$$

で表されます．実際，典型的なイオン結晶の融点の大小は右表のように，この予想通りです．

| | $m \times n$ | $r$ (nm) | 融点 (℃) |
|---|---|---|---|
| NaF | 1 | 0.231 | 993 |
| NaCl | 1 | 0.282 | 800 |
| NaBr | 1 | 0.298 | 755 |
| NaI | 1 | 0.323 | 651 |
| $CaF_2$ | 2 | 0.236 | 1,360 |
| $BaF_2$ | 2 | 0.268 | 1,280 |
| CaO | 4 | 0.240 | 2,572 |
| BaO | 4 | 0.276 | 1,923 |

**分子結晶**　分子間を引き離すのに価電子の共有に始まる本格的な結合\*を切る必要はなく，分子間に働く弱い引力に打ち勝つエネルギーを加えればよいだけなので，分子結晶の融点は一般に低いのです．それでも，分子間力の違いによって，相対的に高いものから低いものまであります．そして，分子間に働く力には

\*共有結合，金属結合，イオン結合

$$\underset{\text{⑤}}{\boxed{\substack{\text{分子間に}\\\text{働く力}}}} \iff \underset{\text{⑤}}{\text{分子量}}, \ \underset{\text{⑤}}{\text{極性}}, \ \underset{\text{⑧}}{\substack{\text{接近し}\\\text{やすさ}}}, \ \underset{\text{⑦,⑨}}{\text{水素結合}}$$

の関係がありますから，これらの関係より 2 つの物質の融点や沸点のいずれが高いのかなどが予想できます．

| ① | ② | ③ | ④ |
|---|---|---|---|
| Ne　$-249$ | $(CH_3)_2C = CH_2$　$-7$ | $CH_3CH_2CH_2CH_3$　$-0.5$ | $CH_3CH_3$　$-89$ |
| Ar　$-189$ | $(CH_3)_2 \overset{\delta+}{C} = \overset{\delta-}{O}$　$57$ | $CH_3\underset{\mid}{\overset{}{CH}}CH_3$<br>　　$CH_3$　$-12$ | $CH_3OH$　$64$ |

上表は沸点(℃)のデータですが，① は分子量の効果，② は極性の効果，③ は分子鎖に枝分かれがあるかどうかによる接近のしやすさの効果，④ は水素結合の効果が示されています．

## ④ 硬さ … 外力に対する強さ

一般に構成粒子間の引力が強いほど外力に対する抵抗力も強くなります。したがって，これは融点の大小関係と同じで，以下の関係があります。

**粒子間に働く引力㋳ ⇔ 融点㋳ ⇔ 硬さ㋳**

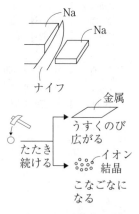

金属結晶でも 98 ℃ という低い融点を持つ Na はやわらかくナイフで容易に切ることができます。しかし，Fe など多くの金属結晶は融点が高く硬いです。同様に，イオン結晶も融点が高く硬いです。でも，金属結晶とイオン結晶とでは，強くハンマーでたたいたときの様子は違います。金属結晶は割れずにどんどん広く薄くなっていきますが，イオン結晶は，こなごなになっていきます。

金属結晶の場合ズレの力を受けて原子の位置関係がズレても自由電子がうまくその間に入ってきて結合が切れるのを防ぎますが，イオン結晶の場合ほんの少しズレただけで反発力が働く状態になり，そのズレた面で割れてしまうからです。

分子結晶の場合，分子間には弱い引力しか働いていませんから，ちょっと力を加えるだけでこわれてしまうものが多いのです。

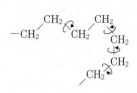

なお，高分子化合物であるポリエチレン($\{CH_2-CH_2\}_n$)の固体は，固体といってもミクロには左図のような非結晶状態の炭素鎖を含んでおり，これらは，C–C を軸にして回転できるので，非常にしなやかで折り曲げてももとにもどることができます。そこでゴミ袋等によく利用されています。

## ⑤　色 … 光の照射に対して

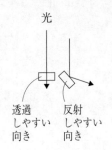

光

透過
しやすい
向き　　反射
しやすい
向き

　砂糖の大きな結晶(氷砂糖)は透明ですが，スプーンに入れたこまかい砂糖は白いです．これは，小さな結晶の一部の面が光を反射しているからです．同様に，$SO_4{}^{2-}$ の存在する液に $Ba^{2+}$ を加えたときに生じる $BaSO_4$ の沈殿が白いのも，沈殿が微結晶の集合体であるからです．

　さて，金属結晶は独得の反射光(金属光沢)を持っています．これは，自由電子が光を強く反射するからです．ただ，Au と Cu はある波長以下の可視光を吸収するため，有色の反射光となります．

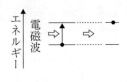

エネルギー

電磁波

　物質を構成する電子にそのエネルギーより上のエネルギー準位のエネルギー差の電磁波を与えると電子はその電磁波を吸収して上の準位に上がります．ただ多くの物質では，その電磁波は可視光よりもっとエネルギーの大きい紫外線ですから，白色光を当ててもただ通過するか反射されるだけです．遷移元素の化合物では，金属陽イオンが配位子や陰イオンにとり囲まれていて $d$ 軌道のエネルギー準位が分裂します．その結果，低いほうのエネルギー準位に電子が移動し，高いほうに“空席”ができます．そしてこのときのエネルギー差が，ある可視光のエネルギーになるので，これら化合物に白色光を当てると一部の光が吸収されるため有色となります．

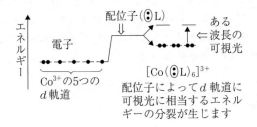

配位子によって $d$ 軌道に可視光に相当するエネルギーの分裂が生じます

　ただし，$d$ 軌道が満員($d^{10}$)のとき($Cu^+$，$Ag^+$，$Zn^{2+}$，$Cd^{2+}$，$Hg^{2+}$)は空席はありませんから，光を吸収する

ことはできず無色となります．また，$d$ 軌道に電子が
ない $(d^{10})$ とき（$Na^+$，$K^+$，$Ca^{2+}$，$Mg^{2+}$，$Al^{3+}$，……）
はそもそも光を吸収する電子がないので光は吸収され
ず，無色となります．

　なお，$Ag_2O$（黒），$Cu_2O$（赤），$MnO_4^-$（赤紫），$CrO_4^{2-}$
（黄）のように，金属と非金属の化合物でイオン結合に
分類されるものの，かなり共有結合が含まれているも
のについては，$d^{10}$（$Ag^+$，$Cu^+$），$d^0$（$Mn^{7+}$，$Cr^{6+}$）で
あっても，$O^{2-}$ から $e^-$ が中心陽イオンにもどってく
るときに可視光を吸収するため，有色となります．

　有機化合物では，

染料の色

花の色

のように，$-N=N-$ やフェノール性の $-OH$ 基を持
つ分子が二重結合と一重結合を交互に連ねたような分
子では，連続した $\pi$ 結合のエネルギー準位の差を利
用して可視光が吸収され有色となります．これら分子
は，私たちの生活をさまざまな色で満ちあふれたもの
にするのに欠かせない分子です．

## 6　物質の物理的性質のまとめ

| | | 金属結合 | イオン結合 | 共有結合＋分子間力 | | 共有結合 |
|---|---|---|---|---|---|---|
| 構造 | ミクロ（例） | ←e⁻ | | 分子間力　低分子 | 分子間力　鎖状高分子 | 網目状高分子 |
| | マクロ | 小さな金属結晶の集合体であることが多い. | 沈殿反応のときは小さな結晶の集合体であるが，ゆっくり結晶を成長させると大きな結晶になる. | 小さな分子結晶の集合体であることが多い. | 通常，結晶領域と非結晶領域が混在している. | 通常，非結晶（無定形）である. ただし，超高圧などの条件下では巨大な結晶ができ，そのときは共有結合結晶という. |
| 具体例 | | 金，銀，銅 | NaCl, CaO, NaNO₃ （NO₃⁻ の中のNとOの間は共有結合） | I₂, CO₂ | $\left(\!\!\begin{array}{c}CH_2CH_2\end{array}\!\!\right)_n$ $\left(\!\!\begin{array}{c}CH_2CH\\ \ \ \ \ CH_3\end{array}\!\!\right)_n$ | ダイヤモンド 石英 赤リン（非結晶） 尿素樹脂（非結晶） |
| 物理的性質 | 電気伝導性 | 大きい. 銀＞銅＞… | ない. ただし，融解状態，溶解状態ではある. | ない. ただし，電解質でそれが水溶液の状態のときにはある. また黒鉛（グラファイト）にはある. | | ない. |
| | 硬さ | 引き伸ばせる.（延性） うすく広げられる.（展性） | 硬いがもろい（たたくと割れる）. | やわらかい. | 弾力があり，曲げに強い. | 硬い. |
| | 融点 | | | | | |
| | その他 | 独特の光沢あり. 熱伝導性も大きい. | | | 成型加工が容易で，日常生活に利用. | 硬さの必要な所で利用. |

融点の図：
−273　0　　　　　　　1000　　　　　　　　2000
Hg　Na　　　　NaCl　　　　　　Fe　　　　　（℃）
分子結晶　金属結晶（典型）　　　　金属結晶（遷移）
イオン結晶（＋1, −1）　　　イオン結晶（＋2, −2）等

---

**《無機化合物の融点，沸点の高低》**

64 次の(1)〜(6)の各物質を融点 or 沸点の高い順に並べよ．

(1) Cs, Au, Pb

(2) NaF, MgF$_2$, MgO

(3) F$_2$, Cl$_2$, Br$_2$, I$_2$

(4) HF, HCl, HBr, HI(沸点)

(5) NH$_3$, H$_2$O, HF(沸点)

(6) SiO$_2$, NaCl, Sn, H$_2$O(融点)

---

|  | 1族 | 11族 | 14族 |
|---|---|---|---|
| 第6 | Cs | Au | Pb |
| 融点 | 29℃ | 1063℃ | 327℃ |
| 沸点 | 690℃ | 2970℃ | 1725℃ |

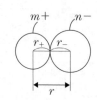

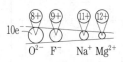

$10e^-$    O$^{2-}$   F$^-$   Na$^+$   Mg$^{2+}$

|  | $m×n$ | $r$ (nm) | 融点 (℃) | 沸点 (℃) |
|---|---|---|---|---|
| MgO | 4 | 0.21 | 2800 | 3600 |
| MgF$_2$ | 2 | 0.20 | 1260 | 2260 |
| NaF | 1 | 0.23 | 992 | 1705 |

**解説** 1 いずれも第6周期の金属元素ですが Au は遷移元素，Cs, Pb は典型元素ですから，まず Au＞Cs, Pb が予想できます．Cs は 1 族，Pb は 14 族に属すので価電子は Pb のほうが多いです．よって Pb＞Cs と予想されます．以上より，

$$Au > Pb > Cs$$

2 いずれも金属元素と非金属元素からなるイオン性の化合物です．$m+$ と $n-$ のイオン間の引力 $f$ は

$$f = k × \frac{m×n}{r^2} \qquad (r = r_+ + r_-)$$

で表され，$f$大 $\Longleftrightarrow$ $m×n$大，$r^2$小 の関係がありました．$m×n$ については，NaF=1, CaF$_2$=2, CaO=4 です．一方，Na$^+$, Mg$^{2+}$, F$^-$, O$^{2-}$ は，いずれも Ne 型の電子配置であり，そして，陽子数が O$^{2-}$＜F$^-$＜Na$^+$＜Mg$^{2+}$ ですから，イオン半径は逆に O$^{2-}$＞F$^-$＞Na$^+$＞Mg$^{2+}$ です．そこで，$r_+ + r_- = r$ については $r_{NaF}＞r_{MgF_2}$, $r_{MgO}＞r_{MgF_2}$ です．

まず，NaF, MgF$_2$ を比べてみると，$m×n$, $r$ のいずれの点からも $f$ は MgF$_2$ のほうが大きいので，融点，沸点は MgF$_2$＞NaF と予想できます．

次に，MgF$_2$, MgO を比べてみると，$m×n$ の点からは $f$ は MgO のほうが大きく，$r$ の点からは $f$ は MgF$_2$ のほうが大きいと予想されます．しかし，F と O は同じ周期で隣り合う元素ですから，$r$ が大きく違うことはあり得ません．そこで，$m×n$ の効果がまさって $f$ は MgO のほうが大きく，融点，沸点は MgO＞MgF$_2$ と予想されます．

以上より融点，沸点は

$$MgO > MgF_2 > NaF$$

と予想されます.

**[3]** いずれも無極性分子です. したがって

沸点, 融点 大 ⟺ 分子間の引力 大 ⟺ 分子量 大

の関係がありますから, 分子量の大きい順を考えればよいです. ここには, 原子量の値はありませんが, いずれもハロゲン元素であり, 原子番号は F<Cl<Br<I の順で大きくなり, これにともなって原子量, 分子量も大きくなります. よって, これら単体の融点, 沸点は,

$$I_2 > Br_2 > Cl_2 > F_2$$

と予想されます.

| | 分子量 | 融点 (℃) | 沸点 (℃) |
|---|---|---|---|
| $F_2$ | ↓ | −220 | −188 |
| $Cl_2$ | | −101 | −34 |
| $Br_2$ | | −7 | 58 |
| $I_2$ | 大 | 114 | 183 |

**[4]** いずれも極性分子です. そして, 電気陰性度が

$$\overset{4.0}{F} > \overset{3.2}{Cl} > \overset{3.0}{Br} > \overset{2.7}{I} > \overset{2.2}{H}$$

ですから, 極性の大きさは

$$HF > HCl > HBr > HI$$

の順です. 一方, 分子量の大きさは

$$HF < HCl < HBr < HI$$

の順です. さらに, HF は, 分子間に

$$F-H \cdots \ddot{(F)} F-H$$

のような水素結合ができます. さて, 分子性物質では,

沸点, 融点 ⟺ *f* ⟺ 分子量, 極性, 水素結合
大　　　　　大　　大　　有

の関係がありました. 3つの因子の中で, 水素結合の効果は非常に大きいので, HF が 1 位. 次に分子量の効果と極性の効果はこの場合相反していますが, このようなときは分子量の効果がまさることが多いです. 以上より,

$$HF > HI > HBr > HCl$$

と予想することにしましょう. 実際, **沸点**はこの予想通りですが, **融点**は HI>HF>HBr>HCl となります.

**沸点**についてのこのような傾向は, 16族($H_2O>H_2Te>H_2Se>H_2S$), 15族($NH_3>SbH_3>AsH_3>PH_3$)でも現れます.

**(5)** HF, $H_2O$, $NH_3$ は分子間に水素結合が生じるため, 分子量から予想されるよりも高い沸点を持ちます. これらの中では沸点は $H_2O>HF>NH_3$ となります. なぜこの順になったのでしょうか. まず, 水素結合の 1 本の強さは電気陰性度が $\overset{4.0}{F}>\overset{3.4}{O}$

| | 融点 (℃) | 沸点 (℃) |
|---|---|---|
| HF | −83 | 19 |
| HCl | −111 | −85 |
| HBr | −86 | −67 |
| HI | −51 | −36 |

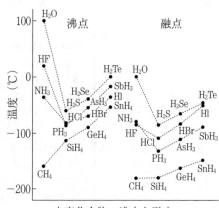

水素化合物の沸点と融点

$>\overset{3.0}{N}$ より，HF>H$_2$O>NH$_3$と考えられます．

一方，水素結合は

水素結合

のようにしてH$-$X$\overset{\bullet}{\bullet}$が連結したものと考えれば，

$$H-F\overset{\bullet\bullet}{\underset{\bullet\bullet}{\bullet}}\qquad H-\overset{\bullet\bullet}{\underset{|}{O}}\overset{\bullet}{\bullet}\qquad H-\overset{\overset{H}{|}}{\underset{|}{N}}-H$$
$$\qquad\qquad\quad H\qquad\qquad H$$

の中で H$_2$O では他より 2 倍も水素結合が生じることがわかります．この結果，HF と H$_2$O の順が逆転したものと考えられます．なお融点については，H$_2$O>NH$_3$≒HF となっています．**融点の場合，分子の形による結晶格子のつくりやすさ**なども影響があるため，分子の融点は分子間力の大小の考察のみによる予想からはずれることはよくあることです．

なお，水分子の水素結合の数が H$_2$O>HF，NH$_3$であることは，これら分子の $N$ 個の集団で生じうる最大の水素結合の数を求めて，比較することでもわかります：

| | $-$Hの数 | $\overset{\bullet}{\bullet}$の数 | X$-$H$\blacksquare\overset{\bullet}{\bullet}$Xの最大数 |
|---|---|---|---|
| H$-$F$\overset{\bullet\bullet}{\underset{\bullet\bullet}{\bullet}}$ | $N$個 | 3$N$個 | $N$個 |
| H$-\overset{\bullet\bullet}{\underset{|}{O}}\overset{\bullet}{\bullet}$ H | 2$N$個 | 2$N$個 | 2$N$個 |
| H$-\overset{\bullet\bullet}{N}-$H H | 3$N$個 | $N$個 | $N$個 |

確かに，H$_2$O 分子間の水素結合の数は，HF，NH$_3$分子間の 2 倍ありますね．

**6** これらはすべて日常的に見かける物質ですね．SiO$_2$ は水晶，NaCl は食塩，Sn はハンダ等に入っているやわらかい金属，H$_2$O は液体です．硬さを比べてみるだけで，融点も

$$\boxed{SiO_2 > NaCl > Sn > H_2O}$$

の順であると推定できます．もちろん SiO$_2$ は共有結合結晶，NaCl は 1 価陽イオンと 1 価陰イオンからなるイオン結晶で融点は 1000℃ よりやや下，Sn は典型元素の金属ですからかなり低い，そして，H$_2$O は分子性物質なのでもっと低い，のような判断から，この順を推定できます．

---

《有機化合物の沸点の高低》

65 次の (1)～(4) の各物質を沸点の高い順に並べよ.

(1) $CH_4$    $CH_3CH_3$    $CH_3CH_2CH_3$

(2) $CH_3OCH_3$    $CH_3CH_2OH$    $CH_3CH_2CH_3$

(3) $CH_3CH_2CH_2OH$    $CH_3CH(OH)CH_3$

(4) $CH_3CH_2CH_2OH$    $HOCH_2CH_2OH$

---

**解説** [1] これらはいずれも無極性分子ですから

沸点 (大) ⇔ 分子量 (大)

と考えられます.

よって, $\boxed{CH_3CH_2CH_3 > CH_3CH_3 > CH_4}$

沸点(℃)

| $CH_4$ | $CH_3CH_3$ | $CH_3CH_2CH_3$ |
|---|---|---|
| −162 | −89 | −42 |

[2] これらは, ほぼ分子量は同じです. $CH_3OCH_3$ は下図のように $C \diagup^{O}\diagdown C$ 結合は折れ曲がっていますから, 極性があります.

$CH_3CH_2OH$ は −OH 基がありますから分子間で水素結合が生じます. よって,

$$\boxed{CH_3CH_2OH > CH_3OCH_3 > CH_3CH_2CH_3}$$

沸点(℃)

| $CH_3CH_2OH$ | $CH_3OCH_3$ | $CH_3CH_2CH_3$ |
|---|---|---|
| 78 | −25 | −42 |

[3] いずれも分子量が同じで, 分子間に水素結合ができます. しかし, −OH 基どうしの出会いは, 分子鎖上の −OH 基より, 末端にあるほうが起こりやすいでしょう. そこで

$$\boxed{CH_3CH_2CH_2OH > CH_3CH(OH)CH_3}$$

と予想されます.

沸点(℃)

|  | OH |  | OH |
|---|---|---|---|
| $CH_3-CH_2-CH_2$ | | $CH_3-CH-CH_3$ | |
| 97 | | 83 | |

[4] この場合にも, 分子量はほぼ同じです. また, 分子間は水素結合が生じることも同じです. しかし, 分子間で水素結合が生じる部分 ($\boxed{H-O\bullet\bullet}$)* が, 前者は1個であるのに, 後者では2個ありますから, 分子間で生じる水素結合の数は後者のほうが多いです. よって,

$$\boxed{HOCH_2CH_2OH > CH_3CH_2CH_2OH}$$

＊前問解説

沸点(℃)

| $CH_2-CH_2$ |  | $CH_2-CH_2$ |  |
|---|---|---|---|
| OH    OH | | $CH_3$    OH | |
| 197 | | 97 | |

248

# 第5章　状態の理論

## 1　物質の三態と状態図

## 2　気体法則

## 3　状態変化

　　物質は，温度，圧力を変えることによって，固体，液体，気体の3つの状態のいずれにも変化することができます．今日では，状態についての根本的な説明は，物質を構成する原子，分子といった小さなツブの熱運動とツブ間の引力との関係からなされます．ただ，歴史的には，不思議な元素"空気"についてのボイルの法則の発見から徐々に発見されていった各種気体の法則の説明を試みる中で，小さなツブのランダムな運動(熱運動)が存在することが発見されるようになり，遂に，現在なされているツブのミクロな熱運動をもとにした説明にたどりついたのです．そこで，ここでは，現在から見た視点…ツブの熱運動と，過去から見た視点…気体法則の歴史という2つの方向から，状態の理論を学んでいくことにしましょう．あわせて，気体法則の合理的な使い方，状態変化の追跡の仕方などを学ぶことにしましょう．

# ① 物質の三態と状態図

## ① 固体，液体，気体のミクロな姿

『固体は◯◯，液体は◯◯◯，気体は◯◯のように粒子が集合している状態です.』この図はありふれた図です. ところが，状態を説明するためにこのような図が描かれるようになったのは，わずか150年ぐらい前からです. なぜ，こんな簡単な図がずっと描かれることがなかったのでしょうか.

　仮に，君がかなり昔，たとえば平安時代にでも生まれていたと考えて下さい. そのとき，君が知っている唯一の気体は空気でしょう. ただ，その空気が，$N_2$，$O_2$，Ar等の混合物であることなんて誰からも教えられることはありえませんね. その存在さえ感じずに通常は生きていて，たまに風が顔にあたって寒く感じたとき，あるいは木々の葉がゆれるのを見たときその存在を感じる程度しか空気について知ることはないでしょう. 液体の代表である水はどうでしょうか. これが寒いとき，固体の氷になることは知っているでしょう. では，水を加熱したときなくなった水は，どうなったんでしょうか. そんなん，水蒸気になったのに決まっているじゃないか……，とは言いませんよね. だって水蒸気なんて見えないですから.

　結局『消えた. あるいは空気になった. 不思議だなあ』で終わってしまうことでしょう.

　そうです. すべては，空気という見えない，形もないものがいったい何ものであるかを真剣に研究しようとする人が出てこない限り，人類は固体，液体，気体について理解を一歩も前へ進めることはできなかった

のです.

　1600 年ごろ, ファン・ヘルモントさんは木を燃や
したときに出た蒸気を集め, これが空気とは性質が違
うことに気づきました. この形も秩序もない蒸気が,
森のような宇宙をつくり出しているのではないかとい
うことから, これにカオス(混沌)という名を与え, そ
れが後にガス(気体)という用語に変わったのです.

　1643 年には, トリチェリーさんは有名な水銀柱の
実験を行い, 空気に圧力があること, つまり空気には
重さがあることを発見し, 空気もまた, 固体, 液体と
同様に物質の一つであることを示しました.

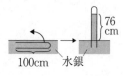

トリチェリーさんの実験

　1700 年代の後半から, 固定空気(二酸化炭素)の発
見を契機にして, 窒素, 水素, 酸素等の気体が続々と
発見されると, やっと気体も含めて考える実験が行わ
れました. その中から質量保存の法則, 定比例の法
則, 気体反応の法則が見出され, それらを説明するた
めに, 1800 年代に入ると原子や分子の存在が仮定さ
れるようになりました.

　1800 年代の中頃には原子や分子の運動(熱運動)を
考慮する中で, 気体の圧力は, 壁に当たる気体粒子の
衝撃によるというような考え方が生まれ, 遂に固体,
液体, 気体のミクロな姿として現在私たちが教科書等
で見かけるような解釈や図が得られるようになったの
です. すなわち,

◀気体分子運動論

① 　物質は原子, 分子といった微粒子の集合体
② 　微粒子は熱運動し, 一方, 微粒子間には凝集力が働く

③
☆固体…熱運動≪凝集力のときで,
　　　　微粒子の位置が固定

☆液体…熱運動＜凝集力のときで,
　　　　微粒子の位置が可変

☆気体…熱運動＞凝集力のときで,
　　　　微粒子の位置が自由可変

## ② 状態を支配する因子と状態図

先に，状態は，熱運動と凝集力の勢いの大小関係で決まると言いましたが，熱運動の勢いは**絶対温度$T$**(K)に比例します．一方，凝集力の勢いは**微粒子間の引力**($f$で表します)が大きいほど大きいです．この$T$と$f$以外に，もう一つ粒子の集合状態に影響を与える因子があります．それは**外圧($P$)**です．粒子の集合体に圧力を加えれば粒子間の距離が縮められ，気体より液体や固体になりやすくなるはずです．ただし，体積一定の頑丈な容器に物質が入れられているときは，容器内の物質は容器に守られて，外圧を受けることはありません．

状態を支配する因子，$f$，$T$，$P$の中で$f$は物質に固有なものですが，**$T$と$P$は人間が自由に設定できる**ものです．そこで，ピストンつきの容器に各物質を入れて，$P$と$T$を変化させたとき，各物質が固体，液体，気体のいずれの状態であるかを調べます．そしてその結果を，横軸に温度，縦軸に圧力をとって図で表します．これを**状態図**と言います．

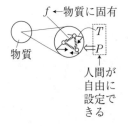

$f \leftarrow$物質に固有

物質

人間が自由に設定できる

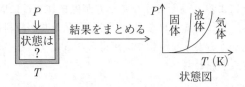

状態図

## ③ 状態図の特徴

状態図は，結局のところ固体，液体，気体領域の**境界線が描かれたもの**です．そして，この境界線の$(T, P)$においてのみ，2つの状態が共存できることを示しています．では，この境界線にはどのような特徴があるでしょうか．

境界線の$(T, P)$では，2つの状態が共存しています．そして，各物質を構成する微粒子(Aとします)は

熱運動していますから，境界面では必ず一方の状態から他方の状態に変化する粒子と逆の方向に変化する粒子があります．**2 つの状態が持続するのは**，この 2 つの変化量が等しい，つまり**平衡状態**にあるからです．

$$固-液\ 境界線\quad A(固) \rightleftharpoons A(液)$$
$$固-気\ 境界線\quad A(固) \rightleftharpoons A(気)$$
$$液-気\ 境界線\quad A(液) \rightleftharpoons A(気)$$

では，この共存状態$(T, P)$より，温度を $\Delta T(>0)$ 大きくしたら，つまり$(T+\Delta T, P)$の条件にしたらどうなるのでしょうか．一般に，**温度を上げると，微粒子の運動は激しくなり，固体よりも液体へ，液体よりも気体へ向かう勢いが増します．**

◀温度を上げると粒子の集団はよりバラに向かいます．

$$A(固) \rightleftharpoons \overset{\Delta T で}{\curvearrowright} A(液) \quad A(固) \rightleftharpoons \overset{\Delta T で}{\curvearrowright} A(気) \quad A(液) \rightleftharpoons \overset{\Delta T で}{\curvearrowright} A(気)$$

その結果，平衡ではなくなる，つまり一方の状態は消え失せます．平衡を回復させるには，圧力を変化させる必要があります．一般に，**圧力を上げると粒子の集団は，より密に(コンパクトに)集まろうとします**．そして，物質の体積は，一般に

$$固体<液体<気体$$

となっていますから，圧力を $\Delta P(>0)$ 上げると，気体より液体，液体より固体へ向かう勢いが増します．つまり，圧力を上げる効果は，温度を上げる効果と逆方向です．そこで，

◀たとえば
$A(固) \rightleftharpoons A(気)$では，$(T+\Delta T, P)$にすると，固体はなくなり，すべて気体になります．

◀圧力を上げると粒子の集団はよりコンパクトに向かいます．

**温度を $\Delta T$ 上げたなら，圧力も $\Delta P$ 上げてやれば再び，2 つの状態が共存できるようになります．**

$$A(固) \rightleftharpoons \underset{\Delta P で}{\overset{\Delta T で}{\rightleftarrows}} A(液) \quad A(固) \rightleftharpoons \underset{\Delta P で}{\overset{\Delta T で}{\rightleftarrows}} A(気) \quad A(液) \rightleftharpoons \underset{\Delta P で}{\overset{\Delta T で}{\rightleftarrows}} A(気)$$

以上より，2 つの状態の境界線は $\Delta T$ 上げれば $\Delta P$ 上げた所にある，つまり，

## 状態図の境界線はすべて右上がり

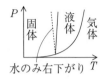

$P$ 固体 液体 気体
水のみ右下がり $T$

という特徴を持っていることがわかります。ただし，**水だけ**は，氷が水に浮くことに見られるように固体のほうが液体より体積が大きいという例外的なものなので，**固体と液体の境界線は，右下がり**となります。

**(参考)** 状態図の境界線が右上がりになることをギブズエネルギーを使った説明

ある物質が，$(T, P)$ の条件で，液⇄気 の平衡状態にあったとします。このとき，$G_{液} = G_{気}$ です。

今，温度を $\Delta T$ 上げて $T + \Delta T$ にしたとします。$\Delta G = -S \times \Delta T$ ですので，液体，気体いずれも $G$ が下がります。ただ，エントロピー $S$ は 液＜気 であるので，$G$ は気体の方が大きく下がり，これによる差は

$$-(S_{気} - S_{液}) \times \Delta T \quad -①$$

となります。

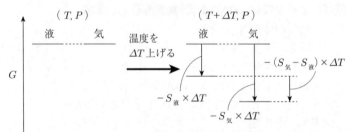

$(T, P)$ 　　　　　　　$(T+\Delta T, P)$

液　　　気　　温度を　　　液　　　気
　　　　　　　$\Delta T$ 上げる

$G$　　　　　　　　　　　　　　　　　$-(S_{気} - S_{液}) \times \Delta T$

$-S_{液} \times \Delta T$

$-S_{気} \times \Delta T$

一方，圧力を $\Delta P$ 上げて $P + \Delta P$ にしたとします。$\Delta G = V \times \Delta P$ ですので，液体，気体いずれも $G$ が上がります。ただ，体積は 液＜気 であるので，気体の方が大きく上がり，これによる差は

$$(V_{気} - V_{液}) \times \Delta P \quad -②$$

となります。

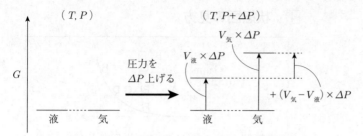

　ここで，$(T + \Delta T,\ P + \Delta P)$ が新たな平衡状態であるためには，①式と②式の合計がゼロでなくてはなりません.

$$-(S_気 - S_液) \times \Delta T + (V_気 - V_液) \times \Delta P = 0$$

これより

$$\frac{\Delta P}{\Delta T} = \frac{S_気 - S_液}{V_気 - V_液} = \frac{\Delta S}{\Delta V} \quad -③$$

が成り立ちます.　ここで，

$$\Delta S = S_気 - S_液 > 0$$
$$\Delta V = V_気 - V_液 > 0$$

なので，液⇄気 の境界ラインの傾き $\Delta P / \Delta T$ は正であり，このラインは右上がりとなることがわかります.

　同様にして，

固⇄液 の平衡では　$\dfrac{\Delta P}{\Delta T} = \dfrac{S_液 - S_固}{V_液 - V_固} \quad -④$

固⇄気 の平衡では　$\dfrac{\Delta P}{\Delta T} = \dfrac{S_気 - S_固}{V_気 - V_固} \quad -⑤$

が成り立ちます.　一般に

$$S_固 < S_液 < S_気$$
$$V_固 < V_液 < V_気$$

が成り立つので，④式，⑤式の値は正であり，これらの境界線もまた右上がりとなります.

　ただ，水の場合は $V_固 > V_液$ となるため，④式の値は負となります.　すなわち，境界線は右下がりとなります.

◀ $V_{氷} > V_{水}$ ですね.

## 4 状態図の見方

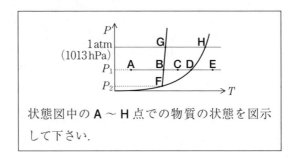

状態図中の **A ～ H** 点での物質の状態を図示
して下さい.

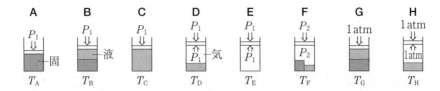

まずは, **D点**に注目しましょう. 容器内で物質は液
体と気体の共存平衡状態にあります. もちろん気体
(蒸気)には圧力があり, これは外圧 $P_1$ とつり合って
いるからこそ, 気相が保たれています. すなわち, こ
の蒸気の圧力は $P_1$ です. この気液平衡状態での蒸気
の圧力を一般に蒸気圧と言いますから, グラフ中の液
体と気体の境界線は蒸気圧が温度とともにどう変化し
ていくかを示したグラフとも考えられるので, 蒸気圧
曲線とも呼ばれています.

なお, ある温度で, 容器内が気液平衡であるために
は, 蒸気圧と外圧を等しくしておく以外に, 2つの方
法があり得ます. 1つは, 頑丈な容積一定の容器に適
当量の液体物質を入れるときです. このとき, 外圧が
いくらであっても, 頑丈な容器が気相空間をつくりま
すから, 気液平衡の状態がとれます. 2つ目は, 気相
の中に空気などの通常の条件下では液体にならずに気
体であり続ける気体を入れておくことです. このとき
も, 液体の上に気相が存在するので, 気液平衡の状態
がとれます.

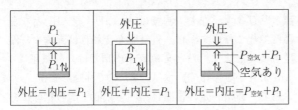

容器内で気液平衡が可能な 3 つの状況

**F 点**は，固体，液体，気体の 3 つの状態が共存するので**三重点**と言います.

**G 点**は **B 点**の圧力が 1 atm（1013 hPa）になっただけのことです. ただ，1 atm と言えば私たちが日常暮らしている圧力ですから，この点はある固体物質をビーカーに入れて加熱していったとき，遂に物質の**融解**が始まり固体と液体が共存状態になったときの状況を示しています. あるいは，ある液体物質をビーカーに入れて冷やしていったとき遂に**凝固**が始まり，固体と液体が共存状態になったときの状況を示しています. そこで，温度 $T_G$ を一般に**融点**または**凝固点**といいます.

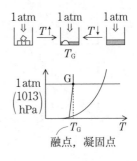

融点，凝固点

**H 点**の圧力も 1 atm であり，この圧力下での実験はすぐにできます. たとえば，ビーカーにある液体を入れて加熱すれば，その液体は 1 atm 下に置かれたまま温度が上がっていきます. この場合，ビーカーにはふたをしてありませんから，液体の表面で蒸発した気体が少しずつ空気中に拡散していきますが，液体内部から蒸気が出てくることはありません. ところが，温度 $T_H$ に達すると急にビーカーの底から気泡が生じ始め，それが浮き上がってきて，次々と蒸気が出ていってしまいます. このような現象を**沸騰**といいます. なぜ，温度 $T_H$ で気泡が生じ始めるかといえば，この温度で生じた気泡の蒸気圧が外気圧と同じ 1 atm であり，外気圧によって押しつぶされないからです. H 点の温度 $T_H$ は，私たちが日常的な条件下（1 atm）で液体物質を加熱していったとき遂に沸騰が始まる温度ですので，**沸**

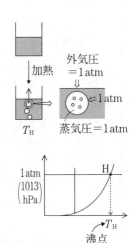

沸点

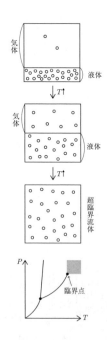

点と呼びます．なお，沸騰は 外気圧＝蒸気圧 となる温度で起こりますから，外気圧が変われば沸騰する温度も変化します．たとえば富士山頂では，外気圧は 1 atm より小さいので，水は約 87℃で沸騰します．

さて，体積一定の密閉容器内で気液平衡の状態にある物質の温度を上げていくと，蒸気圧が増えて，気体の密度は上がっていきます．一方，液体は少しずつですが膨張し密度は下がっていきます．そこで，ある温度に達すると，遂に気体と液体の密度が一致します．その結果，光が屈折しなくなるので，気体と液体の界面は消え去ります．この点を**臨界点**，このときの温度を臨界温度，圧力を臨界圧と呼びます（$H_2O$ の臨界点は 374℃，$221 \times 10^5 Pa$ で，$CO_2$ の臨界点は 31.1℃，$74.0 \times 10^5 Pa$ です）．この臨界点を超えた物質の状態は，超臨界流体（左図■の領域）と呼ばれ，気体と液体の性質をあわせもつことから，各種化学工業への利用が進められています．

---

**《状態図》**

66 右図は，模式化した水の状態図である．

(1) 領域 I，II，III の状態はそれぞれ何か．

(2) 曲線 OA を何というか．

(3) 点 P，Q の温度をそれぞれ何というか．

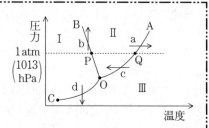

(4) 状態変化 a〜d に関連する現象を，次の(ア)〜(エ)より選べ．

(ア) 水を加熱すると沸騰して水蒸気になる．

(イ) アイススケートは氷の上でよくすべる．

(ウ) 氷水を入れたコップの外側表面に水滴がつく．

(エ) 食品を凍らせた後，真空中におくと水分が除かれる

（福井工業大）

**解説** [1] Ⅰ 固体，Ⅱ 液体，Ⅲ 気体

[2] 蒸気圧曲線．なお OB は融解圧曲線，OC は昇華圧曲線といいます．

[3] P の温度 … 融点 または 凝固点
Q の温度 … 沸点

[4] ⑦ 沸騰の際，一定圧のもと（で液体の内部から）蒸発が起こります．これは 液 ⟶ 気 の変化なので a ．

④ アイススケートの靴をはいて氷の上に立つと，靴の刃の部分（ブレード）の面積は小さいのでここに大きな圧力がかかります．その結果，氷が融けて溝ができ，立ちやすくなり，また溝をつくりながらすべるので，うまくすべるようになります．

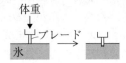

体重

これは 固 ↗ 液 の変化なので b ．

⑦ 氷水の入ったコップと接する空気は冷やされていて，この付近の（飽和）蒸気圧は小さいです．そこで，空気中の水蒸気は過飽和となり，水滴となります．

これは液 ⟵ 気の変化なので ⇒ c ．なお，この凝縮のさい放出される熱は氷の融解などに使われます．

⑦ 食品が凍っている状態は0℃よりかなり低い温度です．ここから真空ポンプで水蒸気を除去していくと，凍ったまま水蒸気となって（昇華して）除かれていきます．これは 固 ↙ 気 なので d ．これは，凍結乾燥（freezed dry フリーズドドライ）と言って，カップラーメンのネギ，即席みそ汁等で使われています．

なお，昇華は本来，固体が気体になって再び固体になる変化；

固 ⟶ 気 ⟶ 固

を表す変化のことをいいます．
固体物質の精製法の1つである昇華法は，昇華性のある物質を加熱して気体にして上昇させ，上方で冷却して固体として析出させて回収する方法で，まさに

**昇**って**華**になる

ことを使っています．

# 2 気体法則

## 1 気体法則の歴史

気体の体積を $V$ とすると，それは圧力 $P$ に反比例し(ボイルの法則)，絶対温度 $T$ に比例し(シャルルの法則)，そして，物質量 $n$ に比例します(アボガドロの法則)．そして，これをまとめると，気体の体積は，気体定数を $R$ とすると，気体の種類によらず，

$$V = R \times \frac{nT}{P} \quad \Leftrightarrow \quad PV = nRT$$

で表されます．今から見ると，気体の法則と言っても結局これだけです．ただ，人類がこの式にたどりつくまでの道のりは長くけわしいものでした．なぜそうだったのか思いをめぐらしながら，気体法則の歴史を少したどってみましょう．

### (1) 空気が存在することの証明

> 空気が"空"ではなく，存在する物質であることを簡単な実験で示せますか？

コップを逆さにして水につけたとき，次の ①〜③ のどれになりますか．

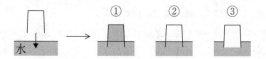

もちろん，正解は ③ ですね．このことより，空気は見えないけれど何か物質であり，それがコップの中に入っていたからこそコップの中に水が浸入しなかったと言うことができるでしょう．実は，この実験は小学校2〜3年の『空気と遊ぼう』という単元で出てきます．覚えていましたか？

## (2)　大気圧の発見とボイルの法則

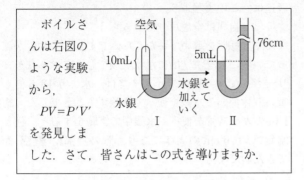

　ボイルさんは右図のような実験から，

$$PV = P'V'$$

を発見しました．さて，皆さんはこの式を導けますか．

　もちろん，Ⅰの管内の空気は大気圧と同じ 1 atm（1013 hPa）で，一方，Ⅱの管内の空気は水銀柱の 76 cmHg 分の圧力＝1 atm と大気圧＝1 atm との和をとって 2 atm です．そこで，

Ⅰ　$P \times V = 1 \times 10 = 10$

Ⅱ　$P' \times V' = 2 \times 5 = 10$ $\Bigg\} \Rightarrow PV = P'V'$

とボイルの法則を導くことができるでしょう．でも，ちょっと待って下さい．皆さんは大気には圧力があり，それが 1 atm であるというのをなぜ知っているんですか？　まさか

　　『僕，気圧感じるんだ．だって，高気圧の日は

　　　体が縮み低気圧の日は体が膨張するもんな』

なんて人いないですよねえ．大気に圧力があるなんてことは，ず～っと誰も知らなかったことなんです！だから，ボイルの法則は，大気圧の発見があって初めて見つけることができる法則だったのです．では，大気圧はどのようにして発見されたのでしょうか．

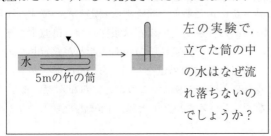

左の実験で，立てた筒の中の水はなぜ流れ落ちないのでしょうか？

このことは，古くからなぞでした．ギリシャの哲学者達は，この実験より，

　　　　自然は空虚(真空)をきらう

なんて“法則”を導いていたくらいです．この“法則”が誤っていることを決定的に示す実験をしたのはトリチェリーさんです．彼のアイディアは，水より13.6倍も重い液体である水銀を使って実験することでした．約1mのガラス管を使って水銀中で実験をすると，何と水銀は約76cmの高さになり，管の上部に“**真空**”ができたのです．

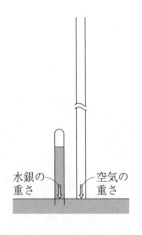

トリチェリー(1608年〜
1647年)（イタリア）

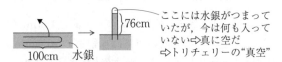

ここには水銀がつまっていたが，今は何も入っていない⇨真に空だ
⇨トリチェリーの“真空”

“真空”の発見は「自然は真空をきらう」という考え方は誤りであることを示しました．では，それでもこの重い液体である水銀はなぜこのとき76cmも立っていられるのでしょうか．これは，空気に重さがあり，その重さが76cm分の水銀の重さ(正確には単位面積あたりの重さ⇔圧力)と等しいからと考えるしかありません．こうして，大気に重さがあり，そして，それに伴う大気圧が存在することが明らかになったのです．パスカルさんは，この実験をさらに詳細に実験しました．まず，この76cmが日によって少しずつ変化することに気づきました．そして，もし，大気の重さと水銀柱がつり合っているのならば，山頂でこの実験を行えば，山頂と地上の間の空気の重さ分だけ水銀の高さは減少するのではなかろうかと予想して水銀柱の高さを山頂と地上で同時刻に測定したのです．予想通り，山の高さが高いほど水銀柱の高さは減少しました．こうして，大気に圧力があることが確定したのです．今日，圧力の単位をパスカル(Pa) orヘクトパスカル(hPa)というのは，このことにちなんでいます．

なお，1パスカル(Pa)とは，1m²あたり1ニュート

パスカル(1623年〜1662年)
（フランス）

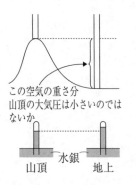

この空気の重さ分
山頂の大気圧は小さいのではないか

ン(N)の力がかかっている圧力 1 N/m² です．そこで，
地球の標準重力加速度 9.807 m/秒² のもとでの 0℃ で
76 cm の水銀(密度 13.595 g/cm³)柱の圧力を Pa(N/
m²)単位で表すと，

$$\underset{\underset{\text{cm}}{\text{縦}}}{100} \times \underset{\underset{\text{cm}}{\text{横}}}{100} \times \underset{\underset{\text{cm}}{\text{高さ}}}{76} \left| \times \underset{\underset{\text{(g/cm}^3)}{}}{13.595} \right| \times 10^{-3} \left| \times \underset{\underset{\text{(m/秒}^2)}{}}{9.807} \right| \times \frac{1}{1} = 1.013 \times 10^5 \text{ Pa}$$

となります．すなわち，

標準大気圧 = 1 atm = 76 cmHg = 1.013 × 10⁵ Pa
の関係があります．1.013 × 10⁵ Pa は，天気予報で使
われている hPa で表すと，1013 hPa ということにな
ります．

　人類は古くから，空気を容器に封じ込めてそこにお
もしをのせると，液体や固体とちがって，体積が大い
に縮むことは知っていました．しかし，体積と加えた
力の間に正確にどんな関係が成り立っているのかを示
すことは誰もできませんでした．ボイルさんは，パス
カルらの実験より地上では大気圧は 76 cm 水銀柱で
あることを知って，ある実験を思いつきました．それ
は，U 字管に空気を閉じ込めて，水銀をどんどん追加
していったときの空気の体積と空気にかかっている圧
力との関係を調べることでした．

◀ボイル(1627 年～ 1691 年)
(イギリス，アイルランド)

　水銀面の高さの右と左の差を $x$ cm とすると，閉じ

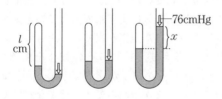

込められた空気にかかる圧力 $P$ は
　　　$P = 76 + x$ cmHg
となります．この圧力の値と $l$ との積を出してみて，

　　　$P \times l = (76 + x) \times l$
　　　　　　　↖測定↗

この $P×l$ が一定であることをつきとめたのです．すなわち，封じ込められた空気の体積 $V$ とその圧力 $P$ の間には

$$P×V=一定$$

の関係が成り立つことを示したのです．

### (3)　各種気体の発見とシャルルの法則

> 　1600 年代の中頃，パスカルさんたちによって，空気は"空"でなく重さのある物質であることが示されました．ただ，だからといって，このあと，この無色透明のとらえようのない空気がいくつかの気体の混合物であるとか，空気以外にもいろいろな気体があることなどが，すぐにわかることはあり得ません．では，どのようにしてそれがわかるようになったのでしょうか．

　錬金術の時代，錬金術師たちは各種の酸を利用し，また亜鉛や鉄などの金属を持っていました．当然，いろいろな試行錯誤の中で，酸の水溶液に亜鉛板をつけたとき，亜鉛板が溶けるだけでなく気体が発生しているのを何度も見ていたでしょう．でも，発生した気泡はいつの間にか空気にまぎれて消えていきます．どうせ水中に溶けていた空気が出ていったものであろうぐらいにしか考えず，結局，その気体を集めてみて，『ちょっと燃えるかどうか調べてみようか』なんて誰も思いつきもしなかったのです．そんなわけで，ボイルさんも気体状態を持つ空気という特殊な元素が世の中に 1 つあると考えていたのです．

ボイル(1627 年〜1691 年) ▶
(イギリス，アイルランド)

　時はさらに約 100 年流れて，1754 年ブラックさんは，古くから行われていた石灰石を焼いて石灰(生石灰)にする変化を分析する論文を出しました．『石灰石

ブラック(1728 年〜1799 年) ▶
(イギリス，スコットランド)

を加熱すると，何か気体が発生した後には石灰が残る．この気体を石灰の中に入れると再び石灰石にもどる．しかも，驚くべきことに，石灰を空気中に放置しておくだけでも，石灰石にもどる．これは，石灰石から発生した気体は，空気中に含まれているからではないか．すなわち，空気には，石灰に固定化される気体（fixed air 固定空気）が存在する』

この論文は，空気は元素であると信じ，混合物なんて夢にも思っていなかった当時の人々に衝撃を与えました．

『エッ!? 空気は元素じゃなかったのか．ということは，空気には固定空気以外にも何か別のものも含まれているかも……．そういえば，金属を酸の水溶液に浸したとき発生した気体は空気と思い込んでいたが，ひょっとして，別の気体かも……』

と波紋は広がり，これ以降窒素，水素，酸素，酸化窒素，塩化水素，アンモニアなど，各種気体が続々と発見されていきました．ブラックさんの論文はまた，空気中のある気体が固体（この場合石灰）と結合することを示していたため，物質の変化を正しくとらえるには，変化において空気中の何かの気体成分が関与している可能性も視野に入れなくてはならないことを示唆していました．こうした中で，ラボアジェさんは初めて，空気を逃がさない容器＝密閉容器を使った実験を実行し，こうした中で化学反応で質量が保存することを見出していったのです．

◀ラボアジェ(1743年〜1794年)（フランス）

多くの気体が発見されると，これらの気体に共通な性質，異なった性質等が調べられるようになりました．まず，その体積が圧力に反比例する，すなわちボイルの法則はすべてこれらの気体について成り立ちました．そして，気体は加熱すると膨張しますが，これが温度とともにどう変化するのかを詳細に研究する人が現れました．それはシャルルさんとゲイ・リュサックさんです．特にゲイ・リュサックさんは，0℃での気体の体積を$V_0$，$t$℃での気体の体積を$V_t$とすると

◀ゲイ・リュサック(1778年〜1850年)（フランス）

$$V_t = V_0 \times (1 + \alpha t)$$

という関係があり，どの気体でも1℃あたりの膨張係数 $\alpha$ がほぼ $\dfrac{1}{270}$ であることを示しました．これは，

最初に研究した人の名前をとって日本ではシャルルの法則と呼ばれています．

　ところで，当時，温度とは何かということについて，そんなに明確な説明はありませんでした．水が氷となるときの温度を0℃，沸騰するときの温度を100℃として，この間の水銀の膨張した体積を100等分して，1℃，2℃，……としていただけでした．では，水が氷となり始める温度より下の温度はないのでしょうか．もちろん，人々は水が凍る日といっても，いろいろあり，ただ寒い日だけでなくものすごく寒い日があることを知っています．つまり，－5℃，－20℃，……ともっと低い温度はあるでしょう．では，温度に底はあるのでしょうか．そんなことわかるはずがない……と思っていたのに，$V_t = V_0(1 + \alpha t)$ の式は，温度に底があることを暗示していました．すなわち，$\alpha \fallingdotseq \dfrac{1}{270}$ であるのなら，$t \fallingdotseq -270$ になれば，$V_t = 0$ となり，これより低い温度では $V_t < 0$ となります．体積がマイナスになることはあり得ないですから，温度の底は約－270℃であることがわかったのです．後に，

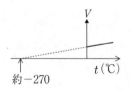

約－270

この温度は－273℃であることがわかり，この温度を0とする温度が考えられるようになりました．これを **絶対温度** と呼びます．この温度 $T(\mathrm{K})$ と $t$ ℃は

$$T = 273 + t$$

という関係で結ばれています．そこで，$\alpha = \dfrac{1}{273}$，$T_0 = 273$，$T = 273 + t$ を $V_t = V_0(1 + \alpha t)$ に代入すると，シャルルの法則は，絶対温度を使って

$$\frac{V_t}{T} = \frac{V_0}{T_0} = \cdots = k（一定）$$

と表すことができます.

## (4)　原子，分子の存在仮説とアボガドロの法則

> 各種の気体が発見され，一方で，気体の体積が圧力や温度に対し変化する様子は気体の種類によらないという事実等を前にして，これらを何とか説明しようとする人たちが出てきました. それは，ミクロな世界が原子よりなるという仮説にたどりつくことから始まりました.

　各種の気体の発見の報告を聞き，ラボアジェさんは，化学反応の研究において，今まで注意が払われてこなかった空気の関与の可能性を検討する重要性に気づきました. では，見えない空気が関与しているかどうかをどうすればチェックできるのでしょうか. ラボアジェさんは，ともかく気体を逃がさないように，つまり，ガラス容器を密封してその中で各種の化学反応を起こしてみました. その際，反応を起こすために熱を加えたりしました. そして，反応が終わった後の密閉容器の質量変化を調べたところ，なんと，全く変化していないことを発見したのです. こうして，熱の出入りはあっても，
　　　反応において総質量は変化しない
すなわち，質量保存の法則が発見されました. 古くから，熱や火は元素の1つと考えられてきました. ここにきて，人類は遂に，質量と熱は別物であることを知ることができたのです.
　反応の中に不動のもの＝質量を見つけたこの大発見は，正確な質量の測定を通じて物質について何かわかるかもしれないという考え方をもたらしました. まず，ある酸(acid)とある塩基(base)の中和において，反応する酸の質量 $w_{acid}$ と塩基の質量 $w_{base}$ について

〔例〕　►
　硫酸　98 g
　消石灰　74 g
が過不足なく中和反応します．もし，消石灰が 80 g あれば 6 g は未反応で残ります．

プルースト（1754 年〜
1826 年）（フランス）

〔例〕　►
　水素　1 g
　酸素　8 g
が過不足なく反応して水が生じます．もし酸素が 10 g あれば，2 g の酸素が未反応のまま残ります．

ドルトン（1766 年〜►
1844 年）（イギリス）

ゲイ・リュサック（1778 年►
〜 1850 年）（フランス）

$$\frac{W_{acid}}{W_{base}} = 一定$$

であることが明らかになりました．プルーストさんは，このような関係が，元素 A と元素 B が反応して，化合物（A, B）ができるときにも成り立つのではないかと考え，さまざまな化合物についても，それを構成する元素 A の質量 $W_A$ と元素 B の質量 $W_B$ を測定して，

$$\frac{W_A}{W_B} = 一定$$

であること，すなわち 定比例の法則 を示しました．

　ドルトンさんは，これら質量についての法則は，各元素は固有の質量を持ち，決して割れることのない究極の粒子＝原子からなり，それらが固有の比で結合しているのが物質であると考えると説明がつくことに気づき，1803 年に 原子説 を発表しました．さらに，この説をもとに，元素 A と元素 B からなる化合物が 2 種以上あるとき，一方の元素の質量が同じなら，それと結合している元素 B の質量を化合物間で比をとると整数比になること ⇔ 倍数比例の法則 を提出しました．この法則が検証されて正しいことがわかるとともに，元素が原子というツブよりなることがどうも正しいのではないかと考える人々が増えてきました．

　ほぼ，同時代に，気体の体積の測定をしていたゲイ・リュサックさんは，気体間の反応では，反応する気体，生成する気体の体積の間に整数比が成り立つこと ⇔ 気体反応の法則（1808 年）を見つけました．整数比の成立は，倍数比例の法則と同様，ミクロな世界がツブでできていて，そのツブの関係が現れていることを暗示しており，このとき貴重な情報が得られたことを意味します．しかしながら，これを原子レベルから説明するには，気体についていくつかの仮定が必要です．なぜなら，たとえば，水素という気体の分子は H, $H_2$, $H_3$, ……のいずれであるのかはわからないし，また，たとえば，1 L の水素ガスの中に，何粒の水素

分子が存在するかもわかるわけがないからです．1811
年，アボガドロさんは，気体粒子は，原子でなくそれ
がいくつか集まった分子からなるという仮定と同温同
圧のもとで同体積の気体の中には，気体粒子は種類に
かかわらず同数存在するという仮定を用いれば，気体
反応の法則は説明できることを示しました．たとえ
ば，水素と塩素から塩化水素が生じるとき，その体積
比が 1：1：2 となるのは，水素は $H_2$，塩素は $Cl_2$，塩
化水素は HCl の分子であると考えれば，以下のよう
に説明することができます．

◀アボガドロ
　(1776 年～ 1856 年)
　(イタリア)

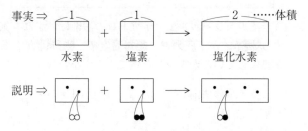

これは，すばらしい説明であり，今から見ても正しい
ものでした．ただ，当時，原子にはプラス型とマイナ
ス型のものがあり，結合するのはその 2 つのタイプの
間であって，たとえばプラス型の原子である水素原子
どうしがくっついて $H_2$ をつくることはあり得ないと
考える人が多く，この分子説は，約 50 年後に原子量
の決定法に関する討論会…第 1 回国際化学者会議にお
いて，この分子説を使った原子量の決定方法の有効性
が検討されて初めて，認められるようになったので
す．現在，原子量にグラムをつけた質量の中には，ど
の原子も同数含まれており，その数をアボガドロ数と
呼んでいるのも，気体の数が不明な時代に，同温・同
圧のもとで同体積中に存在する気体粒子は気体の種類
によらず同数であるというアボガドロの仮説をもとに
原子量が決定されたからです．現在では，1 アボガド
ロ数の集団を 1 mol と呼び，この粒子の集団量を物質
量と呼んでいますから，気体分子の物質量を $n$ mol と

◀1800 年に電池(ボルタ電
池)が発明され，電気分解
がさかんに行われていまし
た．そんな中でこのような
説明が広まったと考えられ
ます．

すればアボガドロの法則は

$$V = k \times n \quad \text{or} \quad \frac{V_1}{n_1} = \frac{V_2}{n_2} = \cdots\cdots = k(\text{一定})$$

と表すことができます.

## (5) 3つの気体法則と気体の状態方程式

> ボイル,シャルル,アボガドロの各法則よ
> り気体の状態方程式 $PV = nRT$ が導かれま
> す.どのようにして導かれるのでしょうか.

ボイル,シャルル,アボガドロの法則はいずれも気体の**体積 $V$** が,**圧力 $P$**,**絶対温度 $T$**,**物質量 $n$** とどう関係しているかを示した式です.すなわち

ボイルの法則　　　 $n$, $T$ 一定で　 $V = k_1 \times \dfrac{1}{P}$

$$\cdots\cdots ①$$

シャルルの法則　　 $n$, $P$ 一定で　 $V = k_2 \times T$

$$\cdots\cdots ②$$

アボガドロの法則　 $P$, $T$ 一定で　 $V = k_3 \times n$

$$\cdots\cdots ③$$

（$k_1 \sim k_3$ は気体によらない定数）

と表すことができます.これらの式は,

$$V = R \times \frac{n \times T}{P} \quad \Leftrightarrow \quad PV = nRT \quad \cdots\cdots ④$$

が成り立つことを認めてしまえば,この式の特殊なケースとして導くことができます.しかし,歴史的には,④ が先にあるのではなく,①〜③ がまず発見され,それらより ④ が導かれました.

気体Ⅰ $(P_1,\ V_1,\ T_1,\ n_1)$ と気体Ⅱ $(P_2,\ V_2,\ T_2,\ n_2)$ の間で成り立つ関係式を導いてみます.そのために,さらに

気体Ⅰ' $(P_2,\ V',\ T_1,\ n_1)$ と気体Ⅰ'' $(P_2,\ V'',\ T_2,\ n_1)$ の2つの気体を考えます.

$$\boxed{\text{I} \ (P_1, \ V_1, \ T_1, \ n_1)} \Longrightarrow \boxed{\text{II} \ (P_2, \ V_2, \ T_2, \ n_2)}$$

圧力変化　　　　　　物質量変化
**n, T 一定**　　　　　　**P, T 一定**

温度変化

$$\boxed{\text{I}' \ (P_2, \ V', \ T_1, \ n_1)} \Longrightarrow \boxed{\text{I}'' \ (P_2, \ V'', \ T_2, \ n_1)}$$

**n, P 一定**

まず，Ⅰと I′では **n, T が一定**なので，ボイルの法則
が成り立ちます.

$$P_1 \times V_1 = P_2 \times V' \qquad \cdots\cdots ⑤$$

次に，I′と I″では **n, P が一定**なのでシャルルの
法則が成り立ちます.

$$\frac{V'}{T_1} = \frac{V''}{T_2} \qquad \cdots\cdots ⑥$$

最後に I″とⅡでは，**P, T が一定**なのでアボガドロ
の法則が成り立ちます.

$$\frac{V''}{n_1} = \frac{V_2}{n_2} \qquad \cdots\cdots ⑦$$

⑤～⑦より $V'$ と $V''$ を消去すると

$$\frac{P_1 \times V_1}{n_1 \times T_1} = \frac{P_2 \times V_2}{n_2 \times T_2}$$

が成り立ちます. すなわち，$PV/nT$ は気体によら
ず一定の値となり，この一定値を気体定数と言って $R$
で表すとすると，すべての気体について，

$$\frac{PV}{nT} = R \ \Leftrightarrow \ PV = nRT$$

が成り立ちます. この式を，気体の状態方程式と言い
ます.

## (6)　気体の分子運動論と気体法則

> リンゴは手を離すと落下しますね. では，
> 水素分子も手を離すと落下するのでしょう
> か.

人は皆，生まれたときから物体は手を離すと落下す

るものであることを見てきました．ただし，水素分子なんて小さな物体を見たことがないので，ひょっとしたら落下せず速いスピードでランダムな方向に飛び回っているのかもしれません．そして，もしそうなら，

**気体粒子が壁や物体に衝突するときに力を及ぼし，それが気体に圧力がある原因となります**．

果して，そんなモデルを使って気体の法則を導くことができるのでしょうか．

簡単な思考実験をしてみましょう．今，ピストン付きの容器の中に封じ込められた空気を押し込んで，体積を1/2にしたとしましょう．このとき，気体粒子が一定の速度で，左右の壁に衝突しながら往復運動しているとすると，一往復の距離はⅠでは$4x$であるのに対し，Ⅱでは$2x$です．そこで，気体粒子が壁に衝突する回数はⅡはⅠの2倍となります．つまり，ⅡはⅠに比べて2倍壁を押す力が大きい ⇔ 圧力が2倍となります．こうして，容易にボイルの法則が成り立つことが説明できます．

では，アボガドロの法則は説明できるでしょうか．この法則は，同温，同圧，同体積中の気体粒子の数は，気体の種類によらないということでしたね．ここでは，同温，同体積で，同粒子数の気体Aと気体Bは同じ圧力を示すかどうかを少し考えてみましょう．今，気体A粒子の質量$m_A$が気体B粒子の質量$m_B$より大きかったとしましょう．まず，壁に衝突するとき当然重い粒子が衝突するほど壁に与える力は大きいですから，気体Aの示す圧力のほうが気体Bの示す圧力より大きいのではないかと考えられます．ただ，各気体はある運動エネルギーを持って飛び回っています．もし，この運動エネルギーは，すべての粒子に公平に分配されているとしたらどうでしょう．粒子の持つ運動エネルギーは，質量を$m$，速度を$v$とすると

$$\frac{1}{2}mv^2$$

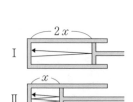

Ⅰでは$4x$ごとにピストンに衝突しますがⅡでは$2x$ごとにピストンに衝突します．つまりⅡはⅠより衝突回数は2倍多いです．

質量$m$の粒子を一定の加速度$a$で$t$秒間加速して，速度が$v$になったとしましょう．

$v = a \times t$

力 $= m \times a = m \times \dfrac{v}{t}$

動いた距離 $= \dfrac{1}{2} \times v \times t$

よって，この間に粒子に加えられたエネルギーは

力×距離

$= m \times \dfrac{v}{t} \times \dfrac{1}{2} \times v \times t$

$= \dfrac{1}{2}mv^2$ ▶

で与えられますから，もしこの値がＡもＢも等しいのなら，質量の大きいＡ粒子の速度は，Ｂ粒子の速度より小さくなります．だから，壁に衝突するときの速度はＡのほうが小さく，その点からは１回の衝突による力はＡのほうが小さいです．さらに，速度が小さい分，壁に衝突する回数も少ないです．結局，ＡとＢのいずれが，壁への衝突による力が大きいのかは結論が出ません．ここは，やはり，もう少し厳密に理論的に扱ってみることが必要なようです．

> 1. 気体粒子間また粒子と壁の間には全く力は働いておらず，粒子はランダムな方向に速度 $v$ で飛び回っている．
> 2. 気体粒子自体の体積はゼロである．

以上の前提で，一辺 $l$ の立方体の中に質量 $m_1$，$m_2$，……，$m_N$ の粒子 1, 2, ……，$N$ が入っていて，$x$ 方向成分の速度 $u_1$, $u_2$, ……，$u_N$ で運動して立方体の壁に衝突しているとします．まず，粒子 1 が，$x$ 方向の壁に与える圧力 $P_1$ を求めてみましょう．

粒子 1, 2, …, $N$ が入って運動しています．

壁に衝突したとき，エネルギーの変化なしにはね返されたとすると，はね返されたときの速度は $-u_1$ です．このとき速度の大きさは変化していませんが速度は $u_1-(-u_1)=2\,u_1$ 変化しています．これは，粒子が壁より力を受けたからですが，このとき，作用反作用の法則より粒子もまた壁に力を加えています．衝突はほぼ瞬時（$\Delta t$）に起こり，このときに作用した力 $f(t)$ は，運動量の変化量 $2\,mu_1$ と

$$2\,mu_1=\int_0^{\Delta t} f(t)\,dt$$

の関係で表されます．ここで，1 秒間での衝突を考え，この間に壁に与えた平均の力を $F$ としますと，

$$F\times 1=\int_0^1 f(t)\,dt$$
$$=\underbrace{2\,m_1u_1}_{1回め}+\underbrace{2\,m_1u_1}_{2回め}+\cdots\cdots+\underbrace{2\,m_1u_1}_{最終回}$$

◀衝突後の速度を $u_1'$ とすると，運動エネルギーが不変なので
$$\frac{1}{2}\,m_1u_1{}^2=\frac{1}{2}\,m_1u_1'{}^2$$
よって
$$u_1'=-u_1$$
となります．

◀ $\int_0^{\Delta t} f(t)\,dt$ は力積と呼ばれています．

と表されます.

1往復の距離は$2l$ですから，$u_1$の速度なら1秒間に$u_1/2l$回の衝突があります．よって

$$F = 2m_1u_1 \times \frac{u_1}{2l} = \frac{m_1u_1^2}{l}$$

と表すことができます．そして，立方体の一面の面積は$l^2$ですから，粒子1が$x$方向の面に与える圧力$P_1$は

$$P_1 = \frac{F}{l^2} = \frac{m_1u_1^2}{l^3}$$

となります．同様な式が，粒子2, 3, ……, $N$について得られます．そこで一方向の面に与える圧力$P$は

$$P = \sum_{i=1}^{N} P_i = \frac{1}{l^3}(m_1u_1^2 + m_2u_2^2 + \cdots + m_Nu_N^2)$$

と表されます.

さて，ここで，

気体粒子に分配される平均の運動エネルギーは，$x$, $y$, $z$のどの方向も，気体粒子の質量によらず$1/2\,kT$である

という，エネルギーの等分配の法則を考慮すると

$$\frac{1}{2}m_iu_i^2 = \frac{1}{2}kT$$

となりますから，次式が得られます.

$$P = \frac{1}{l^3} \times kT \times N$$

ここで，$l^3 = V$，また，$N = N_A \times n$, $k \times N_A = R$ とすると，

$$PV = nRT$$

たとえば，$x$方向500 m/秒 ▶ の速度の気体粒子が10 cm の立方体（1L）の中に入っていたときは，1秒間に

$$\frac{50000}{10 \times 2} = 2500\text{回}$$

も衝突します.

$k$：ボルツマン定数
これは，物理の理論から証 ▶ 明されます．（大学レベル）

$N_A$：アボガドロ定数
$R$：気体定数

というあの状態方程式が導かれることになるのです！

　この $PV=nRT$ という式は，ボイル，シャルル，アボガドロの法則から導かれたものでしたが，気体分子の運動をもとにして理論的にも導かれました．この理論的な導出では，$PV=nRT$ は，① 気体粒子間に力が働いていない，② 気体粒子自体に体積がないといった前提を必要としました．このような気体は idea（観念）上でしかあり得ないことより，$PV=nRT$ は ideal gas＝理想気体 についてのみ厳密には成り立つことがわかりました．以降，この式は 理想気体の状態方程式 と呼ばれるようになりました．

## ② 気体法則の使い方

　気体法則を使う計算は皆んな苦手です．使うにあたってどんな点に困難があるか，少し探ってみましょう．

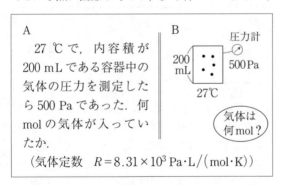

A
　27 ℃ で，内容積が 200 mL である容器中の気体の圧力を測定したら 500 Pa であった．何 mol の気体が入っていたか．
　（気体定数　$R=8.31×10^3\,\mathrm{Pa·L/(mol·K)}$）

B
圧力計
200 mL
500 Pa
27℃
気体は何 mol？

　A の文章の内容を図で表すと，B のようになります．皆さんはどっちのほうがパッと見たとき状況がつかみやすく，計算しやすいですか．やっぱり B のほうですね．なにしろ，1 つの気体の量を表すのに 27 ℃，200 mL，500 Pa のようにいくつもの数字が使われるのですから．さらに気体が 2 つ，3 つ，……と増えていったとき，各数値がどの気体のものであるかを記憶するなんてほとんど不可能になってしまいます．ですから，問題文に出てくる気体の図をまず描き，その周

辺にわかっている気体量の数値を書き記しておくことは、計算にあたってイラつかず、またミスを少なくするために大切なことです。まずは

**気体図を描きながら計算方法を考える**

ことを普段から心がけましょう。

さて、この問題の解法は、今与えられている気体について $PV=nRT$ が成り立ち、また、この中で $P$, $V$, $R$, $T$ の値がすべて与えられていますから、これらの具体的な数値を $PV=nRT$ に代入して、$n$ を求めることになります。

$$P \quad \times \quad V \ = n \times \quad R \quad \times \quad T$$
$$500 \times 0.200 = n \times 8.31 \times 10^3 \times (273+27)$$
$$\text{Pa} \qquad \text{L} \qquad \text{mol} \ (\text{Pa·L}/(\text{K·mol})) \qquad \text{K}$$
$$n = \boxed{4.01 \times 10^{-5}} \ \text{mol}$$

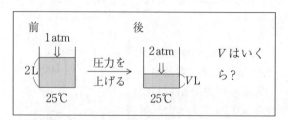

ここでは、2つの気体があります。それぞれの気体について、$PV=nRT$ が成り立ちます。そこで、

前　$1 \times 2 = n \times R \times (273+25)$　　……①

後　$2 \times V = n \times R \times (273+25)$　　……②

①、②の右辺は同じなので

$$1 \times 2 = 2 \times V \ \Rightarrow \ V = \boxed{1} \ \text{L}$$

と $V$ が求められます。ただ、2つの気体の間では、$n$ と $T$ が一定なのでボイルの法則 $(PV=P'V')$ が成り立つことに気づけば、

$$1 \times 2 = 2 \times V \ \Rightarrow \ V = \boxed{1} \ \text{L}$$

と容易に $V$ が求まります。

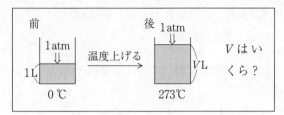

ここでも，2つの気体に $PV=nRT$ を適用して，

前　$1×1=n×R×273$　　　　……③

後　$1×V=n×R×(273+273)$　　……④

③×2=④ であることより

$$V=\boxed{2}\,\text{L}$$

と $V$ が求まります．ただ，2つの気体の間では $n$ と $P$ が一定なので，シャルルの法則$(V/T=V'/T')$ が成り立つことに気づけば，

$$\frac{1}{273}=\frac{V}{273×2}\quad \Rightarrow \quad V=\boxed{2}\,\text{L}$$

と容易に $V$ が求まります．

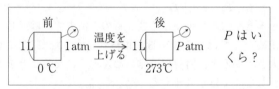

この場合も，2つの気体に $PV=nRT$ を適用して，

前　$1×1=n×R×273$　　　　……⑤

後　$P×1=n×R×(273+273)$　　……⑥

⑤×2=⑥より

$$P=\boxed{2}\,\text{atm}$$

と求まります．この場合は，2つの気体の間で $n$，$V$ が一定ですが，これに対応する歴史法則はありません．しかし，$PV=nRT$ より $R=PV/nT$ 一定ですから，一般に

$$R=\frac{PV}{nT}=\frac{P'V'}{n'T'}$$

が成り立ち，この場合，$n$，$V$ 一定 なので

$$\frac{P}{T} = \frac{P'}{T'}$$

であることを先に導いておけば（あるいは知っていれば）

$$\frac{1}{273} = \frac{P}{273 \times 2} \quad \Rightarrow \quad P = \boxed{2} \text{ atm}$$

と容易に求めることもできます．

　結局，気体が 1，2，……，$i$ と与えられていたとき，

$$\overset{1}{\bigcirc} \qquad \overset{2}{\bigcirc} \qquad \cdots\cdots\cdots \qquad \overset{i}{\bigcirc}$$

$$P_1, V_1 \qquad P_2, V_2 \qquad\qquad\qquad P_i, V_i$$
$$n_1, T_1 \qquad n_2, T_2 \qquad\qquad\qquad n_i, T_i$$

各気体に $PV = nRT$ を適用して

$$P_1 V_1 = n_1 R T_1$$
$$P_2 V_2 = n_2 R T_2$$
$$\vdots$$
$$P_i V_i = n_i R T_i$$

を書き，これらの中で不要なものを消去すれば，必ず求めなくてはならない量が得られます．ただし，$i$ が大きくなると，計算は非常にめんどうになることを覚悟しなくてはなりません．

　ところで，1〜$i$ の気体の量は

$$R = \frac{P_1 V_1}{n_1 T_1} = \frac{P_2 V_2}{n_2 T_2} = \cdots\cdots = \frac{P_i V_i}{n_i T_i}$$

の関係式でつながっています．ですから，2 つの気体の量について，

$P$，$V$，$T$，$n$ のうち 2 つが一定のとき，$_4C_2 = 6$ 種 の式があります．

| | | | |
|---|---|---|---|
| ① | $n$，$T$ 一定ならば | $P_1 V_1 = P_2 V_2$ |
| ② | $n$，$P$ 一定ならば | $V_1 / T_1 = V_2 / T_2$ |
| ③ | $n$，$V$ 一定ならば | $P_1 / T_1 = P_2 / T_2$ |
| ④ | $T$，$P$ 一定ならば | $V_1 / n_1 = V_2 / n_2$ |
| ⑤ | $T$，$V$ 一定ならば | $P_1 / n_1 = P_2 / n_2$ |
| ⑥ | $P$，$V$ 一定ならば | $n_1 T_1 = n_2 T_2$ |

⑦ $n$ 一定ならば $\quad P_1V_1/T_1 = P_2V_2/T_2$
⑧ $T$ 一定ならば $\quad P_1V_1/n_1 = P_2V_2/n_2$
⑨ $P$ 一定ならば $\quad V_1/n_1T_1 = V_2/n_2T_2$
⑩ $V$ 一定ならば $\quad P_1/n_1T_1 = P_2/n_2T_2$

$\left.\begin{array}{l}\\\\\\\\\end{array}\right\}$ $P,\ V,\ T,\ n$ のうち 1つが一定のとき, $_4C_1 = 4$ 種 の式があ ります.

のような10種の式が得られます. 2つの気体につい て, 何かの量が一定であるときは, あらかじめ一定な 量を消去したこれらの式を使ったほうが, 計算は楽に なります. ただし, $i=1$ つまり気体が1つしかない ときは, この可能性はないのですから, 必ず $PV = nRT$ を使うことになります.

**気体が1つのときは $PV = nRT$ を使う.**

そこで, $i \geqq 2$ つまり2つ以上あるときは, 一定値 をまず見つけ, まずそれを消去した式を導くとよいで しょう. その式は,

$$\frac{PV}{nT} = \frac{P'V'}{n'T'}$$

とまず書いて, 一定値を消去する方法ですぐに導かれ ます. たとえば, $n,\ V$ 一定なら

$$\frac{P\cancel{V}}{\cancel{n}T} = \frac{P'\cancel{V}'}{\cancel{n}'T'} \quad \Rightarrow \quad \frac{P}{T} = \frac{P'}{T'}$$

ただ, 多くの問題でスムーズに解くという立場から は, まず,

**$n$ が変化するかどうかをチェックする**

ほうがよいでしょう. というのも, $n$ が変化する場合 とは, たいてい反応が起こっていて化学反応式をもと にその変化量を追ったりしなくてはならないので, さ らに計算に工夫が必要になるからです. $n$ が一定の場 合は, まず $PV/T = P'V'/T'$ を書いてみて, その上で 2つの気体をながめてみて, 他に何か一定なものがな いかどうかをチェックします. もちろん, $T$ 一定 な ら $PV = P'V'$, $P$ 一定 なら $V/T = V'/T'$, $V$ 一定 な ら $P/T = P'/T'$ が得られます.

気体量

$i=1$ → YES $PV = nRT$ を 使う

NO → ○ ○ …

◀状態が変化して, 状態変化 を追うことが必要な場合も $n$ が変化しますね.

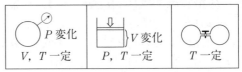

**$n$ が変化するときは，実験装置をよく見ましょう.**

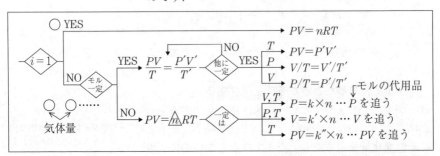

たいてい，以上の3つのいずれかの装置を使っている
はずです．$V$, $T$ 一定 のときは，$P = k \times n$ つまり，
圧力がモルに比例して変化します．$P$, $T$ 一定 のとき
は，$V = k \times n$ つまり，体積がモルに比例して変化し
ます．そして，$T$ 一定 のときは $PV = k \times n$, つまり
$P \times V$ がモルに比例して変化します．すなわち，モル
を追う必要はありますが，その具体値をいろいろ出さ
なくても，モルに比例して変化している量がたいてい
あるのでそれを見つけて，その量で追っていけばよい
のです．

なお，このようにして計算に必要な式を導く過程で
は，ボイルの法則など歴史法則を意識しないほうがよ
いでしょう．「$n$, $T$ が一定 ⇒ ボイル ⇒ $PV = P'V'$」
のような判断をよく使っていると，「$V$, $T$ 一定 ⇒ 何
の法則？……」といって行きづまってしまうことがあ
るからです．

▶ $V$, $T$ 一定 のときの歴史
法則はありません.

---

**《気体法則の使い方》**

[67] 次の(1)〜(3)の問いに答えよ.

ただし, 気体定数 $R = 8.31 \times 10^3 \, \mathrm{Pa \cdot L/(mol \cdot K)}$ とする.

(1) ある気体の密度は 27 ℃, $1.013 \times 10^5 \, \mathrm{Pa}$ で $1.30 \, \mathrm{g/L}$ であった. 分子量を求めよ.

(2) 27 ℃, $1.0 \times 10^5 \, \mathrm{Pa}$ で 200 mL の空気に, 27 ℃, $2.0 \times 10^5 \, \mathrm{Pa}$ で 50 mL の空気を混ぜて, −73 ℃ に冷却し, 体積を 1000 mL とした. このときの圧力(Pa)はいくらか.

(3) $A_2(気) \rightleftharpoons 2\,A(気)$ で表される平衡反応がある. 体積一定の容器に $A_2$ を入れ温度 $T_1$ K に保つと, 圧力が $P_0$ Pa から徐々に変化し, 最終的に $P_1$ Pa となった(平衡 I). 次に温度 $T_2$ K に保つと, 圧力は最終的に $P_2$ Pa となった(平衡 II). 平衡 I, II での $A_2$ の解離度を $P_0 \sim P_2$, $T_1$, $T_2$ を使って表せ.

---

**解説**

| | |
|---|---|
| 27℃ $1.013 \times 10^5 \mathrm{Pa}$ $1.30 \mathrm{g/L}$ | 分子量 $M$ はいくら? |

**気体図は1つ**ですから, 必ず $PV = nRT$ を使います. ただ, 質量情報もありますから, $n = W/M$ も必要です.

$$P \times V = \frac{W}{M} \times R \times T$$

$$M = \left( \frac{W}{V} \right) \times \frac{R \times T}{P} = 1.30 \times \frac{8.31 \times 10^3 \times 300}{1.013 \times 10^5} = \boxed{32.0}$$

[2]

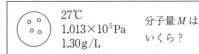

| 27℃ | 27℃ | −73℃ |
|---|---|---|
| 1.0 | 2.0 | $P$ ⇐圧力 |
| 200mL | 50mL | 1000mL (×10^5 Pa) |

**気体図は3つ**で, 混合しますから **$n$ の変化を追う必要**があります. この場合, 3つの気体図で, $P, V, T$ はすべて異なっています. そこで, $PV/T = k \times n$ となるので, **$PV/T$** がモルの代用品で和がとれます.

$$\frac{PV}{T} \quad \Rightarrow \quad \frac{1.0 \times 200}{300} + \frac{2.0 \times 50}{300} = \frac{P \times 1000}{200}$$

$$\Rightarrow \quad P = 0.20 \Rightarrow 0.20 \times 10^5 = \boxed{2.0 \times 10^4} \, \mathrm{Pa}$$

27℃ = 273 + 27 ⇒ 300K
−73℃ = 273 − 73 ⇒ 200K

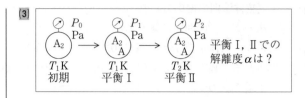

(3)

平衡 I, II での
解離度 $\alpha$ は？

初期 — 平衡 I — 平衡 II

気体図が**3つ**あります. 反応が起こり**モルが変化**しています.

| | $A_2$(気) | $\rightleftharpoons$ | 2A(気) | 全 |
|---|---|---|---|---|
| 初 | $n$ | | $0$ | $n$ |
| 変 | $-n\alpha$ | | $+2n\alpha$ | $+n\alpha$ |
| 平 | $n-n\alpha$ | | $2n\alpha$ | $n(1+\alpha)$ |

解離度を $\alpha$ とすると,気体のモル数は $1+\alpha$ 倍となっています.
さて,初期と平衡 I では,**$V,\ T$ が一定**なので,$P=k\times n$ つまり,圧力がモル数に比例して変化します. よって

$$\frac{P_1}{P_0}=1+\alpha_{\text{I}} \quad \Rightarrow \quad \alpha_{\text{I}}=\boxed{\frac{P_1}{P_0}-1}$$

一方,初期と平衡 II では,**$V$ が一定**なので $P/T=k\times n$ つまり,$P/T$ がモル数に比例して変化します. よって

$$\frac{P_2/T_2}{P_0/T_1}=1+\alpha_{\text{II}} \quad \Rightarrow \quad \alpha_{\text{II}}=\boxed{\frac{P_2T_1}{P_0T_2}-1}$$

## ③ 混合気体の扱い方

混合気体を扱うとき,各成分気体がそれぞれどれくらいあるのかを知る必要があることが多いです. 気体1と気体2よりなる混合気体の量が全体として $(P,\ V,\ T,\ n)$ であったとしましょう. 各気体の量はどう表されるのでしょうか. 今,分離されたときの各気体の量が

$$(P_1,\ V_1,\ T_1,\ n_1),\ (P_2,\ V_2,\ T_2,\ n_2)$$

であるならば,

$$P_1V_1=n_1RT_1,\ P_2V_2=n_2RT_2$$

が成り立ちますが,混合気体 $(P,\ V,\ T,\ n)$ との関係は

$$n_1+n_2=n \iff \frac{P_1V_1}{T_1}+\frac{P_2V_2}{T_2}=\frac{PV}{T}$$

つまり,$P,\ V,\ T$ については $PV/T$ の値について和がとれるだけです.

　混合気体を分離するとき，**P, Tを一定**にしたら，つまり

$$(P,\ V_1,\ T,\ n_1),\ (P,\ V_2,\ T,\ n_2)$$

とすればどうでしょうか．このとき，混合気体と各気体で$V$と$n$のみが違うだけですから，$V=k\times n$ が成り立ち，$n_1+n_2=n$ だけでなく，体積について

$$V_1+V_2=V$$

のように和がとれます．そして，各気体の体積は

$$V_1 = \frac{n_1}{n_1+n_2} \times V$$

のようにモルに比例して分割されて部分を形成していることがわかります．このような$P, T$一定で分割された体積を**分体積**(partial volume)と言います．

　一方，**V, T一定**で混合気体を分離して，

$$(P_1,\ V,\ T,\ n_1),\ (P_2,\ V,\ T,\ n_2)$$

とすればどうでしょうか．このときは，混合気体と各気体で$P$と$n$のみが違うだけですから，$P=k\times n$ が成り立ち，$n_1+n_2=n$ だけでなく，圧力について

$$P_1+P_2=P$$

のように和がとれます．そして，各気体の圧力は

$$P_1 = \frac{n_1}{n_1+n_2} \times P$$

のようにモルに比例して分割され，全体の圧の部分を形成しているように考えられます．そこで，この圧力を**分圧**(partial pressure)と言います．

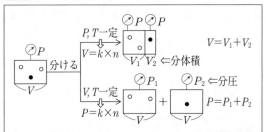

　実は，混合気体の扱いに際し，この**分体積と分圧をうまく使えること**が決定的に重要になります．

---

## 《分圧，分体積の算出》

68 以下の(1)〜(3)の混合気体中の酸素の分圧，分体積を求めよ.

(1) $1.0 \times 10^5$ Pa，10 L の空気 （$N_2/O_2 = 4$ のモル比とする.）

(2) 27℃で $1.0 \times 10^5$ Pa の酸素 1 L と窒素 2 L を混ぜて，6 L としたもの

(3) 27℃，$1.0 \times 10^5$ Pa の酸素 2 L と 327℃，$2.0 \times 10^5$ Pa の窒素 1 L を混ぜ，127℃，3 L としたもの

---

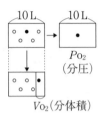

**解 説** 1 分圧，分体積は，混合気体の全圧，全体積がわかっていれば，全体にモルの比率をかければ得られます.

$$P_{O_2} = 1.0 \times 10^5 \, \text{Pa} \times \frac{1}{5} = \boxed{2.0 \times 10^4} \, \text{Pa}$$

（全体 ↗ ↖ モル分率）

$$V_{O_2} = 10 \times \frac{1}{5} = \boxed{2} \, \text{L}$$

2

| 27℃ | | 27℃ | | 27℃ | |
|---|---|---|---|---|---|
| ○ | + | ● ● | → | ● ○ ● | |
| 1L | | 2L | | 6L | |
| 1.0 | | 1.0 | | $P_全$ | ⇐圧力（$\times 10^5$Pa） |

酸素と窒素は $P$, $T$ が同じですから，体積比はモル比になります. すなわち，$O_2$ のモル分率は，1/3 となりますから

$$P_{O_2} = P_全 \times \frac{1}{3}$$

$$V_{O_2} = 6 \times \frac{1}{3} = \boxed{2} \, \text{L}$$

となります. $P_全$ については，3つの気体図について $T$ 一定なので $PV = k \times n$，つまり $P \times V$ がモルの代用品となることより

$$PV \Rightarrow \quad 1 \times 1 + 1 \times 2 = P_全 \times 6 \quad \Rightarrow \quad P_全 = \frac{1}{2}$$

よって，

$$P_{O_2} = P_全 \times \text{モル分率} = \frac{1}{2} \times \frac{1}{3} = \frac{1}{6} \fallingdotseq 0.17$$

$$\Rightarrow \quad \boxed{1.7 \times 10^4} \, \text{Pa}$$

（別解） 混合気体を $V$, $T$ 一定で分けたときの圧力が分圧なので，その分けた図をかいてみます.

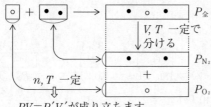

$PV=P'V'$ が成り立ちます

分けられた $O_2$, $N_2$ のそれぞれの気体についてみると，$n$, $T$ 一定なので，$PV=P'V'$ が成り立ちます．

$O_2$ について　$1\times1=P_{O_2}\times6 \Rightarrow P_{O_2}=\dfrac{1}{6}\fallingdotseq0.17$

$\Rightarrow P_{O_2}=\boxed{1.7\times10^4}\,Pa$

**(3)**

| 27℃ | | 327℃ | | 127℃ | |
|---|---|---|---|---|---|
| $\boxed{O_2}$ | $+$ | $\boxed{N_2}$ | $\longrightarrow$ | $O_2$ | $N_2$ |
| 2L | | 1L | | 3L | |
| 1.0 | | 2.0 | | $P_全$ | ⇐圧力($\times10^5$Pa) |

　この場合，$N_2$，$O_2$ のモル比は $n=PV/RT$ より，$PV/T$ の比をとると求まります

モル比　$\dfrac{N_2}{O_2}=\dfrac{\dfrac{2\times1}{600}}{\dfrac{1\times2}{300}}=\dfrac{1}{2}$　$\Rightarrow$　$O_2$ のモル分率$=\dfrac{2}{3}$

よって，

$P_{O_2}=P_全\times\dfrac{2}{3}$

$V_{O_2}=3\times\dfrac{2}{3}=\boxed{2}\,L$

$P_全$について，今の場合 $PV/T$ がモルの代用となりますから

$\dfrac{2\times1}{600}+\dfrac{1\times2}{300}=\dfrac{P_全\times3}{400}$　$\Rightarrow$　$P_全=\dfrac{4}{3}$

よって，

$P_{O_2}=\dfrac{4}{3}\times\dfrac{2}{3}=\dfrac{8}{9}\fallingdotseq0.89$　$\Rightarrow$　$\boxed{8.9\times10^4}\,Pa$

(別解)

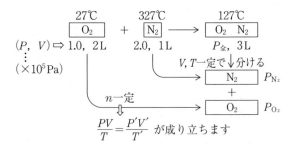

O₂, N₂, それぞれ分離された気体について $n$ 一定なので, $PV/T = P'V'/T'$ が成り立ちます.

O₂ について    $\dfrac{1 \times 2}{300} = \dfrac{P_{O_2} \times 3}{400}$ ⇨ $P_{O_2} = \dfrac{8}{9} \fallingdotseq 0.89$

⇨ $P_{O_2} = \boxed{8.9 \times 10^4}$ Pa

---

┌─── **《気体反応の量の計算》** ───────────────

69  気体Aと気体Bは混合しても反応しないが, 点火すると反応式 A+B → C で表される反応をして, 気体Cとなる. 以下の(1)～(4)について, 反応後の混合気体の量を求めよ.

(1) A 2 mol と B 1 mol を混合し反応を完結させたときの物質量

(2) 同温, 同圧で A 3 L と B 1 L を混合して反応を完結させたときの体積

(3) 容積, 温度一定の容器に混合気体(AとBのモル比 2：3)を 1.0 × 10⁵ Pa で入れて, 反応を完結させたときの圧力

(4) 27 ℃, 1.0 × 10⁵ Pa で 2 L の A と 27 ℃, 3.0 × 10⁵ Pa で 1 L の B を混ぜて反応を完結させて, 327 ℃, 4 L としたときの圧力

└──────────────────────────────────

**解 説**　いずれでも A+B → C の反応が起こり, 変化量の モル比は A：B：C＝1：1：1 です.

**1**

|   | A | + | B | → | C | 全 |
|---|---|---|---|---|---|---|
| 前 | 2 |   | 1 |   | 0 | 3 |
| 変 | −1 |   | −1 |   | +1 | −1 |
| 後 | 1 |   | 0 |   | 1 | $\boxed{2}$ |

}単位は mol

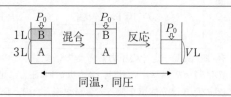

すべて，同温，同圧で体積を考えていますから，このとき $n$ $= PV/RT = V \times k$ $(k = P/RT)$，つまりモルは体積に比例します．そこで

| | A | + | B | → | C | 全 |
|---|---|---|---|---|---|---|
| 前 | $3k$ | | $k$ | | $0$ | $4k$ |
| 変 | $-k$ | | $-k$ | | $+k$ | $-k$ |
| 後 | $2k$ | | $0$ | | $k$ | $3k$ |

（単位は mol）

のように(1)と同様にして mol で計算し，反応後は $3k$ モルとなるので，$3k = V \times k$ より，$V = \boxed{3}$ L と求めることができます．ただ，この $\boxed{\phantom{x}}$ で囲ってある数値は

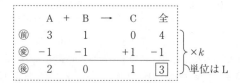

| | A | + | B | → | C | 全 |
|---|---|---|---|---|---|---|
| 前 | $3$ | | $1$ | | $0$ | $4$ |
| 変 | $-1$ | | $-1$ | | $+1$ | $-1$ |
| 後 | $2$ | | $0$ | | $1$ | $\boxed{3}$ |

（×$k$　単位はL）

のように $\vdots$ で囲ってある数値のすべてを $k$ 倍したものです．そして，この $\vdots$ で囲ってある数値は体積(L)の値です．つまり，この場合，**体積とモルは比例関係にあるため，体積をいちいちモルに直して変化量を追い，再び体積に直すというようなめんどうなことをしなくても**，「A 3 L と B 1 L で反応させると，それぞれ 1 L なくなって，A 2 L，B 0 L，C 1 L となり，合計 $\boxed{3}$ L となる」というような**体積だけを使った計算ができる**のです．

　ところで，反応は実際は気体が混合しているところで起こっていますから，反応後 A 2 L，C 1 L あるといっても，それは，分離したらという意味です．したがって，体積を使って反応量を追うとき

　**分体積の場を使って計算している**

ということができるでしょう．

[3]

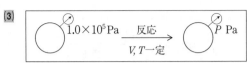

体積，温度一定での圧力を考えています．このとき，$n = PV/RT = P \times k \, (k = V/RT)$，つまりモルは圧力に比例します．(2)のときは分体積を使って体積が追えたのと同様にして，今度は分圧を使って圧力を追うことができます．まず，反応前 A，B の分圧は

$$P_A = 1 \times \frac{2}{5} = 0.4 \, (\times 10^5 \, \mathrm{Pa}), \quad P_B = 1 \times \frac{3}{5} = 0.6 (\times 10^5 \, \mathrm{Pa})$$

です．そこで，圧力の単位を $\times 10^5 \, \mathrm{Pa}$ として，

| | A | + | B | → | C | 全 |
|---|---|---|---|---|---|---|
| 前 | 0.4 | | 0.6 | | 0 | 1 |
| 変 | −0.4 | | −0.4 | | +0.4 | −0.4 |
| 後 | 0 | | 0.2 | | 0.4 | 0.6 ⇒ $\boxed{6.0 \times 10^4}$ Pa |

[4]

$$
\begin{array}{ccc}
27℃ & 27℃ & 327℃ \\
Ⓐ + Ⓑ & \xrightarrow[\text{反応}]{\text{混合}} \xrightarrow{\text{温度↑}} & ◯ \\
2\mathrm{L} \quad 1\mathrm{L} & & 4\mathrm{L} \\
1.0 \quad 3.0 & & P ⇐ 圧力 \\
& & (\times 10^5 \, \mathrm{Pa})
\end{array}
$$

この場合，A と B の温度以外すべて異なっているので，反応結果を知るためには，結局モルを出す必要がある感じです．でも，工夫の余地はあります．まず，反応完了時 27℃，4 L としたときの圧力（左図の [ ] の状態）を求めてみましょう．このとき，$T$ のみが一定ですから，$n = PV/RT = k \times PV$ $(k = 1/RT)$，つまり，モルは $P \times V$ に比例しています．そこで，

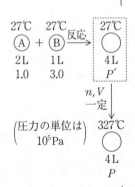

$$
\begin{array}{c}
27℃ \quad 27℃ \quad \boxed{27℃} \\
Ⓐ + Ⓑ \xrightarrow{\text{反応}} ◯ \\
2\mathrm{L} \quad 1\mathrm{L} \quad 4\mathrm{L} \\
1.0 \quad 3.0 \quad P' \\
\downarrow n, V \text{一定} \\
\left(\begin{array}{c}\text{圧力の単位は}\\ 10^5 \mathrm{Pa}\end{array}\right) \quad \begin{array}{c}327℃\\ ◯ \\ 4\mathrm{L} \\ P\end{array}
\end{array}
$$

| | A | + | B | → | C | 全 | |
|---|---|---|---|---|---|---|---|
| $PV$ の値 前 | $1 \times 2$ | | $3 \times 1$ | | 0 | 5 | 単位は |
| 変 | −2 | | −2 | | +2 | −2 | $10^5 \, \mathrm{Pa \cdot L}$ |
| 後 | 0 | | 1 | | 2 | 3 | |

そこで，27℃，4 L で $P' \times 10^5$ Pa とすると

$$P' \times V = P' \times 4 = 3 \quad ⇒ \quad P' = 3/4$$

となります．そして，この気体を $n, V$ 一定で温度を 327℃ まで上げると，$P/T = P'/T'$ が成り立ちますから，このときの圧力 $P$ は

$$\frac{3/4}{300} = \frac{P}{600} \quad ⇒ \quad P = 1.5 ⇒ \boxed{1.5 \times 10^5} \, \mathrm{Pa}$$

と求まります．

## ④ 実在気体と理想気体
### ⑴ 気体の条件と理想気体

> 気体の "心" とは何ですか？

　私たちが物質を見て，これが固体，液体，気体のいずれであるか判定するとき，主に**圧縮**と**変形**の難易によるでしょう．もちろん，気体はいずれも容易です．ミクロレベルでそれがどのようにして支えられているのかは長い間なぞでしたが，約100数十年ぐらい前にやっとわかるようになりました．まず，圧縮が容易なのは，気体の体積 $V$ に対して気体粒子自身の持つ体積（1個あたり $v$ で，$N$ 個あれば $v \times N$）が圧倒的に小さくて，ほとんどスカスカの状態であるからです．

$$v \times N \ll V \qquad \cdots\cdots ①$$

| | 圧縮 | 変形 |
|---|---|---|
| 固体 | 難 | 難 |
| 液体 | 難 | 易 |
| 気体 | 易 | 易 |

　そして，ほとんどスカスカなのになぜ押しつぶされず，また変形が容易であるのかといえば，各気体粒子が，粒子間に働く引力（$f$）を十分にふり切るだけの運動エネルギーを持っていて，ほとんど自由に飛び回って壁に衝突して圧力を生じているからです．

$$f によるエネルギー \ll 運動エネルギー \qquad \cdots\cdots ②$$
（絶対温度に比例）

ほとんどスカスカ
$$\Longleftrightarrow v \times N \ll V$$

　物質が気体状態でいられる条件（気体の"心"）はこの①，②ということが言えそうです．

　では，どんなに圧縮されても，またどんなに寒くなっても，この気体の"心"を失わない気体はあるのでしょうか．もちろんそんな物質は存在しません．圧縮すれば，①の条件があやしくなりますし，温度を下げていくと，②の条件があやしくなるからです．①，②がどんなときでも成り立つとすれば，

$$v = 0, \quad f = 0$$

の場合だけです．気体粒子の体積 $v$ が 0 になったり，気体粒子間の引力が 0 になったりすることは絶対にありませんから，そんな気体は**実在**（real）しません．で

ほとんど自由運動
$$\Downarrow$$
$f$ によるエネルギー
$$\ll$$
運動エネルギー

も，いついかなる条件でも，気体である"心"を失わないこの気体は，まさに気体の鏡，**理想**(ideal)であり，理想気体といいます．理想気体は実在はしませんが，もし気体が理想的にふるまえばこうなるということを示すわけですから，実在する気体が実際は気体の"心"からどれくらいズレているのかなどをチェックできます．その点からも，理想気体の挙動を考えることは極めて大切なこととなります．

## (2) 実在気体を理想気体に近づける条件

実在する気体について，$v=0$, $f=0$ とすることはできません．ただ，事実上 $v \fallingdotseq 0$, $f \fallingdotseq 0$ と言える条件にすることはできます．まず，

$$v \times N \ll V \quad \cdots\cdots \text{①} \quad \text{において，}$$

$$\left.\begin{array}{c} V \to \infty \\ N \to 0 \end{array}\right\} \quad \Longleftrightarrow \quad \frac{N}{V} \to 0$$

のような状況にすれば，$v$ の値が少々大きくても ①式は成り立ち，気体の理想に近づきます．

また，$V \to \infty$, $N \to 0$ となれば，気体粒子間は離れていきますから，$f$ は $0$ に近づいて $f$ によるエネルギーが $0$ に近づき，

$$f \text{によるエネルギー} \ll \text{運動エネルギー} \quad \cdots\cdots \text{②}$$

も成り立つようになります．

以上より，実在気体を理想気体に近づける条件は $N/V \to 0$ とすることができます．

ところで，$N/V$ は単位体積あたりの粒子数ですから，これが $0$ に近づくと，壁に衝突する粒子数が $0$ に近づきますから圧力が $0$ に近づいていきます．そこで，実在気体を理想気体にする条件として，

**圧力を $0$ に近づける**

ということができます．

一方，② の条件は，温度が高いほど満たされます．そこで，

**温度を上げる**

ことも，実在気体を理想気体に近づける条件です．

**高温・低圧で実在気体は理想気体に近づく．**

### (3) 実在気体の状態方程式

$T$ K, $n$ モルの理想気体の圧力，体積を $P_i$，$V_i$，実在気体の圧力，体積を $P_r$，$V_r$ を表すことにしますと，まず，理想気体については

◀ i : ideal

◀ r : real

$$P_i \times V_i = nRT \qquad \cdots\cdots①$$

が成り立ちます．そこで，$P_r$，$V_r$ と $P_i$，$V_i$ との違いを何らかの方法で評価すれば，実在気体の状態方程式を導くことができます．

### <方法1>

実在気体では，**自分の体積によって自由に運動できる空間が減っています**．したがって，

"俺これから理想気体になるし"

と宣言したときは，$V_r$ の中で利用できない空間の量——これは，$n$ に比例するので $b \times n$ と表すことにします——を放棄することが必要です．

$$V_i = V_r - nb \qquad \cdots\cdots②$$

一方，実在気体では**粒子間に引力があり，それは壁に衝突する力を減らしています**．そこで，

"俺これから理想気体になるし"

と宣言したときは，実際の圧力 $P_r$ に目減りした圧力 $\Delta P$ を加えなくてはなりません．

$$P_i = P_r + \Delta P$$

この $\Delta P$ は，粒子間が近づく(or 衝突する)頻度と分子間力に比例すると考えられます．前者は $(n/V) \times (n/V)$ に比例すると考えてよいので

$$P_i = P_r + a\left(\frac{n}{V}\right)^2 \qquad \cdots\cdots③$$

②，③ を ① に代入して，

$$\left(P_r + a\left(\frac{n}{V}\right)^2\right)(V_r - nb) = nRT \qquad \cdots\cdots④$$

この式はファンデルワールスさんが導いたことより，

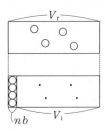

◀$b$ は気体粒子の体積に比例する，各気体に固有な定数です．

◀$a$ は気体粒子間の引力に関係する各気体に固有な定数です．

ファンデルワールス ▶
（1837 年～ 1923 年）
（オランダ）

ファンデルワールスの状態方程式と呼ばれます．この式を使って，実在気体の挙動がうまく説明されることがわかったことより，1910 年彼はノーベル賞を受賞しました．また，この式の中の $a$ の値は，分子間の引力に関係する量ですが，この値の検討を通じて分子間力についての知識が深まりました．今日，分子間力のことを**ファンデルワールス力**と言うことが多いのは，このためです．

### <方法2>

この方法では，$P_r = P_i$ となる条件で，$V_r$ と $V_i$ の関係のみを考えます．**$P_r = P_i$ で考えると，分子間に引力がある効果は粒子間が縮まって体積が減少することに現れます．** そこで

"俺これから理想気体になるし"

と宣言したからには実際の体積 $V_r$ にその減らしていた分 $\Delta V$ を加えなくてはなりません．

$$V_i = V_r - nb + \Delta V \qquad \cdots\cdots ⑤$$

この $\Delta V$ は，分子間力が大きいほど大きく，また，温度が高ければ小さいでしょう．よって，簡単には

$$\Delta V = \frac{a}{RT} \qquad \cdots\cdots ⑥$$

のように表すことができそうです．① に ⑤，⑥ を代入して，

$$P_r \times \left( V_r - nb + \frac{a}{RT} \right) = nRT \qquad \cdots\cdots ⑦$$

が得られます．

### (4) 実在気体の理想気体からのズレの考察

この考察は，一般には実在気体の状態方程式（式 ④，⑦ 等）を使って行われます．ただ，もっと直感的で簡単な考察は，理想気体では，$z = PV/nRT$ は必ず 1 になりますから，この $z$ の値が実在気体でどうなっているかをグラフで表して行います．その際，実在気体でも，$P \to 0$ では理想気体に近づいて $z \to 1$ となりますから，圧力 $P$ を横軸にしたグラフになります．

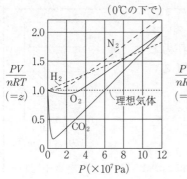

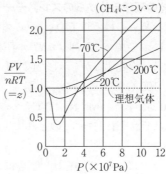

　図には 2 パターンあることにまず留意して下さい.

　左図は, 同じ温度で, 気体の種類での違い がわかる
ようになっています. 右図では, 同じ気体で, 温度の
違い がわかるようになっています.

　まず, 実在気体は理想気体とずい分違うという印象
を持ちそうですが, 圧力の数値を見て下さい. $10^7$ Pa
とか $10^8$ Pa とかそんな高い圧力のときなのです. 実
際, 私たちが計算をしているのは, このグラフでは
$P=0$ 付近ですから, 十分に理想気体として扱ってよ
いのです.

◀大気圧は, 通常 $10^5$ Pa ぐら
　いです.

　さて, このグラフを考察するとき, まずは

　　　　$n$, $P$, $T$ 一定で実在気体と理想気体を比べる

ようにしましょう. そうすればこのとき, 実在気体と
理想気体で体積のみが違うので

$$z=\frac{PV_r}{nRT}, \qquad 1=\frac{PV_i}{nRT} \Rightarrow z=\frac{V_r}{V_i}$$

のようにして, $z$ は単に 実在気体の体積が理想気体の
体積の何倍かを示す値 であることがわかります.

　そして, 一般に

　　　　分子間力の効果は　　$V_r<V_i$ をもたらし

　　　　分子の体積の効果は　$V_r>V_i$ をもたらします

から, $z<1$ のときは分子間力の効果が優勢であり,
$z>1$ のときは分子の体積の効果が優勢であると判断
することができます.

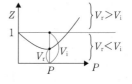

---

## 《実在気体の理想気体からのズレ》

70 右図の曲線 ①〜④ は，以下の (i)〜(iv) のいず
れかの気体についての $z = PV/nRT$ が圧力と
ともにどのように変化するかを示した図である．

  (i)  $CO_2$, 100℃    (ii)  $CO_2$, 0℃

  (iii)  $H_2$, 0℃    (iv)  $N_2$, 0℃

(1)  ①〜④ はそれぞれ (i)〜(iv) のどれに対応す
るか．

(2)  ④ のグラフについて，圧力とともに $z$ がまず減少し，ある圧力以
上になると増加していく理由を説明せよ．

**解説** [1]  先に述べたように，$z = PV/nRT$ は $n$, $P$, $T$
一定で理想気体と比べることによって，$z = V_r/V_i$ の値，つま
り，実在気体は理想気体の何倍になっているかを与える値と見
なすことができます．そして，

  **分子間に引力がある効果は $V_r < V_i$** をもたらし，

  **分子に体積がある効果は $V_r > V_i$** をもたらします．

  今，圧力 $0 \sim 2 \times 10^7$ Pa あたりの値を見ると，③ と ④ は $z$
がかなり１より小さいので，分子間力が大きい気体と推定でき
ます．一方，② は $z > 1$ であり，これは分子間力は小さく，
ここでは体積の効果が主に出ていると考えられます．

  ところで，$H_2$, $N_2$, $CO_2$ はいずれも無極性分子であり，分子
間力は分子量とともに大きくなると考えられます．以上より，

  ③, ④ は $CO_2$,

  ② は $H_2$, 0℃ … (iii)

  ① は $N_2$, 0℃ … (iv)

となるでしょう．さて，③, ④ では $z$ の値は ③ のほうが大き
いです．そこで ③ は $CO_2$, 100℃ …(i)，④ は $CO_2$, 0℃
…(ii) と決まります．なぜなら，温度が高いほど分子間力に
よって体積が減少する効果が減ると考えられるからです．

[2] **【解答例】** 圧縮していくと，まずは分子間が接近して分子
間力が増加し分子間力によって気体の体積が減少する効果が大
きくなっていく．しかし，ある程度まで圧縮が進むと，分子自
体の体積の効果によって気体の体積が理想的には小さくなれな
くなっていくから．

# 3 状態変化

　コップの中に入れた氷が融けていく，冬の寒い日に路面が凍る，山の頂上付近に雲ができる，お湯を沸騰させ続けると水がどんどん減ってくる……，私たちが日常的に見かける状態変化は，ほとんどこんな水についてのものです．これらの現象は，自然の観察から始まる理科教育にとってとても大切なことなので，皆さんは小学校以来いろいろと学んできたと思います．その際，空気が上昇すると温度が下がり，過飽和となった水蒸気が小さな水滴となって雲となる，というような状態変化についての説明も当然習いましたね．このような説明に対し，それほど難しさを感じたことはなかったでしょう．

　ところが，大学の入試問題等の中で状態変化に関係したことが問われると，それに対する正答率は極端に悪くなります．その原因の1つには，多くが気体法則を使う計算問題となっていて，その

　　**気体法則の使い方がマスターできていない**

ことがあります．

　ただ，それ以前にもっと重大なことが理解されていないという事実があります．まず，大学入試では状態変化をする物質は水に限りません．そして，大気中という開放系における水の状態変化と違って，たいてい密閉容器中という密閉系での状態変化を扱うことが多いです．ところが，このような系での実験や観察は高校生のほとんど誰もしていません．ですから，

　　**このような密閉系で物質がどのように状態**
　　**が変化するかなかなかイメージが持てない**

のです．そこで，このイメージが持てるようになるトレーニングをしましょう．まず，次の (1)〜(5) の5つのパターンがあることを確認することから始めます．

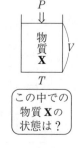

この中での
物質 **X** の
状態は？

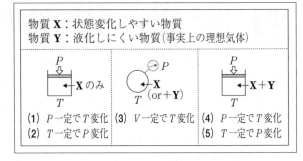

*v* : vapor pressure ►
（蒸気　圧　）

さて，物質 **X** が容器内でどの様な状態になるかを
知るのに，**X** が気液平衡状態になっているときの **X**
の圧力 ⟺ （飽和）蒸気圧($P_{\mathbf{X},v}$)と，**X** が仮にすべて気
体であったとして算出された **X** の圧力 $\widetilde{P}_{\mathbf{X}}$ を比較して，

$$\widetilde{P}_{\mathbf{X}}>P_{\mathbf{X},v} \quad\cdots\cdots 過飽和 \Rightarrow 凝縮起こる$$
$$\widetilde{P}_{\mathbf{X}}=P_{\mathbf{X},v} \quad\cdots\cdots 飽和 \quad\Rightarrow 気体のまま$$
$$\widetilde{P}_{\mathbf{X}}<P_{\mathbf{X},v} \quad\cdots\cdots 不飽和 \Rightarrow 気体のまま$$

と判断する方法があります. ただ，この方法は液体が
生じるかどうかは教えてくれますが，最終的な状態
（すべて液体なのか，一部液体なのか等）まではわから
ないという欠点があります.

一方，**X** の状態が最終的にどうなるかは **X** の状態
図を使えばわかるはずです. 確かに **X** の状態図は，
たいてい問題文に与えられてはいません. でも，どの
物質の状態図も左図のようになることがわかっていま
したね. そこで状態図を使って，一般的に状態変化の
様子を知ることができるはずです. ここでは，この方
針で状態変化のイメージを持てるようにしましょう.

**X** の状態図

（☞ p. 252 ～ 254)

### (1) 物質 **X** のみ，$P_0$ 一定で *T* 変化

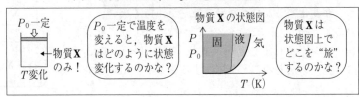

　まず，物質 **X** の状態図の中に $P_0$ 一定で $T$ が変化したときの経路を書き込んでみましょう．

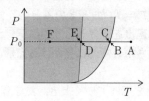

　この図より，温度を $T_A$ から $T_F$ まで徐々に下げていくと物質 X は $T_A \sim T_B$ で **気体**，$T_B = T_C$ で **気液共存**，$T_C \sim T_D$ で **液体**，$T_D = T_E$ で **液固共存**，$T_E \sim T_F$ 間で **固体** となることがわかります．『な〜んだ，気体→液体→固体と変化することぐらい，いちいち状態図を使わなくてもわかる常識じゃないか』と思う人もいるでしょう．でも，せっかちにならないで下さい．ここからが大切なんです．

　確かに私たちは，物質の状態変化を追跡しています．しかし，今，$P$，$V$，$T$，$n$ の中で，$P$，$n$ は一定ですから，温度 $T$ が変化しているときに，変化しているのは **体積 $V$** のみで，この体積が温度とともに減少していく様子を見ているはずです．この体積は状態図の中にはありませんから，イマイチ起こっている変化がイメージできなかったのです．そこで，**温度とともに体積がどのように変化するかを表す図をかいてみましょう**．$T_A \sim T_B$ 間は気体です．そして，この間 $n$，$P$ 一定ですから，$V = k \times T$，つまり，体積は絶対温度に比例して減少していきます．$T_B = T_C$ で気体がすべて液体に変化します．そして，一般に液体の体積は気体の体積に比べて圧倒的に小さいので事実上 0 になります．そしてそれ以降液体が固体に変わっても，この事実上体積が 0 である状況は続きます．

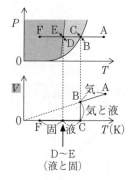

　ここで，ある気体を容器に入れ，圧力一定のもとで温度を下げていったときそれが液体に変化するのは，

298

たった一点の温度(図では $T_B = T_C$)だけになることに注意しましょう. $T = T_B = T_C$ より少しでも高い温度では気体のみ, 低い温度では液体のみ, 気液が共存できるのは $T=T_B=T_C$ のときのみという結果は, 空気中の水蒸気が温度を下げるとともにジワジワ液体になるという私たちが日常的に見かける光景とは決定的にちがいますね.

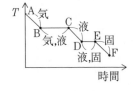

なお, 温度を下げていくとき, 熱を奪っています. そして, 気体から液体, 液体から固体に変化するときは, 特に多くの熱を奪う必要がありますから, この状態変化が開始してから終了するまでには時間がかかります. そこで, 時間を横軸, 温度を縦軸にとって, グラフで表すと左図のようになります.

### (2) 物質 X のみ, $T_0$ 一定で $P$ 変化

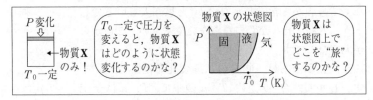

$T_0$ 一定で, $P$ 変化したときの経路は下図のようです.

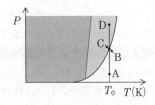

この図より, 圧力を $P_A$ から $P_D$ まで徐々に上げていくと物質 X は, $P_A$〜$P_B$ 間で気体, $P_B = P_C$ 間で気液共存, $P_C$〜$P_D$ 間で液体となることがわかります. ここでも, $P$, $V$, $T$, $n$ の中で $T$, $n$ 一定なので, 圧力 $P$ が変化したとき変化しているのは体積 $V$ のみで, 私たちはこの体積の減少していく様子を見ていること

に注意しましょう．そこで，この場合も，**圧力ととも**
**に体積がどう変化するかを図にしてみましょう**．$P_A$
$\sim P_B$ 間は気体で，$n$，$T$ 一定です．そこで，$PV=k$，
つまり体積は圧力に反比例して減少していきます．
$P_B=P_C$ 間では気体がすべて押しつぶされて液体にな
ります．もちろん，このとき放出される凝縮熱を除い
ていく必要がありますから，一気に液体になるのではな
く，ある程度時間をかけて液体に変化していきま
す．$P_C\sim P_D$ では液体で，このときの体積は気体時の
体積に比べて事実上 0 ということになります．以上よ
り，右図のような図が得られます．ここでも，**液化は**
**ジワジワでなく突然 $P_B= P_C$ の圧力のときのみで起**
**こり**，$P<P_B$ では気体のみ，$P>P_C=P_B$ では液体のみ
であることに十分注意を払って下さい．

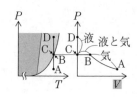

### (3) $V_0$ 一定，$T$ 変化

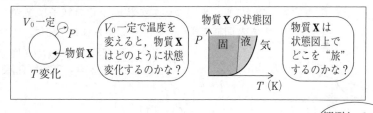

　今度は，$P$，$V$，$T$，$n$ の中で，$V$ と $n$ が一定ですか
ら，温度 $T$ を変化させたとき圧力 $P$ が変化します．
私たちが観測しているのは**圧力 $P$** です．この観測結
果は，状態図の中に記入することができます．ただ
し，気体を体積一定の容器に入れて冷却して液体や固
体が生じたとしても，**必ず気相が残ります**から，気液
共存か気固共存になります．すなわち，

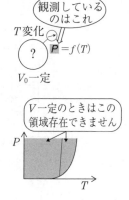

　　**$V$ 一定 のときには，状態図の中で，固のみの領**
　　**域，液のみの領域，は存在し得ない**

のです．このことをしっかり確認しておきましょう．
　さて，気体領域にあるときは，$n$，$V$ 一定 なので $P$
$=k\times T$，すなわち，圧力は温度に比例して減少して

---

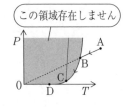

この領域存在しません

いきます．そして，気液の境界線と交わると（左図B点），ここから液化が始まります．ただし，体積一定なのですべて液体になることはなく，**温度とともに気液共存を保ちながらジワジワと液体が増加していきます**．すなわち，気液共存線（蒸気圧曲線，曲線BC）に沿って圧力が減少していきます．そして，C点になると固体が生じ始め，そこですべての液体が固体に変化したあと気固共存線（昇華圧曲線，曲線CD）に沿って変化していきます．

体積が一定であるということは，外圧がいくらであってもこわれない頑丈な容器でできているということです．それに守られて気相が存在できるため，このように温度とともにジワジワと液化が進むことができたのです．

なお，$V$ 一定の容器の中に液化しやすい物質 $X$ 以外に液化しにくい物質 $Y$（事実上の理想気体）が混在していても，$X$ についての状態変化の様子は $Y$ がないときと同様です．そこで，観測される圧力は

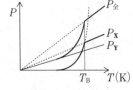

$$P_\text{全} = \begin{cases} P_X \cdots \begin{cases} T > T_B \text{ のとき } \quad n_X RT/V_0 \\ T < T_B \text{ のとき } \quad \text{蒸気圧曲線} \end{cases} \\ + \\ P_Y \cdots n_Y RT/V_0 \end{cases}$$

### (4) 液化しにくい気体 Y の共存，$P_0$ 一定で $T$ 変化

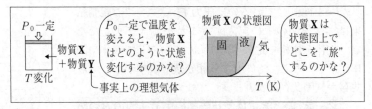

$P_0$ 一定で温度を変えると，物質 $X$ はどのように状態変化するのかな？

物質 $X$ の状態図

物質 $X$ は状態図上でどこを"旅"するのかな？

（1）と同じように圧力一定でも，今度は事実上の理想気体 $Y$ が混在しています．そこで，まず注意しなくてはならないのは事実上の理想気体 $Y$ の存在で，容器内には必ず気相が存在するため，$X$ のみならEばす

べて **X** が液体や固体になっているような温度でも **X** がすべて液体や固体になることはあり得ず，そのときは，必ず気液共存や気固共存の状態になっていることです．つまり，$V$ 一定のときと同様に，物質 **X** について固体のみ，液体のみの領域は存在し得ないのです．

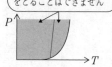

事実上の理想気体が共存しているときは **X** はこの領域をとることはできません

さて，まず，**X** が気体のときから温度を下げていくことにしましょう．**X** の液化が始まる温度を $T_B$ とします．この温度までは，**X** はもちろん **Y** も気体ですから **X** と **Y** の気相でのモル比は不変です．そこで，全圧も一定に保たれていますから，温度が下がっていっても，**X** と **Y** の分圧は一定に保たれます．

$$P_{\mathbf{X}} = \frac{n_{\mathbf{X}}}{n_{\mathbf{X}}+n_{\mathbf{Y}}} \times P_0 = 一定$$

$$P_{\mathbf{Y}} = \frac{n_{\mathbf{Y}}}{n_{\mathbf{X}}+n_{\mathbf{Y}}} \times P_0 = 一定$$

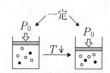

温度を下げても **X** の液化が起こらなければ，気相中での **X** と **Y** のモル分率は変化しませんから，分圧 $P_{\mathbf{X}}$，$P_{\mathbf{Y}}$ は変化しません．もちろん気体の全体積は減っていきます．

そして，$T$ が $T_B$ より下がると，**X** の一部は液化し始めて，**X** は気液共存の状態になり，**X** の分圧 $P_{\mathbf{X}}$ は気液境界線（蒸気圧曲線 $P_{\mathbf{X},v}(T)$ で表します）に沿って減少していきます．ただし，全圧は一定 $P_0$ ですから，その分 **Y** の分圧 $P_{\mathbf{Y}}$ が増加します．

◀ $v$：vapor pressure
（蒸気　　圧　）

$$P_{\mathbf{X}} = P_{\mathbf{X},v}(T)$$
$$P_{\mathbf{Y}} = P_0 - P_{\mathbf{X},v}(T)$$

まとめると，$P_{\mathbf{X}}$，$P_{\mathbf{Y}}$ は右図のように変化します．

なお，このとき観測される体積 $V$ は，

$T>T_B$ では，$n$，$P$ 一定ですから　$V=k \times T$

$T<T_B$ では，**Y** に注目して，

$$V = \frac{n_{\mathbf{Y}}RT}{P_0 - P_{\mathbf{X},v}(T)}$$

で表されます．

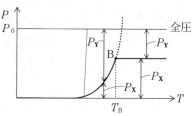

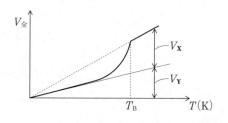

### (5) 液化しにくい気体 Y の共存，$T_0$ 一定で $P$ 変化

(2)と同じように $T_0$ 一定でも，今度は事実上の理想気体 Y が混在しています．このとき，(4)と同様，事実上の理想気体 Y によって，容器内には必ず気相が存在します．そこで，X のみならば液化するような圧力でも，X がすべて液体になることはあり得ず気液共存の状態となります．すなわち，このときもまた，**X の固体のみ，液体のみの領域は存在し得ないのです**．そこで，X については左図のように変化します．

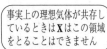

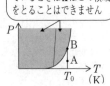

さて，X が気体のとき(図中 A 点)から始めて，徐々に圧力を上げていったときを考えてみましょう．まず，B 点に至る瞬間までは，X は気体のままです．そして，$n$，$T$ 一定ですから $PV =$ 一定，つまり $V$ は $P$ に反比例して減少していきます．この圧力以上になると，X の一部は液化します．ただし，このときの X の分圧 $P_X$ は B 点の圧力，つまり蒸気圧 $P_{X,v}(T_0)$ のままです．

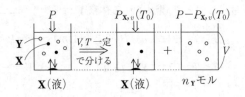

そこで，Y の分圧 $P_Y$ は
$$P_Y = P - P_{X,v}(T_0) \,(= n_Y R T_0 / V)$$
となりますから，このときの体積は，Y に注目して，

$$V = \frac{n_{\mathbf{Y}} R T_0}{P - P_{\mathbf{X}, v}(T_0)}$$

で与えられます．観測される $V$ と $P$ の関係を
図示すると右図のようになります．

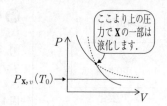

---

## 《状態変化の追跡》

71　右図1はメタノールの蒸気圧
曲線である．以下の問いに答え
よ．気体定数 $R = 8.3 \times 10^3$ Pa·
L/(mol·K) とする．

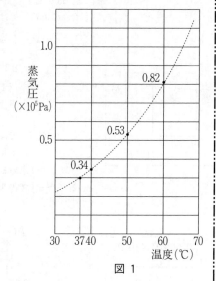

図 1

(1)　ピストンつきの容器に 1.0
mol のメタノールを入れて，1.0
$\times 10^5$ Pa の下で 40 ℃から 80 ℃
までゆっくりと加熱した．こ
のときの体積(L)を縦軸に，温
度を横軸にしたグラフをかけ．

(2)　ピストンつきの容器に 1.0
mol のメタノールを入れて，50
℃で 1.0 × 10^5 Pa から 0.20 ×
10^5 Pa まで変化させた．この
ときの体積(L)を縦軸に，圧力を横軸にしたグラフをかけ．

(3)　1.0 mol のメタノールを 40 L の容器に入れて 30 ℃から 70 ℃までゆ
っくりと加熱した．このときの圧力を縦軸に，温度を横軸にしたグラ
フをかけ．

(4)　0.50 mol のメタノールと 0.50 mol の Ar をピストンつきの容器に
入れた．

①　1.0 × 10^5 Pa の下でメタノールがすべて気体であるのは何℃以上か．

②　1.0 × 10^5 Pa，37 ℃のときメタノールの気体は何 mol か．また，全
気体の体積はいくらか．

③　60 ℃で全圧を何 Pa 以上にするとメタノールの液体が見られるか．

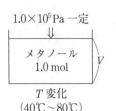

1.0×10⁵ Pa 一定

メタノール 1.0 mol

$T$ 変化
(40℃～80℃)

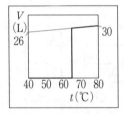

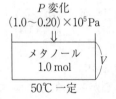

**解 説** ここでは蒸気圧曲線が与えられていますが，これは状態図の気液境界線です．

[1] **$P$ 一定で $T$ 変化** ですから，体積は一般に右図のように変化します．**図1**によると，蒸気圧が $1.0 \times 10^5$ Pa となるのは約 65℃ です．よって，

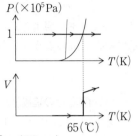

☆ $t > 65$℃ では気体

$$V = \frac{1.0 \times 8.3 \times 10^3 \times (273 + t)}{1.0 \times 10^5}$$

$$= 8.3 \times 10^{-2} \times (273 + t)$$

$$\left(\begin{array}{l} t = 80℃ \text{ で } V = 30\,\text{L} \\ t = 40℃ \text{ ですべて気体なら } V = 26\,\text{L} \\ \qquad \text{以上の 2 点を通る直線} \end{array}\right)$$

☆ $t < 65$℃ では液体

$V$ は事実上 0 L

以上より求めるグラフは，左図のようになります．

[2] **$T$ 一定で $P$ 変化** ですから，体積は一般に下図のように変化します．

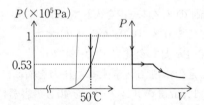

50℃での蒸気圧は，**図1**より $0.53\,(\times 10^5\,\text{Pa})$ です．よって，

☆ $P < 0.53 \times 10^5$ Pa では気体

$$V = 1.0 \times 8.3 \times 10^3 \times 323 / P$$

$$= 2.7 \times 10^6 / P$$

$P = 0.53 \times 10^5$ Pa ですべて気体のとき $V = 51$ L

$P = 0.20 \times 10^5$ Pa のとき $V = 135$ L

☆ $P > 0.53 \times 10^5$ Pa では液体

$V$ は事実上 0 L

問題文では $P$ を横軸，$V$ を縦軸にする指定がありますから，それに注意してグラフをかくと，左図のようになります．

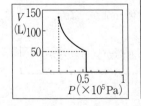

$P$ 変化
$(1.0～0.20) \times 10^5$ Pa

メタノール 1.0 mol

50℃ 一定

[3]　**$V$ 一定で $T$ 変化**ですから，一般には圧力は右図のように変化します．すべてが気体となる温度（右図中 A 点）はメタノールがすべて気体だったとしたら，圧力 $P$ が

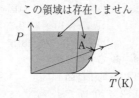

この領域は存在しません

$$P = 1.0 \times 8.3 \times 10^3 \times (273 + t)/40$$

という直線と蒸気圧曲線との交点です．この直線は，たとえば

・$t = 30(℃)$ で　$P = 0.63 \times 10^5 \, Pa$
・$t = 70(℃)$ で　$P = 0.71 \times 10^5 \, Pa$

の 2 点を結べば得られます．交点は約 55 ℃ です．よって

$t < 55(℃)$ では気液共存で，$P$ は蒸気圧曲線上

$t > 55(℃)$ では気体のみで，$P = 1 \times 8.3 \times 10^3 \times (273 + t)/40$

となります．グラフは右図の通りです．

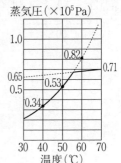

[4]　① モル比 1:1 のメタノールと Ar（事実上の理想気体）を $1.0 \times 10^5 \, Pa$ 下で温度を変化させたとき，右図のように各分圧が変化します．メタノールがすべて気体のとき，Ar とメタノールの気体のモル比は 1:1 ですから，$P_{Ar} = P_{メタノール} = 0.5 \times 10^5$ Pa です．蒸気圧が $0.5 \times 10^5$ Pa となるのは**図 1** より約 49 ℃ です．よって，$t > \boxed{49}$ (℃)でメタノールはすべて気体となります．

② $t = 37℃ < 49℃$ では，メタノールは気液共存の状態でそのときのメタノールの分圧は 37 ℃ の蒸気圧 $= 0.30 \times 10^5 \, Pa$（**図 1** より）です．このときの容器内の様子をかいてみると，下**図 a**のようです．

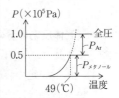

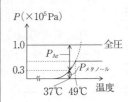

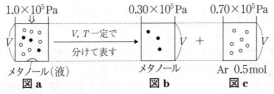

この混合気体を $V$，$T$ 一定で分けて表すと，**図 b**＋**図 c**のようになります．**図 b**と**図 c**を比べてみると $V$，$T$ 一定ですから，分圧比はモル比であることがよくわかりますね．そうです，気体のメタノールは

$$n_{Ar} \times \frac{0.3}{0.7} = 0.5 \times \frac{3}{7} = 0.21\cdots \Rightarrow \boxed{0.2} \, mol$$

また，このときの体積 $V$ は**図 c** に $PV=nRT$ を適用して，

$$0.70 \times 10^5 \times V = 0.50 \times 8.3 \times 10^3 \times (273+37)$$

$$V = 18.3\cdots \Rightarrow \boxed{18} \text{ L}$$

③ 60 ℃ でのメタノールの蒸気圧は**図 1** より $0.82 \times 10^5$ Pa です．全圧が $P$ Pa でかつ，メタノールがすべて気体であったとしたら

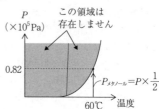

$$P_{メタノール} = P \times \frac{1}{2}$$

です．この値 が蒸気圧 $= 0.82 \times 10^5$ Pa を超えるとメタノールの液体が生じ始めます．

$$P_{メタノール} = \frac{P}{2} > 0.82 \times 10^5 \Rightarrow P > 1.64 \times 10^5 \text{ Pa}$$

$$\Rightarrow \boxed{1.6 \times 10^5} \text{ Pa 以上.}$$

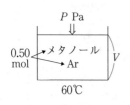

---

**《気体反応の量の追跡》**

72 モル比 $O_2/C_2H_4 = 4.0$ の混合気体がある．

(1) 体積一定の容器に混合気体 $1.00 \times 10^5$ Pa を入れて，これを完全燃焼させた後に圧力を測定する．

(2) 圧力 $1.00 \times 10^5$ Pa に保たれたピストンつきの容器に混合気体 5.0 L を入れて，これを完全燃焼させた後に体積を測定する．

反応前後の温度を (i) 29 ℃，(ii) 79 ℃ で測定した場合，反応後の気体の量（(1)の場合は圧力，(2)の場合は体積）はいくらか．ただし，水の蒸気圧は 29 ℃ では $0.04 \times 10^5$ Pa，79 ℃ では $0.45 \times 10^5$ Pa で，気体は水に溶けないとする．

**解説** $C_2H_4 + 3O_2 \longrightarrow 2CO_2 + 2H_2O$

の反応が起こるので，これによるモル数の変化を追う必要があります．さらに，生じた $H_2O$ は液体になりやすい物質ですから，$H_2O$ の状態がどうなっているかのチェックも必要です．

[1]

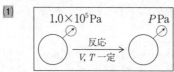

$V, T$ 一定で気体の量を考えています．このとき，$P = k \times n$ が成り立ちますから，分圧を使って，各気体の量を追うことができます．反応前

$$P_{C_2H_4} = 1.00 \times (1/5) = 0.20 (\times 10^5 \, \text{Pa})$$
$$P_{O_2} = 1.00 \times (4/5) = 0.80 (\times 10^5 \, \text{Pa})$$

です．そこで，反応後の圧力は $10^5 \, \text{Pa}$ の単位で

| | C$_2$H$_4$ | + 3O$_2$ | → 2CO$_2$ | + 2H$_2$O (気) | 全 |
|---|---|---|---|---|---|
| 前 | 0.20 | 0.80 | 0 | 0 | 1.00 |
| 変 | $-0.20$ | $-0.60$ | $+0.40$ | $+0.40$ | 0 |
| 後 | 0 | 0.20 | 0.40 | 0.40 | 1.00 |

となります．ただし，これは，$H_2O$ がすべて気体であったときの値です．このときの水の分圧 $\widetilde{P}_{H_2O} = 0.40 \times 10^5 \, \text{Pa}$ と 29 ℃，79 ℃ での水の蒸気圧 $0.04 \times 10^5 \, \text{Pa}$，$0.45 \times 10^5 \, \text{Pa}$ とを比べてみると，29 ℃ では，

$$\widetilde{P}_{H_2O} (= 0.40 \times 10^5 \, \text{Pa}) > P_{H_2O, v}(29 \, ℃)(= 0.04 \times 10^5 \, \text{Pa})$$

ですから，水蒸気は過飽和で，液体が生じます．ただし，$V$ 一定なので，すべては液化せず，気液共存の状態になり，$P_{H_2O}$ は水の蒸気圧 $= 0.04 \times 10^5 \, \text{Pa}$ となります．よって，

$$P_{\text{全}} = P_{O_2} + P_{CO_2} + P_{H_2O} = (0.20 + 0.40 + 0.04) \times 10^5$$
$$\overset{(i)}{= \boxed{0.64 \times 10^5}} \, \text{Pa}$$

一方，79 ℃ では

$$\widetilde{P}_{H_2O} (= 0.40 \times 10^5 \, \text{Pa}) < P_{H_2O, v}(79 \, ℃)(= 0.45 \times 10^5 \, \text{Pa})$$

ですから，$H_2O$ がすべて気体であることは OK です．そこで

$$P_{\text{全}} = \overset{(ii)}{\boxed{1.00 \times 10^5}} \, \text{Pa}$$

となります．

[2]

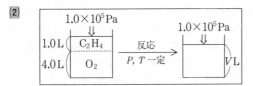

$P, T$ 一定で気体の量を考えています．このとき，$V = k \times n$ が成り立ちますから，分体積を使って各気体の量を追うことができます．反応前，

$$V_{C_2H_4} = 5.0 \times (1/5) = 1.0 \, \text{L}$$
$$V_{O_2} = 5.0 \times (4/5) = 4.0 \, \text{L}$$

です．そこで反応後の体積（L）は

| | $C_2H_4$ + | $3\,O_2$ | → | $2\,CO_2$ + | $2\,H_2O$（気） | 全 |
|---|---|---|---|---|---|---|
| 前 | 1.0 | 4.0 | | 0 | 0 | 5.0 |
| 変 | −1.0 | −3.0 | | +2.0 | +2.0 | 0 |
| 後 | 0 | 1.0 | | 2.0 | 2.0 | 5.0 |

となります．ただし，これは，$H_2O$ がすべて気体であったとき
の値です．このとき，水の分圧 $\widetilde{P}_{H_2O}$ は，体積比＝モル比 でも
あることより，

$$\widetilde{P}_{H_2O} = (1.00 \times 10^5) \times \frac{2.0}{5.0} = 0.40 \times 10^5\,Pa$$

となります．よって，29℃では，

$$\widetilde{P}_{H_2O}(=0.40 \times 10^5\,Pa) > P_{H_2O,v}(29℃)(=0.04 \times 10^5\,Pa)$$

となりますから，水は過飽和で液化します．ただし，$O_2$，$CO_2$
が存在しますから，水のすべてが液体になることはなく，一部
が液化して気液共存の状態になり，

$$\widetilde{P}_{H_2O} = P_{H_2O,v}(29℃) = 0.04 \times 10^5\,Pa$$

となります．最終の体積は，混合気体を水蒸気とそれ以外の気
体に分けると，その求め方がすぐ見つかります．

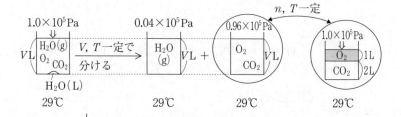

反応後の $O_2+CO_2$ の混合気体に注目すると，29℃，$1.00 \times 10^5\,Pa$ で $1+2=3\,L$ であったものが，29℃，$0.96 \times 10^5\,Pa$ で $V\,L$ になったと考えられます．この2つの気体量について $n$，$T$ 一定ですから，$PV=P'V'$ が成り立ちます．そこで

$$0.96 \times V = 1 \times 3 \ \Rightarrow \ V = 3.12\cdots = \boxed{3.1}\,L$$

一方，79℃においては

$$\widetilde{P}_{H_2O}(=0.40 \times 10^5\,Pa) < P_{H_2O,v}(79℃)(=0.45 \times 10^5\,Pa)$$

となりますから，$H_2O$ はすべて気体でOKです．よって，

$$V = \boxed{5.0}\,L$$

となります．

---

### 《液体物質の気化による分子量測定実験》

[73] 内容積が 100 mL の容器（右図）に約 1 g の液体物質 **A** を入れ，100 ℃で液体をすべて蒸発させて，容器内を蒸気で満たした．次に，これを室温まで冷却してから質量を測ったところ，空の容器よりも 0.500 g 重くなっていた．蒸気を理想気体とみなすと，液体物質 **A** の分子量はいくらか．ただし，気体定数は 8.31×10³ Pa・L/(mol・K) とし，室温 27 ℃で，液体物質 **A** の蒸気圧を 0.15×10⁵ Pa，空気の密度を 1.17 g/L で，大気圧は常に 1.00×10⁵ Pa とする．

**解説** 気体法則を使って分子量を求めるのですから，使う式は $M = WRT/PV$ に決まっています．問題は，温度は 27 ℃と 100 ℃の 2 つ，圧力も 0.15×10⁵ Pa と 1.00×10⁵ Pa の 2 つ，質量情報も約 1 g，0.500 g，空気の密度 1.17 g/L の 3 つの量があり，これらをどう用いればよいかです．まずは，この実験で容器の中身がどう変化していくのかを以下のように図で表してみましょう．

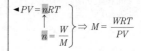

$$\left. \begin{array}{c} PV = nRT \\ \uparrow \\ n = \dfrac{W}{M} \end{array} \right\} \Rightarrow M = \dfrac{WRT}{PV}$$

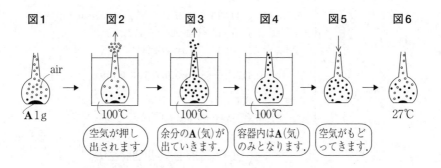

図1　図2　図3　図4　図5　図6

**A** 1 g　100℃　100℃　100℃　27℃

（空気が押し出されます）（余分の**A**（気）が出ていきます）（容器内は**A**（気）のみとなります）（空気がもどってきます）

**図4**のとき，容器内で液体物質 **A** はすべて気体となっていて容器内には空気はなく，この物質の気体のみが存在します．そこで，**図4**の状態に適用して $M = WRT/PV$ を求めればよいでしょう．

$T = 273 + 100 = 373$ K，$V = 0.100$ L，また容器の内外で圧力は等しいと考えられるので，$P = $ 大気圧 $= 1.00×10^5$ Pa．

では，$W$ はいくらでしょうか．初めに入れた 1 g でしょうか．

それはありえませんね。空気を追い出していったとき、**A** の蒸気もまた出ていったからです。そこで、**図4** の容器内にある **A**（気）の質量は測るしかありません。そこで、恒温槽から取り出して、その質量を測定することになります。このとき、容器が室温に向かって冷え出してくると、容器内の **A** の蒸気は再び液化して、その分空気が容器内にもどってきます。ただし、室温 27 ℃では、**A** はすべて液化するのではなく、ほぼ密閉容器なので気液平衡の状態にあって、その圧力は $0.15 \times 10^5$ Pa と考えられます。さて、"空"の容器とは"真空"ではなく、$1.00 \times 10^5$ Pa の空気が入った容器です。よって、容器の中身の質量は、

◀ $W_A$ は容器内の $A$ の質量。

**図7** $= 1.00 \times 10^5$ Pa の空気
**図6** $= W_{\mathbf{A}} + (1.00 - 0.15) \times 10^5$ Pa の空気

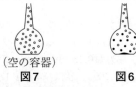

（空の容器）
**図7**　　　　**図6**

よって、**図6** と **図7** の質量の差 0.500 g は

$$0.500 = W_{\mathbf{A}} - 0.15 \times 10^5 \text{ Pa 分の空気の質量}$$
$$W_{\mathbf{A}} = 0.500 + 0.15 \times 10^5 \text{ Pa 分の空気の質量}$$

ところで、$1.00 \times 10^5$ Pa, 27 ℃で空気 100 mL $= 0.1$ L は

$$1.17 \ (\text{g/L}) \times 0.1 \ (\text{L}) = 0.117 \text{ g}$$

です。そこで、$0.15 \times 10^5$ Pa の空気は

$$0.117 \times \frac{0.15}{1.00} = 0.01755 \Rightarrow 0.018 \text{ g}$$

です。これより、

$$W_{\mathbf{A}} = 0.500 + 0.018 = 0.518 \text{ g}$$

となり、

$$M_{\mathbf{A}} = \frac{W_{\mathbf{A}} RT}{PV} = \frac{0.518 \times 8.31 \times 10^3 \times 373}{1.00 \times 10^5 \times 0.100}$$

$$= 160.5 \cdots \Rightarrow \boxed{161}$$

# 第6章　溶液の理論

1. 溶解の条件

2. 溶液の性質

3. コロイド溶液

　地球は水の惑星で，その大量の水の中にはさまざまな物質が溶けていて，それらがいろいろな所に運ばれ，生命をはぐくんでいます．私たちの体も約60%が水で，この中で化学反応が起こり，こうして，私たちは生きています．化学の実験で行う合成反応もたいてい溶液中で行います．

　通常溶液中の溶媒と溶質は均一に混じり合っているため区別することはできませんが，蒸発，沸騰，凝固，膜の通過に際しては，別行動になることが多いです．このとき，蒸気圧が降下したり，沸点が上昇したりします．これが溶液の性質です．点滴で有効な薬を血液中に注入するとき，点滴の液の濃度を血液の濃度とほぼ同じようにしておかないと，大変危険です．このように溶液の性質の理解も化学や生物の学習にとって不可欠です．また，特に生命体中の溶液には，タンパク質のようなかなり大きな粒子が分散していることも多いです．このような液—コロイド溶液の性質もここで学ぶことにしましょう．

# ① 溶 解 の 条 件

> 　食塩は水によく溶けますが，油にはほとんど溶けません．このように，物質の溶解性が溶媒によってかなり違うのはなぜでしょうか．

　固体や液体の物質が溶けるとき，ツブの集まり方は次のように変化します.

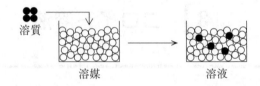

溶質　　　　　溶媒　　　　　　溶液

　このとき ● のとなりのツブに注目すると ●● → ●○ と変化していて，ツブの組み換えが起こっています．この点では溶解過程は化学反応と同じです．だから，溶解が起こるには，化学反応が自発的に起こるときと同様に

　① **乱雑さが増加する**
　② **発熱変化する（エンタルピーが下がる）**

の，少なくとも1つの条件が満たされなくてはなりません.
　ところで，物質が溶解するとき，分離から混合に向かうのですから，①乱雑さが増加する条件は満たされています．ですから，もし，②発熱変化でもあるのなら，溶解を止める要因は何もなく，溶解はどんどん進行するでしょう．エタノールが水と任意の割合で混じり合うのは，このような場合と考えられます.
　一方，溶解が吸熱変化の場合は，この点で溶解にブレーキがかかり，乱雑さが増えて溶解を進めようとする勢いと，吸熱変化のため溶解を止めようとする勢いがつり合って，一定量溶けた所で平衡状態になります．このとき **吸熱量が非常に大きい場合は（エンタ**

ルピーが大きく増大する場合は），溶解量は極めて少なく，**事実上溶けない**と言うことができます．

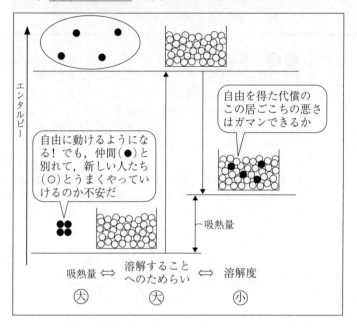

では，吸熱量が非常に大きい（⇔溶けない）のはどんな場合でしょうか．

溶解の際に出入りする熱は主に●と●を引き離すときに必要なエネルギーと，●と○とが接近するときに発生するエネルギーとの差です．そして，これらエネルギーは粒子間の引力が大きいほど大きいので，結局●と●の引力に比べて，●と○の引力があまりにも弱い場合は吸熱の度合が非常に大きくなり，結果，溶解にブレーキがかかることになります．すなわち，●と●，○と○，●と○の間の引力の形態について，

**似たものどうしはよく混ざり合う**

ということが，一般的には言えるのです．

┌─── 《溶媒の選定》 ─────────────────────────
│ 74  次の①～④の各物質をよく溶かす溶媒の例を1つずつ記せ.
│   ①  食塩   ②  ナトリウム   ③  ショ糖(スクロース)   ④  硫黄
└──────────────────────────────────────

**解 説**　似たものに溶けるのですから，まず，溶質がどんな結合でできているかをチェックすることから始めましょう.

① 食塩＝NaCl は，もちろん，$Na^+$ と $Cl^-$ からなるイオン結合でできた結晶です．ですから，似た結合の液体 ⟺ イオン結合からなる液体，たとえば $\boxed{CaCl_2 を融解した融解液}$（約 770 ℃）に NaCl は $Na^+$ と $Cl^-$ となって大量に溶解します．ただ，これはかなり高温です.

水分子は $Na^+$，$Cl^-$ とイオン結合をつくることはできませんが，極性が大きい（$\overset{\delta+}{H_2}\overset{\delta-}{O}$）ため，$Na^+$ のまわりには $\overset{\delta-}{O}H_2$ が，$Cl^-$ のまわりには $\overset{\delta+}{H_2}O$ が集まって，かなりのエネルギー的な安定化をもたらすことができます.

そこで，NaCl の溶媒として通常 $\boxed{水}$ が使えます.

② ナトリウムは金属結合からなる固体です．ですから，同じく金属結合でできた液体；常温では $\boxed{Hg}$，高温では融解した金属と混じり合います.

③ ショ糖は分子式が $C_{12}H_{22}O_{11}$ で，1分子中に8個もの $-OH$ 基を持つため，分子間で水素結合を形成した結晶をつくります．ですから，溶解したときも水素結合ができるような溶媒によく溶けるはずです．もちろん，それは，$\boxed{水}$ でしょう.

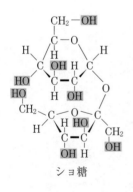

ショ糖

S=C=S

$S_8$

④ 硫黄は分子式が $S_8$ で，8員環の無極性分子がファンデルワールス力で集まって結晶をつくります．ですから，無極性分子の液体；$\boxed{CS_2}$，$\boxed{\text{⬡}}$ 等に溶けるでしょう.

---

《物質の溶けている様子》

75 次の①〜④の物質が水に溶解しているときの様子を図示せよ.
　① NaCl　　　② $CH_3CH_2OH$　　　③ HCl　　　④ $C_{17}H_{35}COONa$

---

**解説**　① $Na^+$ は水分子の $\delta-$ 側の O と $Cl^-$ は $\delta+$ 側の H
に囲まれていると考えられます. その際, O 原子の非共有電子
対は $Na^+$ の空の軌道に, ほんのちょっぴりですが配位結合して
いるとも考えられます.

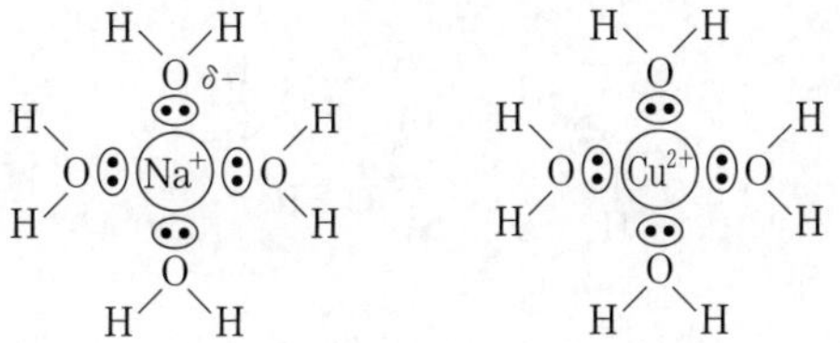

　遷移元素のイオン, たとえば $Cu^{2+}$ は明確に $H_2O$ と配位結合
をして, 錯イオンとなっています. 一方, $Cl^-$ はこれまた<u>ほん
の少しですが H−O− と水素結合をしていると考えられる</u>の
で, 次図のように水分子に囲まれていると考えられます.

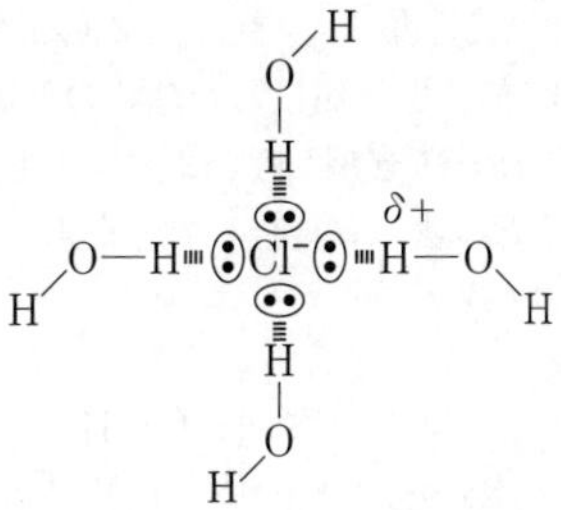

◀Cl ⦿ ⫶⫶ H−O<sup>H</sup> の水素結合
は弱いので, 高校ではこれ
を水素結合に含めません
が, ほんの少しですが水素
結合があると考えられてい
ます.

　② これはアルコールの −O−H と水分子の水素結合をできる
だけ多くかけばよいでしょう

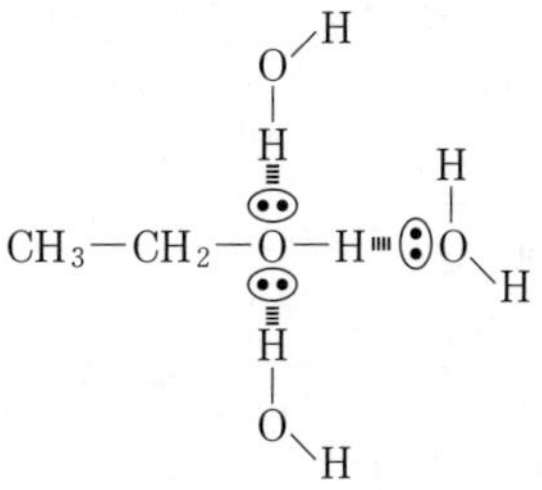

**③** 通常 HCl は，水中で H⁺ と Cl⁻ に電離して存在するとされますが，H⁺ は陽子 ⇔ 最も小さな原子核 であり，こんな小さな荷電粒子が水中で何とも結合せずに存在することはあり得ません．$H_2O$ 分子と配位結合して $H_3O^+$ となり，このイオンがさらに水分子と水素結合しています．Cl⁻ は，①の解と同じです．

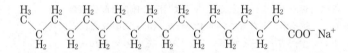

**④** $C_{17}H_{35}COONa$ は，とても長い炭化水素鎖を持つ塩です．

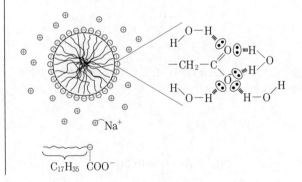

この炭化水素鎖は，無極性で水を嫌う性質(⇔ 疎水性)が大きいため，ある濃度になると集まりだして，この部分を内側に，親水性の－COO⁻ Na⁺ 部分を外側にした球状の粒子となって水中に分散します．これをミセルと呼びます．もちろん，－COO⁻ の部分は $H_2O$ 分子と多数水素結合しています．

micro cell ▶
小さな　小部屋

# 2　溶液の性質

## 1　溶液の性質

> 溶液の性質って何のことですか.

　溶液では，溶媒粒子と溶質粒子が均一に混じり合って自由にその位置を次々と変えています．この点では溶媒粒子と溶質粒子の行動に違いはなく，溶液として特に何か性質があるわけではありません．溶液としての性質がきわだつのは，**溶媒粒子と溶質粒子の行動が別行動になる場**においてです．たとえば，下図のように，容器の中に一定量の純水と食塩水を入れたときを考えてみましょう.

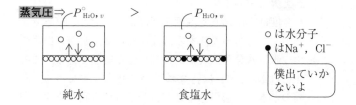

**蒸気圧** ⇒ $P^{\circ}_{H_2O,\,v}$ ＞ $P_{H_2O,\,v}$

○は水分子
●は $Na^+$, $Cl^-$

僕出ていかないよ

純水　　　　　食塩水

　液面からは水分子が蒸発します．しかし，$Na^+$，$Cl^-$は蒸発しませんね．このように，液表面からの蒸発については，溶媒分子と溶質分子は別行動します．その結果，溶液では，液面からの水の蒸発量は，"おじゃま虫"の $Na^+$，$Cl^-$ がいる分だけ少なくなって蒸気圧が下がることになるのです．このような，不揮発性の溶質が溶けた溶液で蒸気圧が下がる現象を**蒸気圧降下**といいます.

　では，次に容器のふたを開き，加熱して温度を上げていったときを考えましょう．もちろん，ある温度になると突然，液体内部から気泡が出て，液体内部から

も蒸発が起こる，すなわち**沸騰**が起こります．この沸騰時の気泡は水分子のみでできていて，やはりそこには溶質粒子の $Na^+$，$Cl^-$ は存在しません．すなわち，この沸騰のときも溶媒分子と溶質分子は別行動します．

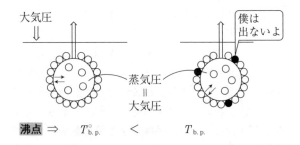

b.p. ; boiling point ▶
（沸点）

**沸点** ⇒ $T^{\circ}_{b.p.}$ < $T_{b.p.}$

純溶媒に比べて溶液では蒸気圧が減少している分，より温度を上げないと蒸気圧を大気圧に等しくすることはできませんから，沸点が上昇します．この現象を**沸点上昇**と言います．

今度は，冷却して温度を下げていったときを考えましょう．もちろん，ある温度になると，氷が析出します．氷は水分子が規則的に配列した結晶であり，この中には $Na^+$，$Cl^-$ は含まれていません．すなわち，凝固のときも，溶媒分子と溶質分子は別行動します．

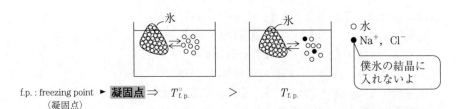

f.p. : freezing point ▶
（凝固点）

**凝固点** ⇒ $T^{\circ}_{f.p.}$ > $T_{f.p.}$

このとき，溶質分子がじゃまになって固体に向かう粒子の量が減ります．そこで，より温度を低くして，固体になりやすいようにしないと，固体の析出はできません．こうして，溶液にすると凝固点は下がります．この現象を**凝固点降下**と言います．

　さて，溶媒分子と溶質分子が別行動する場はもう1つあります．それは，溶媒分子は通れるが，溶質分子は通れない膜（半透膜）で仕切るときです．

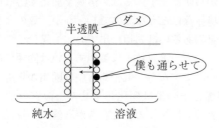

　このとき，溶媒である水分子は膜を通れますから，純水側から溶液側へ移動するものもあれば，逆に移動するものもあります．ただ，溶液側から純水側へ移動する水分子の量は，溶質粒子が“おじゃま虫”している分少なくなるので，全体としては，純水側から溶液側に水分子が移動してきます．もし，この移動を止めたいのなら，溶液側に圧力を余分に加えて，溶媒分子が溶液側では“居づらい気持ち”を高めるしかありません．浸透平衡を実現するために溶液側に加えるこの余分の圧力（$\Delta P$）を浸透圧と言います．
　以上からわかるように，溶液の性質とは，蒸気圧降下，沸点上昇，凝固点降下，浸透圧の4つです．

> 　4つの性質の関係を一目でわかる図か何かありませんか．

　蒸気圧降下は気液平衡時の圧力，沸点上昇は気液平衡時の温度，凝固点降下は固液平衡時の温度，浸透圧は液液平衡時の圧力についてです．これらで共通しているのは，溶媒分子が液相と気，固，液のいずれかの相の2相の間を往来しているときの平衡を支える温度，圧力の条件が，2つの相の間を往来できない溶質粒子の添加によってどのように変わるかを示したもの

だということです．そして，浸透圧を除く３つの性質は気液平衡，固液平衡時における温度，圧力条件ですから，これは，溶媒の状態図の境界線をめぐる話であることがわかります．では，溶質を加えて溶液にするとこの境界線はどうなるのでしょうか．このとき，液相から気相あるいは固相に出ていく溶媒分子の量は減ります．一方，溶質粒子は気相あるいは固相には出ていかないのですから，気相あるいは固相からもどってくる溶媒分子の量は変化しません．溶質を加える前は，境界線では２つの相を行きかう溶媒の量はつり合っていました．溶質を加えたことによって，このつり合いはなくなり，気相あるいは固相から液相にくる溶媒分子の量のほうが多くなって，最終的には，気相あるいは固相は消え去り，すべて液相になってしまいます．このことは，状態図においては液相の領域が広がり，純溶媒の気液境界線，固液境界線が溶液中の溶媒の液相領域に含まれるようになったことを意味します．

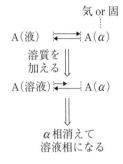

$$A(液) \rightleftarrows A(\alpha)$$

溶質を
加える

$$A(溶液) \rightleftarrows A(\alpha)$$

$\alpha$ 相消えて
溶液相になる

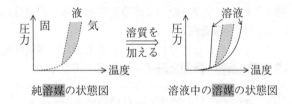

純溶媒の状態図　　溶液中の溶媒の状態図

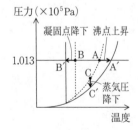

圧力（×10⁵Pa）

凝固点降下　沸点上昇

1.013

蒸気圧
降下

温度

さて，沸点，凝固点はそれぞれ $1.013 \times 10^5$ Pa での気液平衡点，固液平衡点でしたね．これを状態図の上の点で見れば，確かに沸点は上昇（A → A′），凝固点は降下（B → B′），そして，各温度での蒸気圧は降下（C → C′）していることがわかります．こうして，この３つの溶液の性質は，溶質の添加によって状態図の液相が広がったことを，どのポイントで見ているかの違いだけであったことがわかります．

## ② 希薄溶液の法則

> 沸点上昇度 $\Delta T_\mathrm{b}$，凝固点降下度 $\Delta T_\mathrm{f}$，蒸気圧降下量 $\Delta P_v$，浸透圧 $\Delta P$ をまとめて $\Delta y$ と表すとすると，$\Delta y$ と溶質の濃度 $x$ との間にはどんな関係式が成り立つのでしょうか．

b：boiling point
f：freezing point
$v$：vapor pressure

もちろん，溶質の濃度 $x$ が大きいほど“おじゃま虫”効果も大きいのですから $\Delta y$ も大きくなりますが，$\Delta y = f(x)$ の関数を一般に表すことはできません．

ただ，もし，$x$ が極めて小さいとき，つまり，たとえば溶媒が1000個に対して，溶質が１個のような溶液 ⇔ **希薄溶液** のときは，溶質１個による効果が１あれば，２個にしたときは効果は２あるという風に，溶質のツブの数(mol)に比例して $\Delta y$ が変化することは確かでしょう．実際，実験をしても，あるいは熱力学等の理論より導いても，希薄溶液においては，溶質の量を mol 単位で表した濃度 $x$ と $\Delta y$ は

$$\Delta y = k \times x$$

という簡単な比例式で表されます．ただし，濃度 $x$ の単位は，$\Delta T_\mathrm{b}$，$\Delta T_\mathrm{f}$ では mol／**kg(媒)**，$\Delta P_v$ では mol／**mol(全)**，$\Delta P$ では mol／**L(全)** で少しずつ違っています．また，比例定数 $k$ は，理論，実験いずれからも出てくるのですが，高校の扱いでは，$\Delta T_\mathrm{b}$，$\Delta T_\mathrm{f}$ では溶媒に固有の定数として与えられ，$\Delta P_v$ は純溶媒の蒸気圧 $P_v{}^\circ$，そして浸透圧 $\Delta P$ では $RT$ であると与えられています．

↓1つ● 入れる

オジャマ効果は１あり

↓もう１つ●入れる

２つの● は離れていて独立いるのでオジャマ効果は２となる

◀なぜこのような単位になるのかは，p.330 参照．

$$\Delta T_\mathrm{b} = K_\mathrm{b} \times \overbrace{m}\ \ \dashleftarrow\ \ \frac{\mathrm{mol}(\bullet)}{\mathbf{kg}(\mathbf{媒})}\ \ ;\ 質量モル濃度$$
$$\Delta T_\mathrm{f} = K_\mathrm{f} \times \overbrace{m}$$

$$\Delta P_v = P_v{}^\circ \times \overbrace{X}\ \ \dashleftarrow\ \ \frac{\mathrm{mol}(\bullet)}{\mathbf{mol}(\mathbf{全})}\ \ ;\ モル分率$$

$$\Delta P = RT \times \overbrace{C}\ \ \dashleftarrow\ \ \frac{\mathrm{mol}(\bullet)}{\mathbf{L}(\mathbf{全})}\ \ ;\ 容量モル濃度$$

（●は溶質）

---

《$\Delta y$ の計算》

76 水 100g に 0.60g の尿素($CO(NH_2)_2$)が溶解した溶液(密度 1.0 g/mL)がある. この溶液について,以下の値を求めよ. ただし,原子量は H = 1.0,C = 12.0,N = 14.0,O = 16.0 で,気体定数 $R = 8.3 \times 10^3$ Pa·L/(mol·K),水の $K_f = 1.86$,$K_b = 0.52$,また 57℃ での純水の蒸気圧 $P_v{}^\circ = 1.732 \times 10^4$ Pa とする.

① 沸点(℃)　　② 凝固点(℃)
③ 57℃での蒸気圧(Pa)　　④ 27℃での浸透圧(Pa)

---

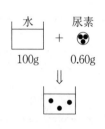

水 | 尿素
100g | 0.60g
⇓

**解説** ① 沸点や凝固点は大気圧の値によって変化しますが,通常は標準大気圧 = $1.013 \times 10^5$ Pa の下での値で,水の場合,もちろん,沸点は 100℃,凝固点は 0℃です. さて,

$$\Delta T_b = 0.52 \times m_\bullet$$

の $m_\bullet$ は,溶質の mol を溶媒の kg で割り算した濃度です. $CO(NH_2)_2$ の分子量は 60 ですから,0.60 g は 0.60/60 = 0.010 mol です.

$$m_\bullet = \frac{0.010 \,(\text{mol})}{0.10 \,(\text{kg})} = 0.10 \,\frac{\text{mol}}{\text{kg}}$$

よって,

$$\Delta T_b = 0.52 \times 0.10 = 0.052 \xrightarrow{+100} \text{沸点} = \boxed{100.052}\text{℃}$$

② 同様にして

$$\Delta T_f = 1.86 \times 0.10 = 0.186 \longrightarrow \text{凝固点} = 0 - \Delta T_f$$
$$= \boxed{-0.186}\text{℃}$$

③ $$\Delta P_v = 1.732 \times 10^4 \times X_\bullet$$

の $X_\bullet$ は溶質の mol 分率. 水は $\dfrac{100}{18}$ mol なので,

$$X_\bullet = \frac{0.01}{\dfrac{100}{18} + 0.01} \fallingdotseq \frac{0.01}{\dfrac{100}{18}} = 1.8 \times 10^{-3}$$

よって,

$$\Delta P_v = 1.732 \times 10^4 \times 1.8 \times 10^{-3}$$
$$= 3.1 \times 10^{-3} \times 10^4$$
$$P_v = P_v{}^\circ - \Delta P_v = (1.732 - 0.003) \times 10^4$$
$$= \boxed{1.729 \times 10^4}\,\text{Pa}$$

④ $$\Delta P = RT \times C_\bullet$$

の $C_\bullet$ は溶質の mol を溶液の L で割り算した濃度です. 今,溶液の全質量は 100 + 0.6 = 100.6 g,密度は 1.0 g/mL ですから,

溶液の体積は,

$$\frac{100.6 \text{ (g)}}{1.0 \text{ (g/mL)}} = 100.6 \text{ mL} \fallingdotseq 0.101 \text{ L}$$

$$\Delta P = RT \times C$$

$$= 8.3 \times 10^3 \times (273 + 27) \times \left(\frac{0.01}{0.101}\right)$$

$$= 2.49 \times 10^5 \Rightarrow \boxed{2.5 \times 10^5} \text{ Pa}$$

---

**《溶質粒子濃度の算出》**

77　いずれも 0.10 mol/kg の ① ショ糖(スクロース), ② 食塩, ③ 塩化カルシウム の水溶液がある. これら水溶液の凝固点を高い順に番号で並べよ. ただし, 塩は水中で完全に電離しているものとみなす.

---

**解　説**　3つの水溶液の質量モル濃度は 0.10 で同じです. ただ, ① ショ糖($C_{12}H_{22}O_{11}$)は非電解質ですが, ② NaCl と ③ $CaCl_2$ は塩であり, そしてこれらは本問では水中で完全に電離しているとみなします.

$$NaCl \longrightarrow Na^+ + Cl^-$$

$$CaCl_2 \longrightarrow Ca^{2+} + 2\,Cl^-$$

全イオンの濃度は, NaCl では 0.10×2＝0.20 mol/kg(水), $CaCl_2$ では 0.10×3＝0.30 mol/kg(水) です. そして, $\Delta T_f = K_f \cdot m$ の公式に代入する $m$ の値は,

**溶液中で単独で行動している溶質粒子についての値**

ですから, この場合イオンの濃度です. よって,

$$\left. \begin{array}{l} \Delta T_f{}^{①} = K_f \times 0.1 \\ \Delta T_f{}^{②} = K_f \times 0.2 \\ \Delta T_f{}^{③} = K_f \times 0.3 \end{array} \right\} \begin{array}{l} \Delta T_f \text{ について} \\ \Rightarrow ①<②<③ \end{array}$$

そして, 凝固点は $\Delta T_f$ が大きいほど低くなります.

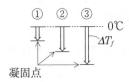

そこで, 凝固点の高い順は

$$\boxed{①>②>③}$$

---

### 《蒸気圧降下》

78　ビーカー A, B, C には, 水がそれぞれ 100 g, 200 g, 300 g 入っている. これらのビーカーそれぞれに 0.1 mol のグルコースを溶かして, 右図のような密閉容器中に長時間放置した. 各ビーカーの質量は何 g 変化するか. ただし, 気相の蒸気の量は全体の水の量の中で無視できるほど少ない.

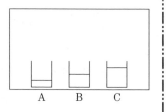

---

**解説**　溶質の量が同じで, 溶媒の量が A＜B＜C ですから, 溶質の濃度は A＞B＞C で蒸気圧の降下度もこの順で, 蒸気圧の値は A＜B＜C です.

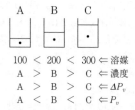

$$100 < 200 < 300 \Leftarrow 溶媒$$
$$\text{A} > \text{B} > \text{C} \Leftarrow 濃度$$
$$\text{A} > \text{B} > \text{C} \Leftarrow \Delta P_v$$
$$\text{A} < \text{B} < \text{C} \Leftarrow P_v$$

　さて, 蒸気圧が大きいほど蒸発量が多いのですから, このような密閉容器に蒸気圧の異なる水溶液を入れておくと蒸気圧の大きい溶液から水が蒸発し, 小さい溶液で凝縮し最終的には, すべての溶液の蒸気圧が等しい, すなわち, 同じ濃度の水溶液となります. その濃度は3つの液を混合した液と同じ値ですから,

　　溶質　0.1×3 mol に対し
　　溶媒　100＋200＋300＝600 g

の液です. 今, A, B, C の各ビーカーの水の変化量をそれぞれ $x$, $y$, $z$ g とすると,

$$\frac{0.1}{100+x} = \frac{0.1}{200+y} = \frac{0.1}{300+z}$$

$$= \frac{0.1 \times 3}{600} = \frac{0.1}{200}$$

これより, $x=100$, $y=0$, $z=-100$ となり, 各ビーカーの質量は, 以下のようになります.

| A　100 g 増 | B　不変 | C　100g 減 |
|---|---|---|

---

**《蒸気圧曲線と沸点》**

79　右図は，以下の①～③の液の蒸
　　気圧曲線の一部である．
　　　①　純水
　　　②　0.10 mol/kg　尿素水溶液
　　　③　0.30 mol/kg　尿素水溶液
　　$T_A$(℃)の値はいくらか．また，
　　$T_C - T_B$ は $T_B - T_A$ の何倍か．

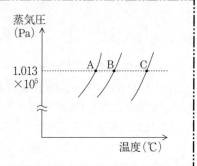

---

**解説**　蒸気圧 $= 1.013 \times 10^5$ Pa の温度が沸点なので，$T_A$，
$T_B$，$T_C$ はいずれかの液の沸点です．そして，$\Delta T_b = K_b \cdot m$ ● よ
り，沸点の大きさは ①＜②＜③ となります．よって，①～③
の沸点は ①$= T_A$，②$= T_B$，③$= T_C$ です．①は純水ですから，
沸点 $= T_A = \boxed{100}$ ℃．また，$T_B - T_A$ は②の沸点上昇度，$T_C - T_A$
は③の沸点上昇度ですので

$$T_B - T_A = K_b \times 0.10$$
$$T_C - T_A = K_b \times 0.30$$

これより

$$T_C - T_B = K_b \times 0.20 = (T_B - T_A) \times 2 \Rightarrow \boxed{2} 倍$$

---

**《析出した氷の量》**

80　200 g の水に 5.85 g の NaCl が溶けた水溶液をゆっくりと冷却し，
　　−3.72 ℃となった．このとき析出している氷は何 g か．ただし，NaCl
　　（式量 58.5）は完全に電離しており，$K_f = 1.86$ とする．

---

**解説**　NaCl は 5.85/58.5 = 0.100 mol，そして水中で完
全電離しているとするのですから，水中でのイオンは 0.200
mol です．そこで，この溶液の凝固点降下度は

$$1.86 \times \left( \frac{0.200 (\text{mol})}{200 \times 10^{-3} (\text{kg})} \right) = 1.86$$

で凝固点は −1.86 ℃です．−3.72 ℃はこの温度より低いです
が，これは，冷却を続けると氷が析出し，溶液の濃度が濃くな
っていったからです．今，$x$ g の氷が析出して，−3.72 ℃にな
ったとすると，

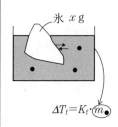

氷 $x$ g

$$\Delta T_f = K_f \cdot m ●$$

$$3.72 = 1.86 \times \left( \frac{0.200 \, (\mathrm{mol})}{(200-x) \times 10^{-3} \, (\mathrm{kg})} \right)$$

$$200 - x = 100 \quad \Rightarrow \quad x = \boxed{100} \, \mathrm{g}$$

### ┌─《冷却曲線の見方》─

81　ベンゼン 100 g に物質 **X** 1.47
g を溶かした溶液をゆっくりと冷
却して，液温を測定したところ，
右図のようになった．

(1)　この液の凝固点は A ～ D の
いずれか．

(2)　**X** の分子量を求めよ．ただ
し，**X** は液中で解離，会合の
いずれもしていない．$K_f = 5.12$

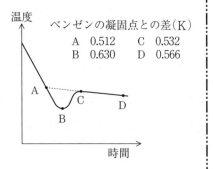

温度

ベンゼンの凝固点との差(K)

| | | | |
|---|---|---|---|
| A | 0.512 | C | 0.532 |
| B | 0.630 | D | 0.566 |

時間

**解説**　1　溶液を冷却していったとき，本来凝固点になれ
ば溶媒が固体結晶として析出し始めるはずです．しかし実際
は，本来の凝固点を素通りし，何も析出しないまま温度は下が
っていきます．これは，結晶が析出するためには凝固点より温
度が低いだけでなく，ある程度の大きさを持った結晶の核にな
るものが存在している必要があるのですが，これがまだ存在し
なかったからです．このような凝固点より低い温度で存在する
溶液は，過冷却の状態にあると言います．A－B 間では，溶液
は過冷却の状態にあります．もちろん，結晶の核は温度が低い
ほど生成しやすく，過冷却がある程度進むと，あるとき核が生
成します．そうすると，急激に結晶が生長し始めて，そのとき
の凝固で放出される熱の量が外から冷却によって奪っている熱
の量を上回るため，温度が上昇します．これが B－C 間です．
そして，C 点で過冷却状態が完全に解消し，外から奪った熱分
だけ結晶が析出することになります．ただし，溶媒のみが結晶
として析出していくのですから，溶液の濃度は濃くなり，溶液
の温度はゆっくりと下がっていきます．さて，ある液の凝固点
とは，その液から溶媒が析出し始めたときの温度です．そこ
で，C－D 線を外挿して得られる点 A が，この液の凝固点と
推定できます．

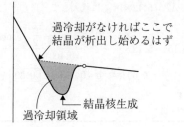

過冷却がなければここで
結晶が析出し始めるはず

結晶核生成

過冷却領域

[2]　A 点でのベンゼンの凝固点との差は 0.512 ℃なので，これがこの液の凝固点です．よって $\Delta T_f = 5.12 \times m_\bullet$ に代入して，

$$0.512 = 5.12 \times \left( \dfrac{\dfrac{1.47}{M} \text{ (mol)}}{0.100 \text{ (kg)}} \right) \quad \Rightarrow \quad M = \boxed{147}$$

---

**《会合度》**

[82]　ベンゼン 100 g に安息香酸$\left( \text{\hexagon}-\text{COOH 分子量 122} \right)$の 0.610 g を溶かした溶液の凝固点降下度は 0.154 K であった．この溶液中では，安息香酸はその一部が会合して二量体になっている．その会合度 $\alpha$ を求めよ．

---

**解 説**　$\text{\hexagon}-\text{COOH}$ は水中では

$$\text{\hexagon}-\text{COOH} \rightleftharpoons \text{\hexagon}-\text{COO}^- + \text{H}^+$$

のように電離しますが，ベンゼン中では，水素結合を使って一部が二量体となっています．

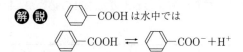

この平衡を $2\,\text{A} \rightleftharpoons \text{A}_2$ で表し，会合度を $\alpha$ とすると，会合なしのときと比べて粒子数は $1 - \dfrac{\alpha}{2}$ 倍となります．

|  | $2\,\text{A}$ | $\rightleftharpoons$ | $\text{A}_2$ | 全 |
|---|---|---|---|---|
| 初 | 1 | | 0 | ①1 |
| 会 | $-\alpha$ | | $+\dfrac{\alpha}{2}$ | $-\dfrac{\alpha}{2}$ |
| 平 | $1-\alpha$ | | $\dfrac{\alpha}{2}$ | $\left(1-\dfrac{\alpha}{2}\right)$ |

$1 - \dfrac{\alpha}{2}$ 倍

よって, $\Delta T_f = 5.12 \times m_\bullet$ に代入して

$$0.154 = 5.12 \times \left( \frac{\frac{0.610}{122} \times \left(1 - \frac{\alpha}{2}\right) \,(\text{mol})}{0.100 \,(\text{kg})} \right)$$

$$1 - \frac{\alpha}{2} = 0.602 \Rightarrow \alpha = 0.796 \Rightarrow \boxed{0.80}$$

---

## 《浸透圧》

83　右図のように, 断面 2 cm$^2$ の U 字管の中央が半透膜で仕切られた容器の左側に純水 100 mL, 右側にある非電解質 X が 1 g 溶けている水溶液 100 mL を入れて, 300 K で長時間放置した. その結果, 液面差 20 cm のところで平

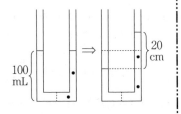

衡状態となった. 純水, 水溶液の密度は 1.0 g/mL, 1cmH$_2$O = 98 Pa, 気体定数 = 8.3 × 10$^3$ Pa·L/(mol·K) として, 以下の問いに答えよ.

(1)　X の分子量を求めよ.

(2)　左, 右同じ高さにもどすには, 右側に何 g のおもりをのせる必要があるか.

---

**解説**　[1]　溶媒である水が半透膜を通って純水側から溶液側に移動するのは, 半透膜を通って浸み出す水分子の量が純水側に比べて溶液側には溶質が"おじゃま虫"している分少ないからです. この関係は, 純水からいくら水が多く溶液側に浸透しても変わりませんから, ==20 cm の液面差のところで平衡になったのは, 溶液が薄まったからではありません.== 溶液側の溶媒に 20 cm 水柱の余分の圧力が加わり, その分, 溶媒分子間が無理に接近させられるため分子間の反発が高まって, 溶媒 1 個あたりの, 溶液側から純水側に脱出する勢いが大きくなったからです. ==浸透平衡を支えるために, 溶液側に加えられる余分の圧力(ΔP), これが浸透圧==です.

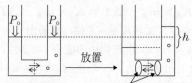

溶媒の浸透量
は左→右のほ
うが多い.

溶媒にかかる圧力は右側のほう
が $h$ cm 水柱だけ大きい. この
ストレスで右から左への浸透量
が増え, 遂には平衡に達する.

ですから, 本問の場合, 浸透圧 $\Delta P$ は 20 cmH$_2$O です. そし
て, 問題文のヒントによると, 1 cmH$_2$O = 98Pa です. よって,
平衡状態での浸透圧 $\Delta P$ は,

$$\Delta P = 20 \text{ cmH}_2\text{O} = 20 \times 98 \text{ Pa}$$

です. さて, この $\Delta P$ は

$$\Delta P = RT \times C = RT \times \left( \frac{n}{V} \right)$$

の公式で与えられますが, 溶液の体積は水の浸透で増加し

$$100 + 2 \times \frac{20}{2} = 120 \text{ mL}$$

となっています. そこで, X の分子量を $M$ とすると

$$20 \times 98 = 8.3 \times 10^3 \times 300 \times \left( \frac{\frac{1}{M} \text{ (mol)}}{0.120 \text{ (L)}} \right)$$

$$M = 1.05 \times 10^4 \Rightarrow \boxed{1.1 \times 10^4}$$

2 同じ高さにもどすと, 溶液の体積は 120 mL → 100 mL と
変化します. そこで濃度は 1.2 倍になりますから, 浸透圧も
1.2 倍で

$$20 \times 1.2 = 24 \text{ cmH}_2\text{O}$$

となります. よって, のせるおもりの質量を $W$ g とすると

$$\frac{W}{2} = 24 \text{(cmH}_2\text{O)} \Rightarrow W = \boxed{48} \text{ g}$$

(発展) $\Delta T_b = K_b \times m_\bullet$, $\Delta T_f = K_f \times m_\bullet$, $\Delta P = RT \times M_\bullet$ のギブズエネルギーを使った導出

ギブズエネルギーは, 混合物中の成分 $i$ の濃度にも関係し, $i$ の 1 mol あたりの $i$ のギブズエネルギー $G_i$* は $i$ のモル濃度を $[i]$ として,

$$G_i = G_i^\circ + RT \log_e [i] \qquad (\leftarrow \text{p.76})$$

で与えられます. ここで, 溶媒分子を A, 溶質分子を B とし, 純溶媒での溶媒 A の濃度を $[A]_{純溶媒}$, 溶液中での溶媒 A の濃度を $[A]_{溶液}$ とします. 純溶媒に溶質 B を加えて溶液にすると, 溶媒 A の濃度は減少し, $G_A$ も減少します.

$$G_A = G_A^\circ + RT \log_e [A]_{純溶媒} \qquad -①$$
$$G_A' = G_A^\circ + RT \log_e [A]_{溶液} \qquad -②$$

②-①より, 変化した量 $\Delta G_A = G_A' - G_A (< 0)$ は

$$RT \log_e \left( \frac{[A]_{溶液}}{[A]_{純溶媒}} \right) \quad (< 0) \quad -③$$

となります. 溶媒 A が $n_A$ mol, 溶質 B が $n_B$ mol(希薄溶液なので $n_A \gg n_B$ )とすると

$$\frac{[A]_{溶液}}{[A]_{純溶媒}} \fallingdotseq \frac{[A]_{純溶媒} - [B]_{溶液}}{[A]_{純溶媒}} \fallingdotseq 1 - \frac{n_B}{n_A}$$

と近似できます. さらに, 一般に

$$\log_e (1 - x) = -x - \frac{1}{2}x^2 - \frac{1}{3}x^3 \cdots$$

ですが, $x \ll 1$ のときは, 第2項以下が無視できて

$$\log_e (1 - x) \fallingdotseq -x$$

と近似できます. 今希薄溶液で $n_A \gg n_B$ で $n_B/n_A \ll 1$ なのでこの近似が使えて, $\frac{n_B}{n_A} = x$ と考えて③式は

$$RT \times \left( -\frac{n_B}{n_A} \right) \quad -④$$

と近似されます. すなわち, 一般に希薄溶液では, 溶媒 A のギブズエネルギー $G_A$ が $RT\, n_B/n_A$ だけ下がります.

*詳しくは, これをケミカルポテンシャル(chemical potential)と言います.

► テイラー展開と言います.

### ☆沸点上昇の公式

純溶媒の沸点(b.p.)においては，溶媒 A の液相と気相の $G$ は等しい，すなわち $G_A{}^{液} = G_A{}^{気}$ となって液⇄気の平衡の状態にあります．この純溶媒に溶質を加えて溶液にすると溶媒 A のギブズエネルギーは④式分だけ減少します．その結果 $G_A{}^{液} < G_A{}^{気}$ となって，気相から液相への変化が起こり，遂には気相はなくなり，すべて液相になります．すなわち，もはや沸騰は起こりません．

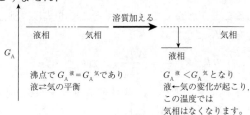

さて，一般に圧力一定で温度を $\Delta T$ 変化させると，ギブズエネルギーは $\Delta G = - S \times \Delta T$ のようにエントロピーに比例して変化します．$\Delta T > 0$ のとき液相，気相いずれも下がりますが，$S_気 > S_液 (>0)$ であるので，

◀　$G = H - S \times T$

$$- (S_気 - S_液) \times \Delta T \quad -⑤$$

の差だけ，気相の方が大きく下がります．そこで，この差が④式と同じになると，$G_A$ の値が液相と気相で再び一致して，すなわち，$G_A{}^{液} = G_A{}^{気}$ となり，再び沸騰します．

④=⑤より

$$- RT \times \frac{n_B}{n_A} = - (S_気 - S_液) \times \Delta T$$

$$RT \times \frac{n_B}{n_A} = (S_気 - S_液) \times \Delta T \quad (> 0) - ⑥$$

ここで，$S_気 > S_液 (> 0)$ですから，$\Delta T > 0$であり，溶液にすると沸点が上昇することがわかります.

沸点での液→気の変化でのエンタルピー変化は，蒸発エンタルピーと呼び$\Delta H_蒸発 > 0$でした．実は，沸点でのエントロピー変化量$\Delta S = S_気 - S_液$は，蒸発エンタルピー$\Delta H_蒸発$（J/mol），沸点の温度$T_{b.p.}$（K）とすると，

$$\Delta S = (S_気 - S_液) = \frac{\Delta H_蒸発}{T_{b.p.}} \qquad \left(\frac{J}{K \cdot mol}\right)$$

熱力学より ▶ であることがわかっています．そこで⑥式は，沸点上昇度を$\Delta T_b$として

$$RT_{b.p.} \times \frac{n_B}{n_A} = \frac{\Delta H_蒸発}{T_{b.p.}} \times \Delta T_b \quad -⑦$$

と表されます．また，溶質Bの質量モル濃度$m_B$は，溶媒Aの分子量を$M_A$として

$$m_B = \frac{n_B}{n_A \times M_A \times 10^{-3}} \qquad \left(\frac{mol}{kg}\right) - ⑧$$

と表されるので，⑦式より

$$\Delta T_b = \underbrace{R \times T_{b.p.} \times \frac{T_{b.p.}}{\Delta H_蒸発} \times M_A \times 10^{-3}}_{K_b として} \times m_B$$

$$= K_b \times m_B$$

となります．このようにして，$\Delta T_b = K_b \times m_B$にやっとたどりつくことができました.

## ☆凝固点降下度の公式

純溶媒Aの凝固点において，溶媒Aの液相と固相の$G$は等しい，すなわち$G_A{}^液 = G_A{}^固$となって，液⇄固の平衡の状態にあります．この純溶媒に溶質Bを加えて溶液にすると，溶媒Aのギブズエネルギーは④式分だけ減少します．その結果，$G_A{}^液 < G_A{}^固$となり，固相から液相への変化が起こり，遂には固相はなくなり，すべて液相になります.

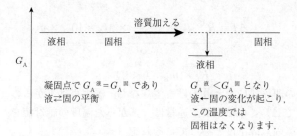

温度を $\Delta T$ 変化させると，固相，液相いずれのギブズエネルギーも変化しますが，その変化量の差は

$$- (S_固 - S_液) \times \Delta T$$

となります．そこで，この差が，④式の値と同じになると，$G_A$ の値が液相と固相で一致して，すなわち $G_A{}^液 = G_A{}^固$ となり，再び凝固点になります．

$$- RT \times \frac{n_B}{n_A} = - (S_固 - S_液) \times \Delta T$$

$$RT \times \frac{n_B}{n_A} = (S_固 - S_液) \times \Delta T \ (> 0) \ -⑨$$

$S_固 < S_液$ ですから，この場合 $\Delta T < 0$ となり，溶液にすると凝固点が降下することがわかります．

液相 固相<br>
新⑰<br>
$G_A$ 旧⑰   $S_液 \times (-\Delta T)$   $S_固 \times (-\Delta T)$<br>
$-RT \times \frac{n_B}{n_A}$   $(S_液 - S_固) \times (-\Delta T)$

さて，液 ⟶ 固でのエンタルピー変化は凝固エンタルピーと呼んで $\Delta H_{凝固} < 0$ でした．このときのエントロピーの変化量 $\Delta S = S_固 - S_液$ は凝固エンタルピー $\Delta H_{凝固} (< 0)$ と凝固点 $T_{f.p.} (K)$ とで

$$\Delta S = (S_固 - S_液) = \frac{\Delta H_{凝固}}{T_{f.p.}} \quad (< 0)$$

と表されることがわかっています．よって，⑨式は

$$RT_{f.p.} \times \frac{n_B}{n_A} = \frac{\Delta H_{凝固}}{T_{f.p.}} \times \Delta T \ -⑩$$

となります．また，⑧式も考えると，

$$\Delta T = \underbrace{R \times T_{\mathrm{f.p.}} \times \frac{T_{\mathrm{f.p.}}}{\Delta H_{凝固}} \times M_{\mathrm{A}} \times 10^{-3}}_{K_{\mathrm{f}} として} \times m_{\mathrm{B}}$$

$$= K_{\mathrm{f}} \times m_{\mathrm{B}} \quad （＜0）$$

の関係式にたどりつけます．なお，凝固点は下がるので $\Delta T < 0$ ですが，通常は，下がった温度の絶対値を凝固点降下度といって，それを

$$\Delta T_{\mathrm{f}}(=-\Delta T = |\Delta T|) > 0$$

と表して，

$$\Delta T_{\mathrm{f}} = K_{\mathrm{f}} \cdot m_{\mathrm{B}} \quad （>0）$$

のように表しています．

### ☆浸透圧の公式

　純溶媒 A を半透膜で左，右に区切ると，半透膜を溶媒 A は通れるので，浸透平衡の状態になります．その後，半透膜を通ることができない溶質 B を左側のみに加えて，左側を溶液にすると，左側の溶媒 A のギブズエネルギーが④式の値分減少し，$G_{\mathrm{A}}^{左} < G_{\mathrm{A}}^{右}$ となるので，溶媒は右側からどんどん浸透し，遂には右側の溶媒 A はすべてなくなります．

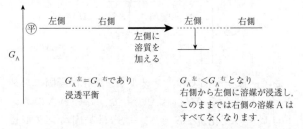

$G_{\mathrm{A}}^{左}=G_{\mathrm{A}}^{右}$ であり
浸透平衡

$G_{\mathrm{A}}^{左}<G_{\mathrm{A}}^{右}$ となり
右側から左側に溶媒が浸透し，
このままでは右側の溶媒 A は
すべてなくなります．

　さて，左側の溶液のみに余分な圧力 $\Delta P$ を加えると，1 mol あたりの溶媒のギブズエネルギーは，モル体積を $\overline{V}$（L/mol）として，

$$\overline{V} \times \Delta P \quad （\text{p.69}）$$

だけ増加します．したがって，④式の減少分が，この値と同じになれば左側と右側の溶媒の $G_{\mathrm{A}}$ は等しくなって再び浸透平衡を回復します．

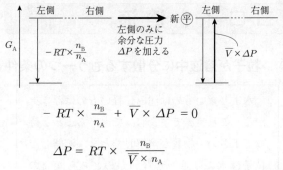

$$- RT \times \frac{n_B}{n_A} + \overline{V} \times \Delta P = 0$$

$$\Delta P = RT \times \frac{n_B}{\overline{V} \times n_A}$$

ここで，$n_A \gg n_B$ なので，$\overline{V} \times n_A$ はほぼ溶液の体積 $V$ とみなせます．よって，

$$\frac{n_B}{\overline{V} \times n_A} \fallingdotseq \frac{n_B}{V} = C_B \left( \frac{\text{mol}}{\text{L}} \right)$$

となります．これより

$$\Delta P = RT \times C_B$$

が導かれます．

# 3 コロイド溶液

## 0 粒子が溶液中に分散するもう一つの条件

　水より重いものは沈み，軽いものは浮き上がる．これ常識ですよね．でも，ちょっと待って下さい．物質が溶解したとき，溶解した粒子は水より重いか軽いかのどちらかなのに，浮くでもなく沈むでもなく，溶液中をランダムに運動していますよ．これはどう考えたらいいのでしょうか．

　まずは，物を浮かす原因となる浮力が，ミクロな粒子の運動をもとにどのようにして生じるかを考えてみましょう．ある大きさを持った粒子（粒子Aとします）を水中に入れたとき，その粒子Aのまわりにはランダムに運動する水分子が存在し，それらが粒子Aに衝突して粒子Aに力を及ぼしています．ただ，粒子Aの上面付近と下面付近の水分子の持つ平均的な運動エネルギーは，下面付近のほうが重力による位置のエネルギーが低い分，下面のほうが大きく，その結果，まわりの水分子が粒子Aの下面に及ぼす力のほうが上面に及ぼす力より大きくなり，これが浮力となります．そして，この浮力が，粒子Aに働く重力より大きいときは，粒子Aは浮き，逆のときは沈みます．

粒子A

上面，下面に多数の水分子が衝突して粒子Aに力を及ぼしますが，合計すると下面に及ぼす力のほうが大きいので，その差が浮力となります．

　ただ，今の話は粒子Aがある程度の大きさを持っており，$10^6$個ほどの多数の水分子に囲まれているときでないと通用しません．というのも，水分子の持つ運動エネルギーは，多数の集団では平均的な扱いができますが，少数の集団では不規則で，**粒子Aが小さなサイズのときは，囲まれている少数の水分子衝突による不規則な力の場に置かれてしまうからです．**つま

粒子A

粒子Aが小さいと囲んでいる水分子も少数であり，それらが粒子Aに及ぼす力も不規則となります．

り，粒子 A がある大きさより小さくなると，浮力で
なく，不規則な力の場に置かれ，その結果，浮くでも
なく沈むでもなく，液中に分散することができるので
す．先の**①溶解の条件** の考察では，粒子が溶解する
or 分散する条件として，乱雑さとエネルギーより考
えました．ここでもう1つ，

> **溶媒分子の衝突がもたらす不規則な力の場に
> 置かれるほどの小さな粒子であること**

が付け加わりました．

## ① コロイド粒子の大きさ

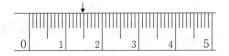

皆さんは，定規の目盛りで何 cm ま
で見分けられますか．たとえば，右図
の↓の点は 1.46 or 1.47 cm ぐらいで
しょうか．このように，私たちの肉眼では $10^{-2}$ cm の
区別がやっとです．これ以下の大きさは，まずは光学
顕微鏡で見ます．通常光学顕微鏡では，接眼レン
ズ $10 \sim 20$ 倍，対物レンズ $10 \sim 30$ 倍ぐらいで，全体
的には 1000 倍が限界です．だから，結局光学顕微鏡
を使って見られる限界は，$10^{-2} \times 10^{-3} = 10^{-5}$ cm $= 100$
nm の大きさです．この $10^{-5}$ cm の立方体を考えまし
ょう．原子の大きさは $10^{-8}$ cm 程度ですが，仮に，こ
の一辺 $10^{-5}$ cm の立方体が一辺 $10^{-8}$ cm の立方体の原
子からなるとすれば，一辺 $10^{-5}$ cm の立方体は，$10^3$
$\times 10^3 \times 10^3 = 10^9$ 個 の原子からできています．実は，
溶媒分子の不規則な力の場に置かれる粒子の大きさの
上限は，ほぼこの一辺が約 $10^{-5}$ cm の大きさです．と
ころで，$10^{-8}$ cm $\sim 10^{-7}$ cm 程度の粒子は原子や低分
子などです．このような粒子が溶媒に分散している場
合，これを**真の溶液**と言います．一方，$10^{-5}$ cm $\sim 10^{-7}$
cm($\Leftrightarrow$ 100 nm $\sim$ 1 nm)程度の粒子を**コロイド粒子**と
呼び，この粒子が溶媒中に分散しているとき，これを
**コロイド溶液**と言います．

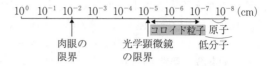

肉眼の限界　光学顕微鏡の限界　コロイド粒子／原子 低分子

## 2　コロイド粒子が分散する条件とコロイドの分類

　コロイド粒子は，それらが何個か合体すると径が $10^{-5}$ cm 以上となるため，不規則な力の場から浮力の場に置かれて浮くか沈むかしてしまいます．ですから，コロイド粒子が溶媒中で分散し続けるための条件は

### 粒子間の合体を阻止すること

\*水酸化鉄(III)のコロイドは，実際には $Fe(OH)_3$ の中の OH 間でかなりの縮合が進んだものであることが報告されています．

です．まず，硫黄，金，水酸化鉄(III)\*など，本来水に難溶な物質のコロイド粒子を水に加えたらどうなるでしょうか．もちろん，すぐ合体して，浮くか沈むかするだけです．ただ，何か細工して，粒子表面に電荷を持たせたらどうなるでしょう．もちろん，水溶液は全体としては電気的に中性ですから，粒子表面の電荷と反対符号のイオンが水中にありますが，これらは，液中に広がって存在しています．そこで，コロイド粒子が接近したとき，粒子の表面電荷間の静電的な反発が生じ，これでその接近にブレーキがかかります．

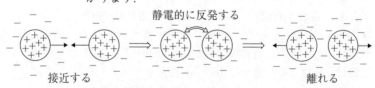

静電的に反発する

接近する　　　　　　　　　　　　　　離れる

　このようなメカニズムがうまく働けば，コロイド粒子のまま分散を続けることができるでしょう．本来，水に難溶で水なんてキライと水を疎ましく思っている ⇔ 疎水性の物質が，コロイド粒子のとき表面電荷を持ってしまったためコロイド溶液をつくったとき，これを疎水コロイドと呼びます．

　一方，水溶性のタンパク質，ポリビニルアルコール
$\left(\begin{smallmatrix} -CH_2-CH- \\ | \\ OH \end{smallmatrix}\right)_n$ などの高分子化合物は，たいてい分子
自体がコロイド粒子の大きさを持っていますが，これ
らの分子は分子内に多数の親水性の官能基を持ち，そ
れらがまわりの水分子と水素結合で強く結び付き合っ
ています．そこで，分子間が接近しても，分子のまわ
りをガードしている水分子がじゃまになって，分子間
の接近，合体が阻止されます．あるいは，たとえ一度
合体しても，その間に水分子が再び割り込んで，分子
間を引きさいてしまいます．このような水分子と親和
性が大きいことで分散状態を続けるコロイド粒子を
親水コロイドと呼びます．

## ③　コロイドを析出させる条件

　疎水コロイドは，表面電荷間の反発で分散状態を維
持していました．だから，この反発を弱めれば，粒子
間の合体が進み析出させることができます．それに
は，電解質を添加すればよいでしょう．なぜなら，電
解質から生じた陽・陰イオンのうち，コロイド表面の
電荷と反対符号のイオンがコロイド表面の近くに集ま
ってくるため，コロイド粒子間の静電反発を弱くする
ことができるからです．そのために加える電解質の量
は約 $10^{-2}$ mol/L より少なく，それほど多くはいりま
せん．ただ，表面電荷と反対符号のイオンの価数は大
きいほど効果的です．たとえば，水酸化鉄(Ⅲ)コロイ
ドは，正に帯電していますが，これを析出させるのに
必要な陰イオン $Cl^-$ は約 $10^{-2}$ mol/L であるのに対し，
$SO_4^{2-}$ はその約 1/50 と非常に少なくてすみます．この
ような疎水コロイドに電解質を加えて析出させること
を凝析と言います．

　一方，親水コロイドでは，コロイド粒子のまわりで
水素結合している水分子をはぎ取らないと析出させる
ことはできません．そのためには，大量の塩を加え

て，水中に大量のイオンを生じさせなくてはなりません．イオンが大量にあれば，コロイド粒子の親水基と結合していた水分子さえ，これらイオンのまわりに引きつけて，親水基から引き離すことができるからです．

このとき，すべての水分子を引きつけるほどのイオンが必要です．仮に 1 L ≒ 1000 g ≒ 56 mol の水分子をNaCl から生じる $Na^+$ と $Cl^-$ で引きつけるとするなら，イオン 1 つあたり 4 個引きつけるとして，NaCl は56/(4×2)＝7 mol 必要で，実に 7 mol/L の NaCl を加えなくてはなりません．こうした，親水コロイドを大量の塩の添加で析出させる方法を塩析と呼びます．

### ④ コロイド溶液のつくり方

タンパク質，ポリビニルアルコールなど，分子自体がコロイド粒子の大きさを持っていて，かつ親水性の物質は，単に水に溶かすだけでコロイド溶液ができます．これらは分子コロイドと呼びます．

分子コロイド

セッケン（長鎖脂肪酸の塩）は，水に溶かしてある濃度以上にすると，疎水性基を内側に，親水基を外側にして集まって球状の粒子（ミセル）を形成します．このミセルはコロイド粒子の大きさを持っています．このようなコロイドを会合コロイドと呼びます．

会合コロイド

液中でまず多数の結晶核を形成し，それを核にして一気に結晶を成長させ，ちょうどコロイド粒子の大きさになったときに成長を止めることができれば，コロイド溶液をつくることができます．塩化鉄(Ⅲ)の飽和

溶液を沸騰水に加えて水酸化鉄(Ⅲ)コロイドを生成さ
せるのはこの例です. $Fe(OH)_3$ の溶解度積は $6 \times 10^{-38}$
$(mol/L)^4$ で $Fe(OH)_3$ は極めて難溶な物質です.

$$pH = 3 \Leftrightarrow [H^+] = 10^{-3} \Leftrightarrow [OH^-] = 10^{-11}$$

のときでさえ, $Fe^{3+}$ が $6 \times 10^{-5}$ $(mol/L)$ しか溶けませ
ん. ですから, $FeCl_3$ の水溶液中では

$$FeCl_3 + 3\,H_2O \longrightarrow Fe(OH)_3 \downarrow + 3\,HCl$$

の加水分解反応が起こり, 徐々に $Fe(OH)_3$ が沈殿し
てきます. ただ, $FeCl_3$ の水溶液を熱湯の中に加える
と, この反応が, たくさんの結晶核を中心にして一気
に起こり, コロイド粒子の段階で反応物($FeCl_3$)が消
費しつくされて, 結晶の成長は止まります. しかも,
溶液は酸性になっているため, コロイド表面は一部中
和:

$$Fe(OH)_3 + H^+ \longrightarrow Fe(OH)_2{}^+ + H_2O$$

が起こりコロイド表面は正に帯電するため, 分散状態
が続きます. 微結晶が分散しているこのようなコロイ
ドを**分散**コロイドと呼びます.

$K_{sp} = [Fe^{3+}][OH^-]^3$
$(6 \times 10^{-38})$

## 5　コロイド溶液の性質

　コロイド粒子は低分子より大きいので, 低分子は通
すがコロイド粒子は通さない膜でできた袋の中に入れ
て溶媒中につけると, コロイド溶液中に混在する低分
子を除くことができます. このような精製法は**透析**と
呼ばれます.

　また, コロイド粒子が帯電していた場合, 100 V ぐ
らいの電圧をかけると, コロイド粒子の表面電荷と反
対符号の極へコロイドが移動します. これを**電気泳動**
と言います. この移動の速度は, 主に表面電荷量に比
例するので, コロイド粒子の混合物を分離することが
できます.

○コロイド粒子
・低分子

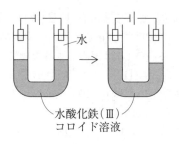

水

水酸化鉄(Ⅲ)
コロイド溶液

　コロイド粒子は，光を散乱します．そこで，コロイ
ド溶液の入った容器に側面から光線を照射すると散乱
光が目に入り，その通路を確認することができます．
このような現象を**チンダル現象**と言います．

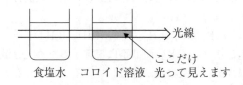

食塩水　　コロイド溶液

光線

ここだけ
光って見えます

　コロイド粒子は光学顕微鏡で見ることはできません
が，このチンダル現象を利用して，その存在を光点と
して知ることはできます．すなわち，コロイド溶液に
横から光を与えて，その散乱光を顕微鏡で見ると，コ
ロイド粒子自体が見えるわけではないですが，その存
在を光点として知ることができます．このような顕微
鏡は，光学顕微鏡の限界外を見たことになるので，**限
外顕微鏡**と言います．
　この限外顕微鏡でコロイド粒子の存在を確認する
と，この粒子は確かに不規則な運動 ⇔ **ブラウン運動**
をしていることがわかります．

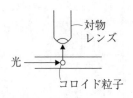

対物
レンズ

光

コロイド粒子

ブラウン運動

原点からの化学　化学の理論 [改訂版]

| 著　　　者 | 石　川　正　明 |
|---|---|
| 発　行　者 | 山　﨑　良　子 |
| 印刷・製本 | 三　美　印　刷　株　式　会　社 |

発　行　所　　駿台文庫株式会社

〒101-0062　東京都千代田区神田駿河台1-7-4
小畑ビル内
TEL. 編集 03(5259)3302
販売 03(5259)3301
《②-352pp.》

ISBN978-4-7961-1658-9　Printed in Japan

駿台文庫 Web サイト
https://www.sundaibunko.jp